Vorwort

In Industrie und Handwerk sind automatisierte Prozesse nicht mehr wegzudenken. Über Speicherprogrammierbare Steuerungen (SPS) werden Maschinen und Anlagen gesteuert. Die Automatisierungstechnik ist ein fester Bestandteil der Technik geworden.

Das vorliegende Buch ist ein Lehr- und Arbeitsbuch. Es soll Grund- und Aufbaukenntnisse im Bereich der Speicherprogrammierbaren Steuerungen vermitteln. Die einzelnen Themen werden zunächst fachlich erklärt und dann durch Wiederholungsfragen gefestigt. Anhand von Übungsaufgaben mit verschiedenen Schwierigkeitsgraden kann das Gelernte angewendet werden. Eine Vielzahl von Aufgaben kann mit der Software PLCLAB durch animierte Visualisierungen simuliert werden.

Die theoretischen Erläuterungen, die Beispiele und Übungen basieren auf dem Automatisierungssystem SIMATIC und der Software TIA-Portal der Fa. Siemens. Die Aufgaben können jedoch mit jeder beliebigen SPS-Software bearbeitet werden.

Das Buch richtet sich an alle Berufe aus dem Bereich **Elektrotechnik**, **Metalltechnik** und **Mechatronik** sowie an **alle beruflichen Vollzeitschulen**, die sich mit der Thematik der Steuerungs- und Automatisierungstechnik beschäftigen. Es kann sowohl als Lehr- und Arbeitsbuch für die **schulische oder betriebliche Aus- und Weiterbildung** als auch für das **Selbststudium** genutzt werden.

Der fachliche Teil des Buches reicht von einfachen Digitalverknüpfungen bis zu vernetzten Automatisierungssystemen. Zudem wird auch auf die SPS-Hardware und auf die Fehlersuche eingegangen.

Die Aufgaben im Buch haben eine Bandbreite von einfachen Programmierübungen bis hin zu komplexen Projekten. Daher ist das Buch sowohl für die **Berufsausbildung** als auch für die **Meister- oder Technikerschule** bis hin zum **Studium** geeignet.

Zu dem Buch ist ein Lösungsbuch mit den Lösungen aller Aufgaben erhältlich.

Bei der Erstellung des Buches, der Aufgaben und der Lösungen wurde mit großer Sorgfalt vorgegangen. Da Fehler aber nie ganz auszuschließen sind, können Verlag und Autor für fehlerhafte Angaben oder Lösungen keine Haftung oder juristische Verantwortung übernehmen.

Bei der Bearbeitung des Buches wünsche ich viel Spaß und Erfolg bei der Lösung der Aufgaben.

Vorwort zur 8. Auflage

Schon lange haben sich in der Automatisierungstechnik Visualisierungen etabliert. In der neuen Auflage ist deshalb das Kapitel **Visualisierungen mit HMI-Geräten** neu hinzugekommen. Dort wird eine Einführung in die Erstellung von Visualisierungen sowie die Anbindung von HMI-Geräten an eine SPS gegeben.

Zudem wurden die IEC-Zeiten und Zähler stärker in den Fokus gerückt und die Wiederholungsfragen dazu überarbeitet.

Die meisten Aufgaben können mit der Software PLC-Lab simuliert werden. Neben verbesserter Grafik bietet die Software auch mehr Funktionalitäten. Wer zum Simulieren die Vollversion nicht besitzt, kann auch eine kostengünstige Runtime-Lizenz bei der Fa. MHJ-Software erwerben. Für Benutzer, die weiterhin mit SPS-VISU arbeiten möchten, stehen alle Dateien digital zur Verfügung (siehe Umschlagseite vorne innen). Die Aufgaben können mit beiden Systemen simuliert werden. Bei der Lektüre des Buches sowie beim Bearbeiten der Aufgaben wünsche ich Neugier, Spaß und viel Erfolg. Autor und Verlag sind allen Nutzern des Buches für kritisch-konstruktive Hinweise und Verbesserungsvorschläge dankbar. Bitte senden Sie diese an

lektorat@europa-lehrmittel.de

Wardenburg, im Frühjahr 2024 — Herbert Tapken (Autor)

AF810882

Inhaltsverzeichnis

1 SPS-Grundlagen

1.1 Einleitung

Im Alltag begegnen uns eine Vielzahl von Steuerungen, die wir aber nicht bewusst wahrnehmen. Auf dem Weg zur Arbeit steuert die Autoelektronik die technischen Prozesse der Autos, wie Einspritzpumpe, Antiblockiersystem und elektrische Scheibenwischer. Auf der weiteren Fahrt begegnet man vielleicht einer Ampelsteuerung, einer automatisch gesteuerten Straßenbeleuchtung, der gesteuerten Lichtreklame, einer automatischen Parkplatzschranke und vielen anderen Steuerungen.

Die Steuerungstechnik ist aus unserer heutigen Zeit nicht mehr wegzudenken. Sie nimmt uns viele Aufgaben ab und ermöglicht es, Prozesse automatisch ablaufen zu lassen.

Der Mensch verlässt sich ganz auf die Hard- und Software der Steuerungstechnik, z. B. bei einer Ampelsteuerung oder bei einem Fahrstuhl. Die Aufgabe eines Entwicklers von Steuerungseinheiten ist es, die Steuerung so zuverlässig und sicher zu gestalten, dass sich die Anlage oder Maschine jederzeit so verhält, wie es von ihr erwartet wird.

1.2 Arten von Steuerungen

Steuerungen

Verbindungsprogrammierte Steuerungen

- Schützschaltung
- Steuerung über integrierte Schaltkreise (Steuerungsplatine)

Speicherprogrammierte Steuerungen

- Kleinsteuerung, z.B. LOGO!
- Speicherprogrammierbare Steuerung (SPS)
- Mikrocontroller
- Steuerungscomputer

Bild 1: Möglichkeiten von Steuerungen

Um Steuerungen zu realisieren, gibt es verschiedene Möglichkeiten. Sie reichen von der einfachen Schützsteuerung bis zur speicherprogrammierbaren Steuerung mit Busanbindung und der Möglichkeit des weltweiten Fernzugriffs.

Grundsätzlich sind zwei Arten von Steuerungen zu unterscheiden, die *Verbindungsprogrammierten Steuerungen (VPS)*, wie sie z. B. in Schützschaltungen zu finden sind, und die *Speicherprogrammierten Steuerungen*.

Speicherprogrammierte Steuerungen können allerdings nur den Steuerstromkreis einer Schützschaltung ersetzen. Zum Schalten von großen Leistungen, z. B. das Einschalten eines Motors, werden nach wie vor Leistungsschütze benötigt.

Der Vorteil einer speicherprogrammierten Steuerung liegt in der wesentlich flexibleren Handhabung. Änderungen oder Ergänzungen sind im Gegensatz zur VPS mit wenig Aufwand vorzunehmen.

Vorteile einer speicherprogrammierten Steuerung

- Anpassungsfähigkeit
- Wartungsarmut
- Zeitsparende Projektierung
- Platzersparnis
- Automatische Programmdokumentation
- Visualisierung ist möglich
- Kommunikationsfähigkeit (Bussysteme)
- Fernwartung ist möglich

Nachteile einer speicherprogrammierten Steuerung

- Fachkenntnisse erforderlich
- Kosten für Hard- und Software

1.3 SPS-Bezeichnung

international		deutsch
PLC	⇔	**SPS**
Programmable Logic Controller		**Speicherprogrammierbare Steuerung**

1.4 SPS – Systemvergleich

Es gibt verschiedene SPS-Grundsysteme. Zum einen gibt es die Siemens-Produkte, wie S7-300, S7-1200 und S7-1500, die mit der Software Step 7 bzw. mit dem TIA-Portal programmiert werden. Auf der anderen Seite gibt es eine Vielzahl anderer Hersteller, die in der Regel über die Programmiersoftware CoDeSys (nach IEC61131-3) programmiert werden. Zusätzlich zu der Grundsoftware benötigt man eine firmenspezifische Target-Software, um das in CoDeSys erstellte Programm an die Steuerung anzupassen.

Die DIN EN 61131-3 ist die deutsche Fassung der internationalen Norm IEC 61131-3.

	SYSTEMVERGLEICH		
	Siemens		**andere Hersteller**
Norm	Siemens spezifische Bausteine und IEC 61131-3	Siemens spezifische Bausteine und IEC 61131-3	IEC 61131-3
Software	**Step 7 V5.x**	**TIA-Portal ab V11**	**CoDeSys**
	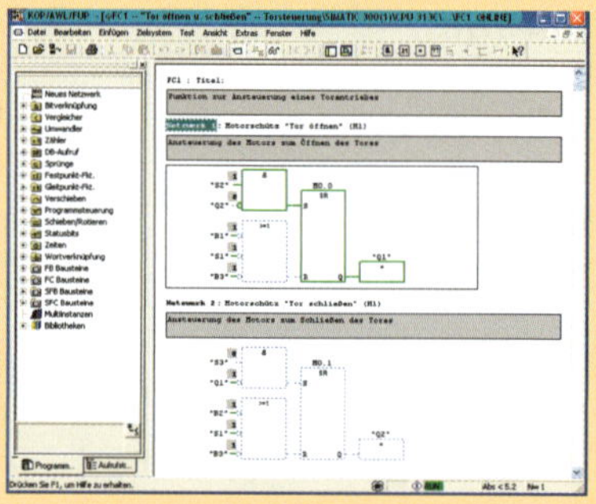	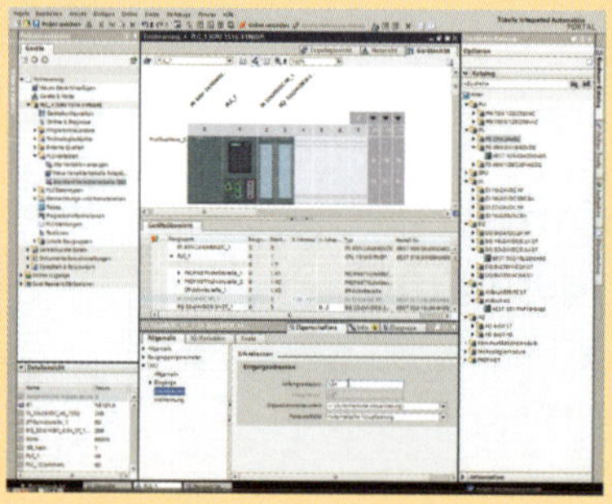	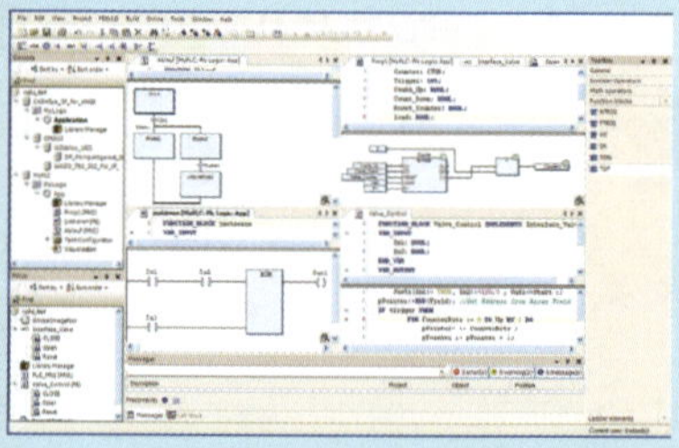
Eingänge/ Ausgänge	E 0.0 A 0.0	% E 0.0 % A 0.0	% IX 0.0 % QX 0.0
Hardware	S7-200 S7-300 S7-400	S7-300 S7-400 S7-1200 S7-1500	z. B.: Beckhoff WAGO Festo

1.5 Aufbau und Wirkungsweise einer SPS

Das EVA-Prinzip (Eingabe – Verarbeitung – Ausgabe) stellt die generelle Gliederung einer elektronischen Steuerung dar.

Die *Eingabe* kann durch eine Vielzahl verschiedener Sensoren erfolgen, die sowohl digitale als auch analoge Signale an die Steuerung weitergeben. Die Sensoren werden an die Eingabebaugruppen angeschlossen.

Die *Verarbeitung* erfolgt durch das Steuerungsprogramm der SPS, das zyklisch immer wieder durchlaufen wird, um Änderungen der Eingänge zu verarbeiten. Das Steuerungsprogramm wird über die Bediensoftware (bei Siemens: Step7) am Computer erstellt und dann in die SPS übertragen. In der CPU (Central Prozessor Unit) findet die Verarbeitung statt.

Dort befinden sich Speicher für:

- Betriebssystem
- Arbeitsspeicher
- Prozessabbild der Ausgänge
- Zeitglieder
- Merker
- Anwenderprogramm
- Prozessabbild der Eingänge
- Akkumulatoren
- Zähler

Außerdem ist eine CPU mit einer Schnittstelle für den Anschluss des Programmiergerätes ausgestattet. Optional können zusätzliche Bus-Schnittstellen vorhanden sein.

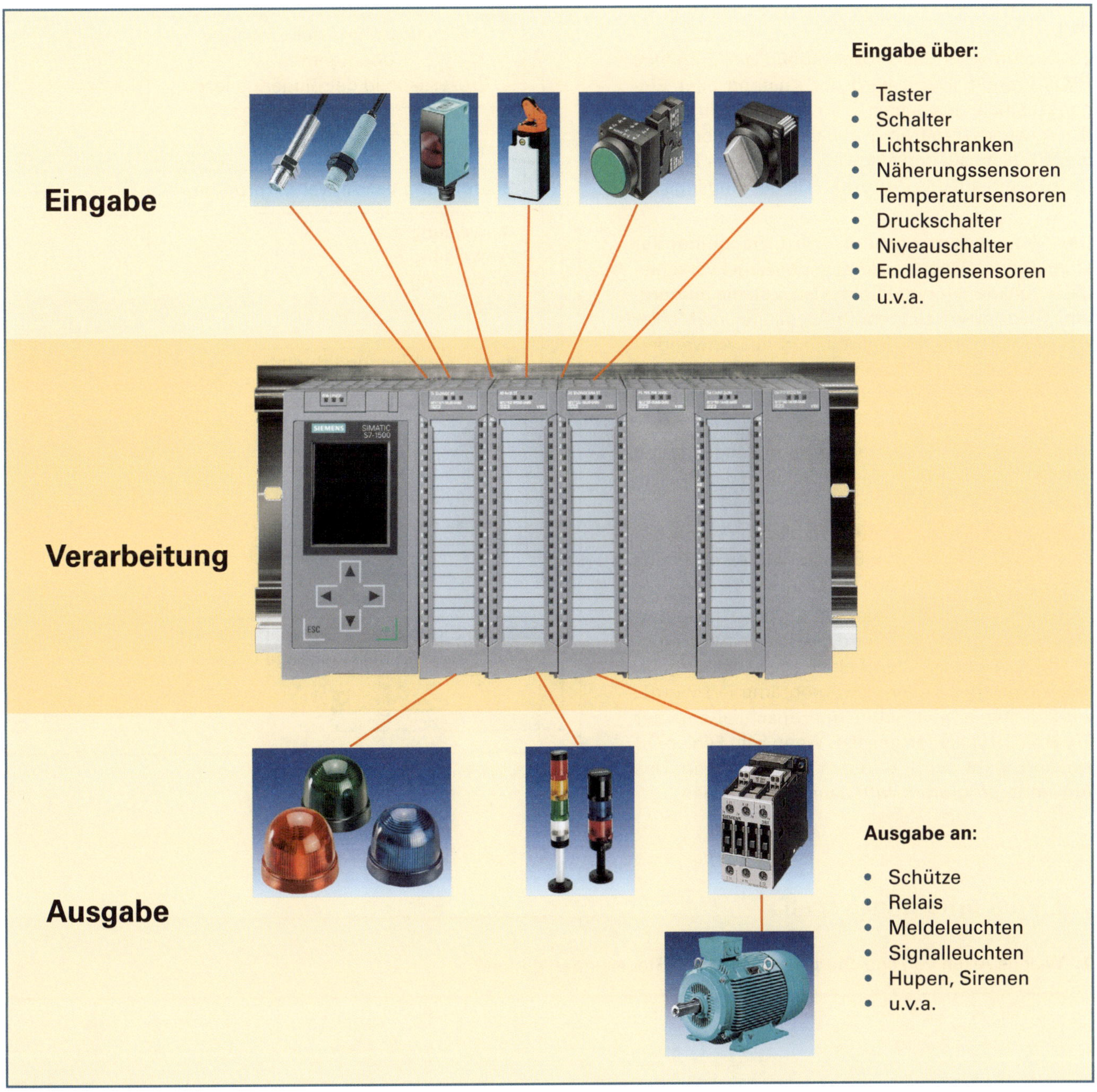

Bild 1: EVA-Prinzip

Die *Ausgabe* erfolgt durch Relais- oder Transistorausgänge. Sie dienen zur Ansteuerung von Aktoren wie Meldeleuchten, Pneumatikventile oder auch Schütze, die dann Motoren schalten. Aktoren werden an Ausgabebaugruppen angeschlossen.

Die Einsatzgebiete von speicherprogrammierbaren Steuerungen sind breit gestreut. Es werden einzelne Maschinen, Anlagen oder große Prozesse gesteuert.

- Montagestraßen
- Motorsteuerungen
- Elektropneumatische Steuerungen
- Verpackungsmaschinen
- Kunststoffverarbeitungsmaschinen
- Kontrollsysteme
- Sortieranlagen
- Pumpensteuerungen
- Signalanlagen
- Förderanlagen
- Chemische Prozesse
- Lüftungsanlagen
- Überwachungseinrichtungen
- ...

Eine SPS arbeitet das Steuerungsprogramm zyklisch ab, d.h. die im Folgenden beschriebenen Abläufe werden immer wieder durchlaufen. Dadurch werden Änderungen von Signalen sofort erkannt und können entsprechend umgesetzt werden.

Zu Beginn wird das *Prozessabbild der Eingänge (PAE)* erstellt. Darin wird der Zustand aller Eingangssignale gespeichert. Im zweiten Schritt wird das Anwenderprogramm abgearbeitet. Dabei greift die SPS nicht auf den aktuellen Zustand der Eingänge, sondern auf das Prozessabbild der Eingänge zurück.

Das Anwenderprogramm wird nacheinander abgearbeitet. Dabei werden in der Regel verschiedene Funktionen und Funktionsbausteine aufgerufen. Steueranweisungen für Ausgänge und Merker werden während der Bearbeitung des Anwenderprogramms noch nicht an die Ausgänge ausgegeben, sondern in das *Prozessabbild der Ausgänge (PAA)* geschrieben.

Nachdem die letzte Steueranweisung abgearbeitet worden ist, werden die Signalzustände des PAA an die Ausgänge gegeben.

Nun beginnt die Bearbeitung wieder von vorne. Die Zeit, die die SPS für die Bearbeitung eines Zyklus benötigt, bezeichnet man als *Zykluszeit*.

Treten während der Bearbeitung des Anwenderprogramms Fehler auf, wird die Bearbeitung unterbrochen. Wenn für den Fehler ein Fehler-Organisationsbaustein (Fehler-OB) programmiert wurde, wird dieser abgearbeitet und anschließend der Programmzyklus fortgesetzt. Wenn kein Fehler-OB existiert, geht die SPS in den STOP-Zustand. Das Anwenderprogramm wird dann unterbrochen.

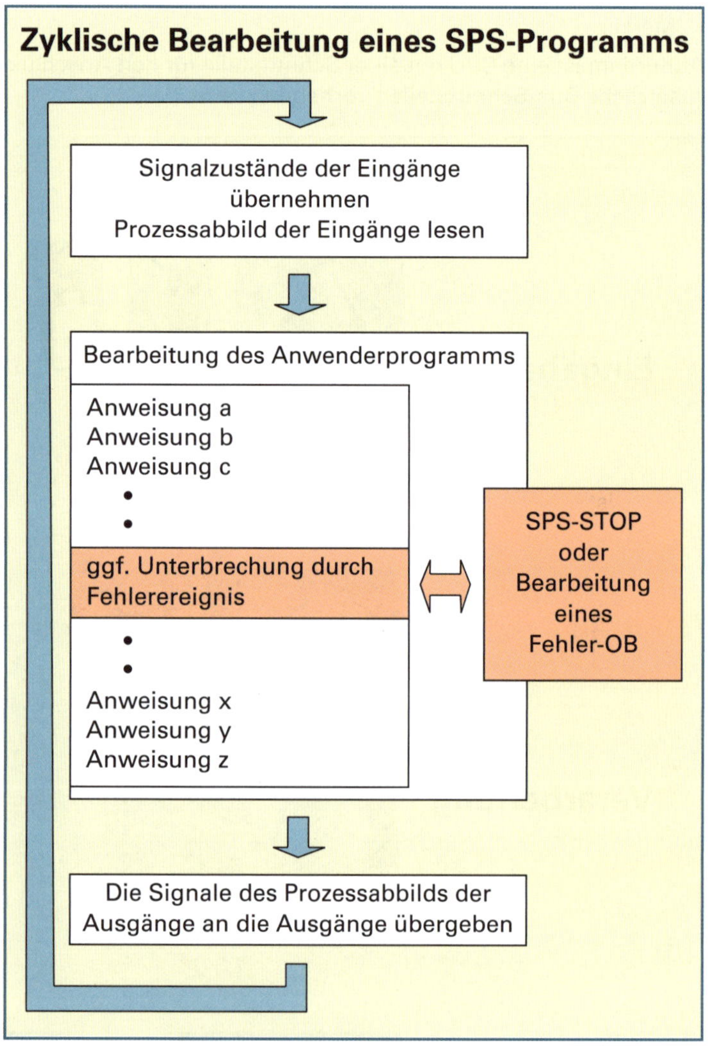

Bild 1: Zyklische Programmbearbeitung

1.6 Wiederholungsfragen

1. Welche Arten von speicherprogrammierten Steuerungen gibt es?

2. Warum haben sich speicherprogrammierbare Steuerungen gegenüber verbindungsprogrammierbaren Steuerungen durchgesetzt?

3. Erklären Sie das EVA-Prinzip.

4. Was ist ein Prozessabbild der Eingänge PAE?

5. Wie wird die zyklische Bearbeitung eines SPS-Programms durchgeführt?

6. Nennen Sie vier Anwendungsbeispiele für den Einsatz einer SPS.

2 Hardware

2.1 SPS-Aufbau

Der SPS-Hardwareaufbau besteht aus einem Netzteil, einem Steuerungsprozessor (CPU) und den benötigten Ein- und Ausgangskarten. Die Art und Anzahl der Signalbaugruppen kann individuell festgelegt werden und hängt von der Anzahl der Aktoren und Sensoren der zu steuernden Anlage ab. Zusätzlich können noch Kommunikations- und Technologiebaugruppen verbaut werden. Durch den modularen Aufbau kann jede SPS individuell aufgebaut werden.

Die Verbindung des Programmiergerätes mit der SPS erfolgt über eine Profinet- oder MPI-Schnittstelle. Alle Baugruppen können über einen Rückwandbus miteinander Daten austauschen.

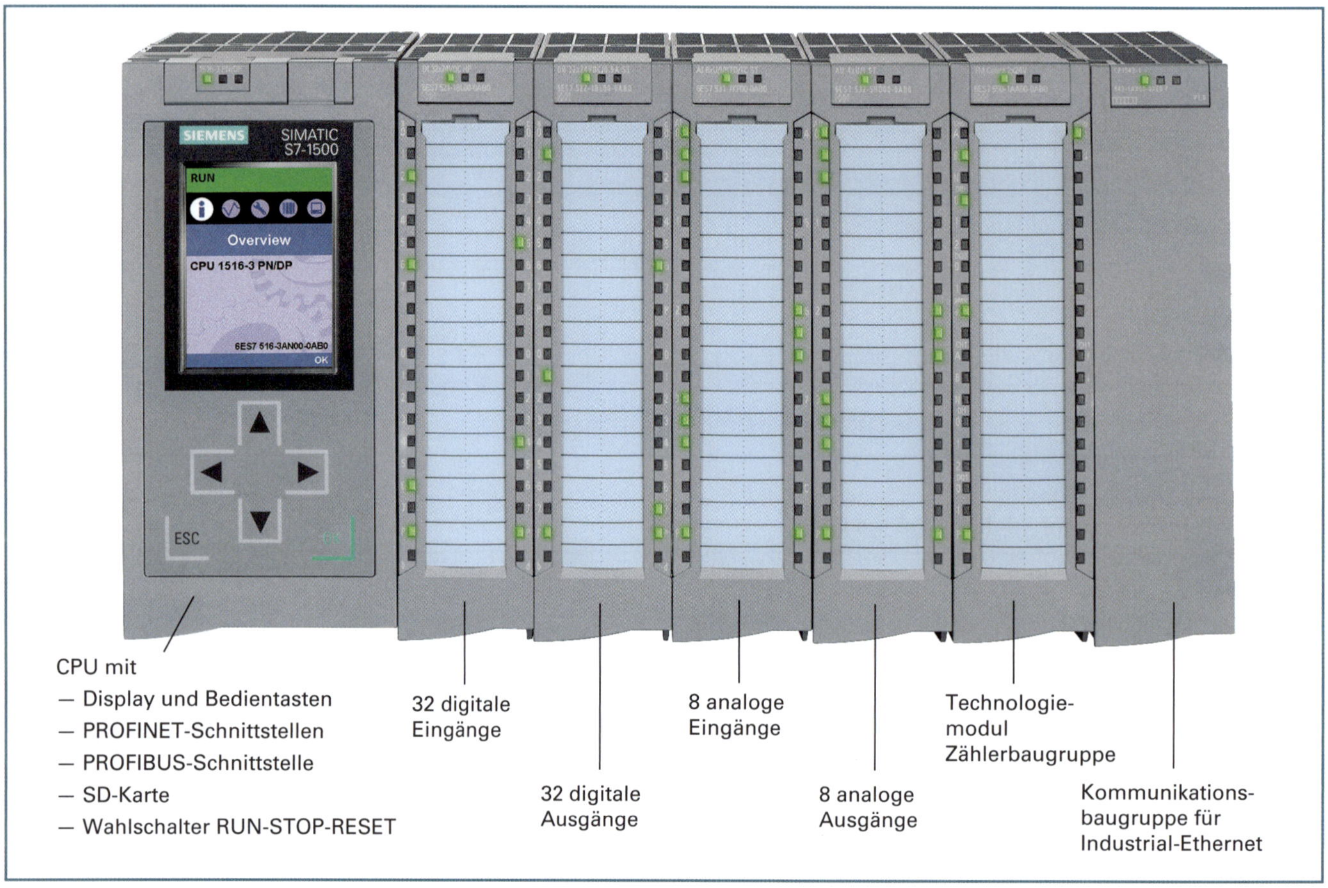

Bild 1: Konfigurationsbeispiel einer S7-1500 (ohne Stromversorgungsbaugruppe)

Baugruppen zum Aufbau einer speicherprogrammierbaren Steuerung	
Stromversorgungsbaugruppen	• Netzteil von 230VAC auf 24V DC
CPU	• Steuerungsprozessor • Speicher • Schnittstellen (PROFIBUS DP/PROFINET) • Wahlschalter RUN-STOP-RESET • ggf. integrierte Ein-/Ausgänge
Ein-/Ausgangskarten	• digitale Ein-/Ausgänge • analoge Ein-/Ausgänge
Kommunikationsbaugruppen	• Anschluss an Bussysteme
Technologiemodule	• Zählerbaugruppen • Positionierbaugruppen • usw.

2.2 SPS-Produktspektrum

In der Automatisierungstechnik gibt es eine Vielzahl von Anwendungsmöglichkeiten mit sehr unterschiedlichen Anforderungen an die Hardware. Das Spektrum reicht von sehr kleinen lokalen Steuerungslösungen bis hin zu komplexen Automatisierungslösungen mit einer Vielzahl von Teilnehmern, die über verschiedene Bussysteme miteinander kommunizieren.

Genauso breit wie das Anforderungsspektrum ist auch die Produktvielfalt der angebotenen SPS-Komponenten. Im Folgenden wird ein Überblick über die Vielfalt der Hardware am Beispiel der SIMATIC-Hardware der Fa. Siemens gegeben. Ergänzend werden auch Produkte anderer Hersteller beispielhaft angegeben.

SPS-Hardware

SPS-Controller

SPS-Controller sind einschaltfertige Geräte, die für Steuerungsaufgaben optimiert sind. Je nach Anbieter werden sie als Kompaktgerät oder als modulare SPS angeboten. Diese lassen sich, je nach Bedarf, mit den benötigten Ein-/Ausgangskarten, Funktions- und Kommunikationsbaugruppen aufbauen. Das Spektrum reicht von Kleinsteuerungen bis hin zu hochverfügbaren und fehlersicheren Steuerungen mit dezentraler Peripherie.

Siemens	**LOGO!**	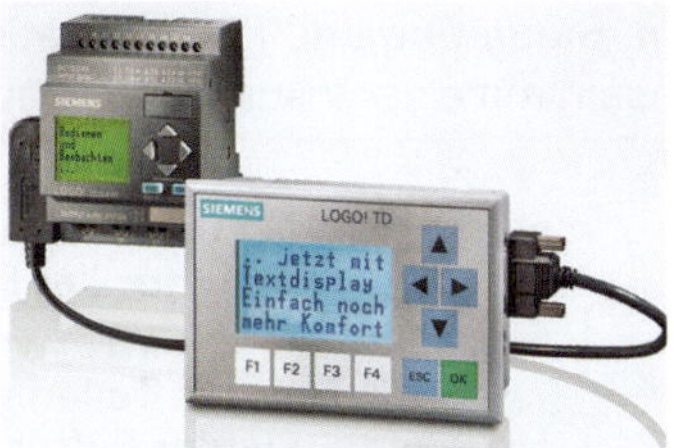 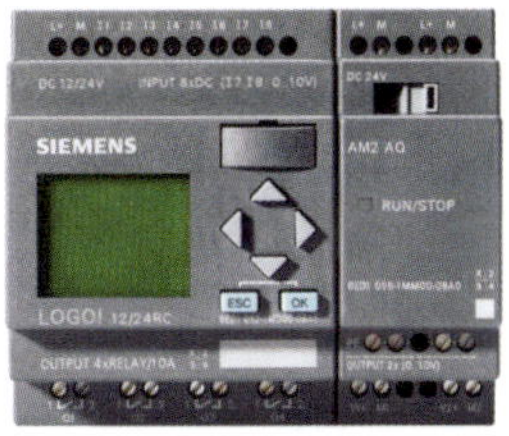	• Kleinsteuerung für einfache Steuerungsaufgaben in Industrie und Handwerk • Programmierung über LOGO!-Soft Comfort
	SIMATIC S7-1200	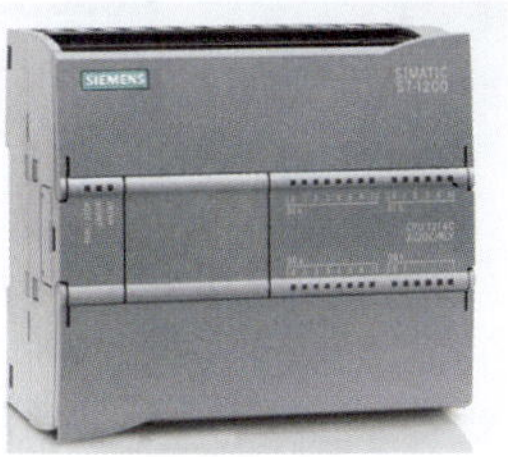	• für kleine und mittlere Steuerungsaufgaben • S7-1200 ist das *Nachfolgeprodukt* von S7-200
	SIMATIC S7-300	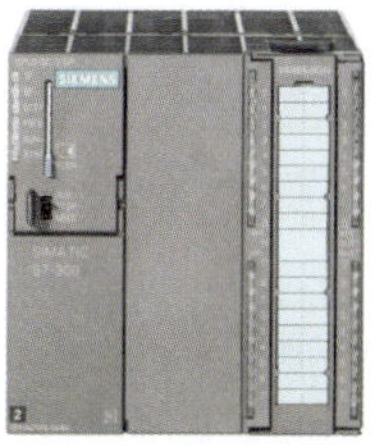 	• für mittlere und größere Steuerungsaufgaben • umfangreiche Funktionalität • viele modulare Bauteile für die verschiedenen Aufgaben verfügbar • Programmierung über *Step7*
	SIMATIC S7-400	 	• für umfangreiche Steuerungsaufgaben • umfangreiche Funktionalität • viele modulare Bauteile für die verschiedenen Aufgaben verfügbar • Programmierung über *Step7*
	SIMATIC S7-1500	 	• für mittlere bis umfangreiche Steuerungsaufgaben • umfangreiche Funktionalität • viele modulare Bauteile für verschiedene Bauteile verfügbar • Nachfolgeprodukt von S7-300 und S7-400 • Programmierung über TIA-Portal

SPS-Controller

Siemens

Dezentrale Peripherie SIMATIC ET200

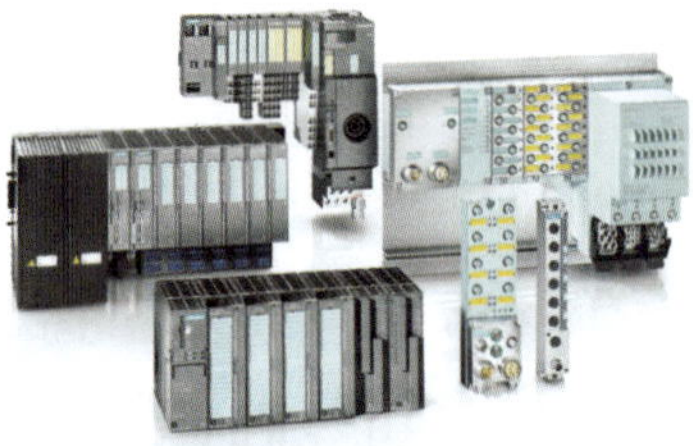

- modulare dezentrale Erweiterung der Steuerung
- dezentrale Ein-/Ausgänge und weitere Module
- Anbindung über Bussysteme
- Schutzart IP65/67 (ohne Schaltschrank) und IP20 (im Schaltschrank)

Eaton u. Omron

SPS

Eaton XC 200 *Werksbild Eaton*

Omron CJ1M

Beispiele für speicherprogrammierbare Steuerungen

Embedded Automation

Embedded Systeme verbinden einen Controller mit einem PC-System. Steuerung und PC-Applikationen laufen auf einer gemeinsamen robusten Plattform. So kann ein SPS-Programm gemeinsam mit einer Visualisierung auf einem Gerät laufen.

Siemens

Embedded Controller

- Kombination aus Controller und Controller PC-basiertem System
- keine Verwendung von drehenden Teilen wie z. B. Festplatten oder Lüfter
- steuern, bedienen u. beobachten
- Datenverarbeitung
- Kommunikation

Beckhoff

Embedded Controller

Embedded-PC
Serie CX1020, CX1030

PC-basierte Steuerungen

Bei PC-basierten Steuerungen wird auf einem PC eine Software-SPS verwendet.
Neben Steuerungs- und Visualisierungsfunktionen können Aufgaben mit hohem Datenaufkommen und schnelle technologische Funktionen auf einer PC-Plattform gelöst werden.

Siemens

PC-basierte Steuerung

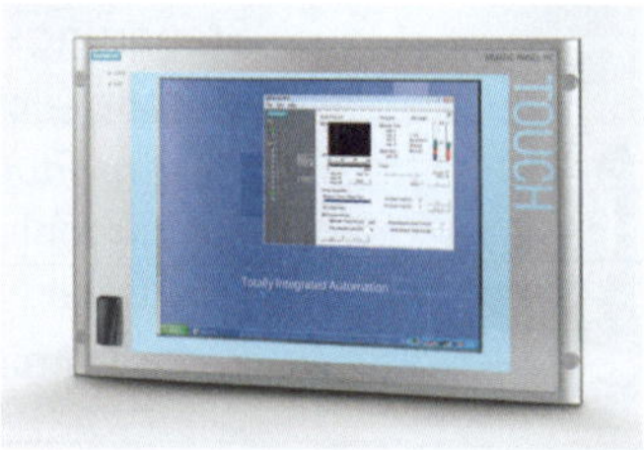

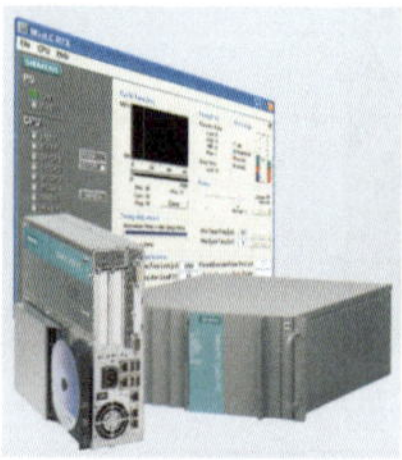

- steuern, bedienen und Steuerung beobachten
- flexibel einsetzbar
- offene Hardware- und Software-Konfiguration
- Industrie-PC

Phönix Contact

PC-basierte Steuerung

Industrie-PC der Firma Phönix Contact,
Typ: S-MAX 400 CE PN II

HMI-Bedien- und Beobachtungssysteme

HMI-Systeme (Human Machine Interface) gibt es vom kleinen Textdisplay bis hin zur Visualisierung am PC-Arbeitsplatz oder am Großbildschirm. Bedien- und Beobachtungsdisplays werden immer häufiger in Schaltschränke verbaut. Über WLAN verbundene mobile Panels sind Stand der Technik.

Das Grundprinzip aller Systeme ist das Bedienen und Beobachten des Prozesses.

Siemens	**Key Panels**	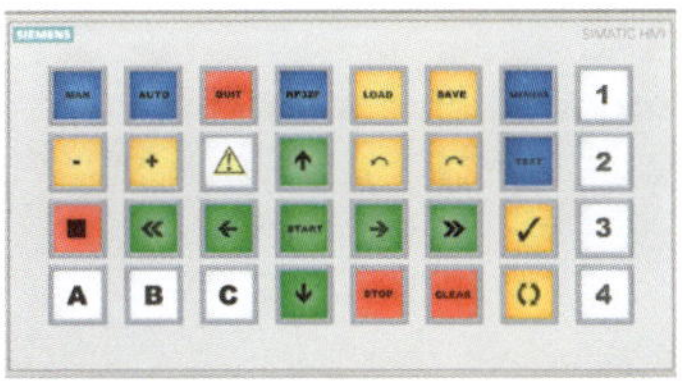 	• Tastenfeld mit Busanbindung • Alternative zum herkömmlichen Tastenfeld
	Mobile Panels	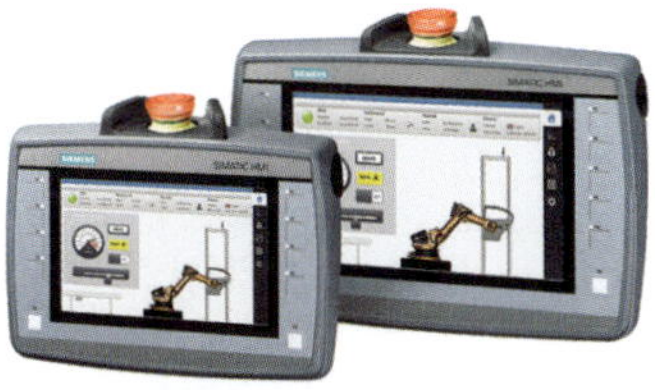	• tragbares Gerät zum Bedienen und Beobachten • leitungslose Geräte (WLAN) sind möglich
	Basic Panels	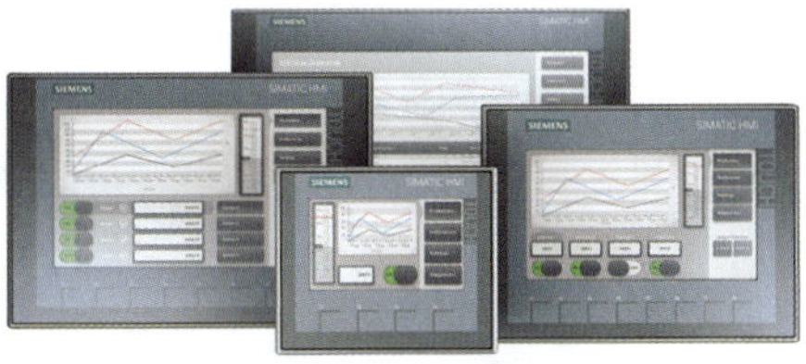	• Panels mit Basisfunktionen • Panels für den unteren Leistungsbereich • kostengünstiges Bedien- und Beobachtungssystem
	Confort Panels	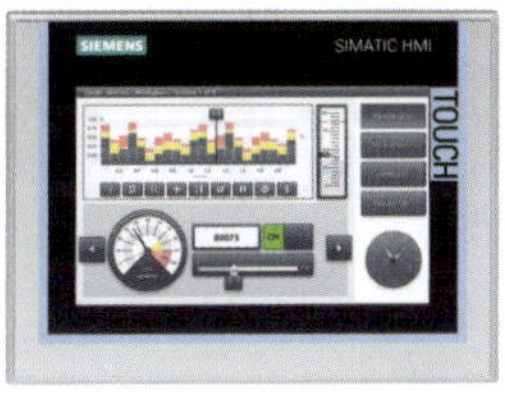 	• Touch Panel • verschiedene Leistungsbereiche • zahlreiche integrierte Schnitt-stellen
	Panel PC	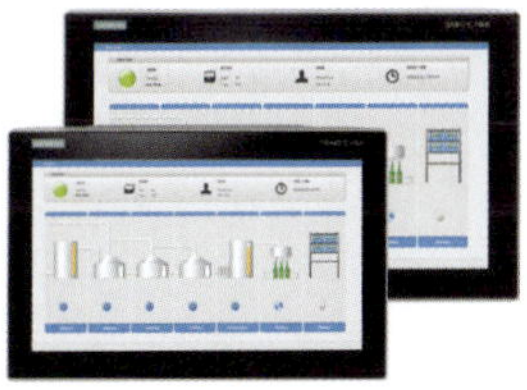	• leistungsstarker Industrie-PC mit Display • Touch- oder Tastenvariante
	PC-basiertes Bedienen und Beobachten	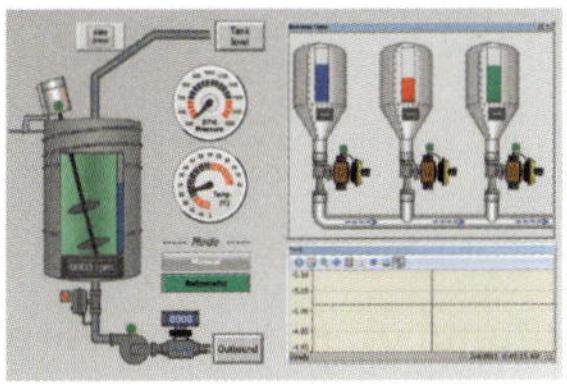	• PC-basierte Visualisierungs-plätze
Tele-mecanique	**Touchpanel**	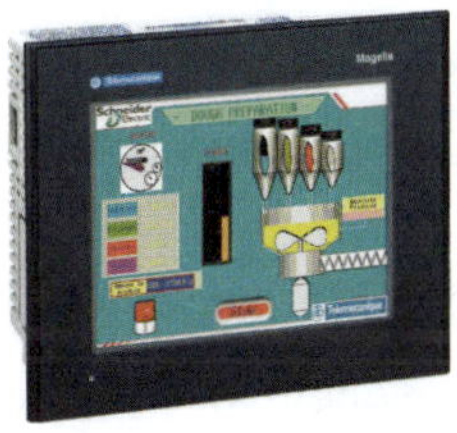	• Touch Panel mit berührungs-sensitivem Display

Sicherheitsgerichtete Steuerungen

An sicherheitsgerichtete elektronische Steuerungen (Safety-SPSen) werden genau so hohe Anforderungen wie an elektromechanische Sicherheitssysteme gestellt. Sowohl systematische wie auch zufällige Fehler sollen beherrscht werden.

Not-Halt-Schalter, Safety-Türschalter usw. können direkt an die Safety-SPS angeschlossen werden.

Beim Auftreten eines Fehlers kann die sicherheitsgerichtete Steuerung flexibel in einen sicheren Zustand überführt werden. Für die Projektierung stehen unter Step7 vorgefertigte und vom TÜV zertifizierte Funktionsbausteine (FB's) zur Verfügung.

Auf dem Markt werden eine Vielzahl von sicherheitsgerichteten Komponenten angeboten.

Redundante Systeme

In vielen Industrieanlagen können Ausfälle der Steuerungen zu kostspieligen Stillstandzeiten führen. Neben Kraftwerken, Versorgungseinrichtungen, Flughäfen usw. findet man ausfallsensible Anlagen auch in vielen anderen größeren und mittleren Industrieunternehmen.

Redundante Systeme ermöglichen einen ausfallsicheren Betrieb. Das Automatisierungssystem wird dabei redundant aufgebaut, d.h., die Steuerung für den hochverfügbaren Bereich wird doppelt ausgeführt.

Die SPS sind durch eine doppelte Leitung miteinander verbunden (Redundanzverbindung). Angeschlossene Geräte werden über einen Profibus-Ring angeschlossen, um eine Kommunikation bei einer Unterbrechung sicherzustellen.

Eine Master-Steuerung (Primary-CPU) übernimmt im fehlerfreien Zustand die Steuerung der Anlage. Im Fehlerfall übernimmt eine Ersatzsteuerung (Backup-CPU) ihre Aufgaben. So kann die Anlage auch bei einem Fehler der Master-Primary-CPU weiterlaufen.

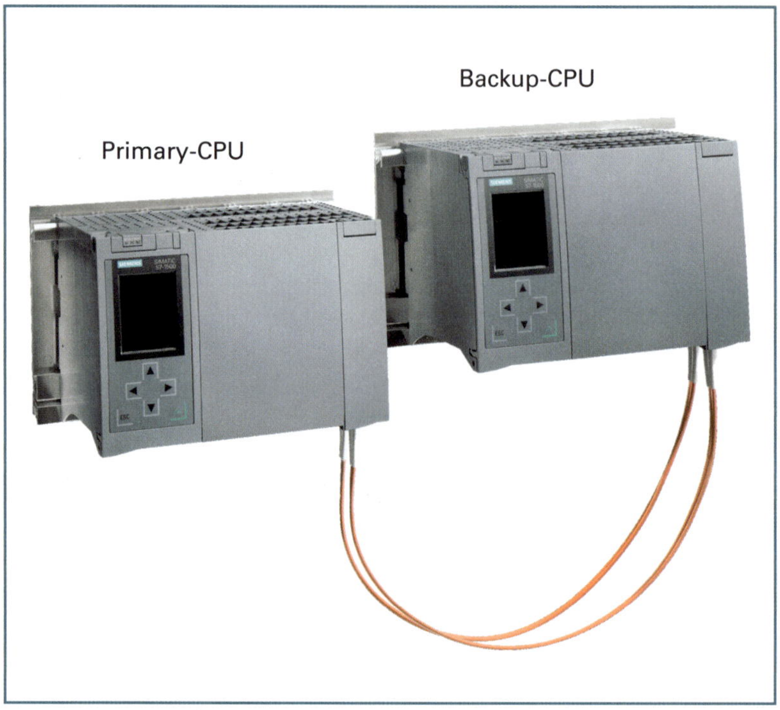

Bild 1: Redundantes Automatisierungssystem

Teleservice

Häufig werden Anlagen an Orten betrieben, die sich weit entfernt vom Entwickler der Software befinden. Um im Fehlerfall einen schnellen Service gewährleisten zu können, besteht die Möglichkeit, aus der Ferne auf Automatisierungsgeräte zuzugreifen.

Dafür sind folgende Komponenten notwendig:

- Teleservice-Adapter zur Verbindung des Automatisierungsgerätes mit dem Telefon- bzw. Mobilfunknetz
- Teleservice-Software mit einer Zugangsdatenverwaltung, über die eine Verbindung mit den Automatisierungskomponenten hergestellt werden kann
- Funktionsbausteine für Fernwartung, Fernkopplung, Alarm über SMS oder E-Mail.
- Integrierte Netzwerke-Schnittstellen ermöglichen einen Fernzugriff über das Internet oder einen VPN-Zugang.
- Einige Steuerungen verfügen über einen integrierten Webserver, sodass auf Prozessgrößen der Steuerung über das Internet zugegriffen werden kann.

Bei Fernzugriffen hat die Sicherheit der Anlage höchste Priorität.

Es gilt, die Steuerungen vor unbefugtem Zugriff durch geeignete Maßnamen wie Firewall, Zugangsberechtigungen, zeitlich begrenztem Zugang usw. zu schützen.

2.3 Darstellung von SPSen in Stromlaufplänen

Es gibt verschiedene Arten der Darstellung von SPSen in Stromlaufplänen. Im Folgenden werden einige Beispiele der Darstellung gezeigt.

a) Darstellung der Ein-/Ausgänge

In vielen industriellen CAD-Systemen werden neben der Darstellung der Spannungsversorgung der CPU die Eingangs- und Ausgangskarten wie in dem Beispiel unten dargestellt. Je nach CAD-System oder Unternehmen kann die Darstellung abweichen.

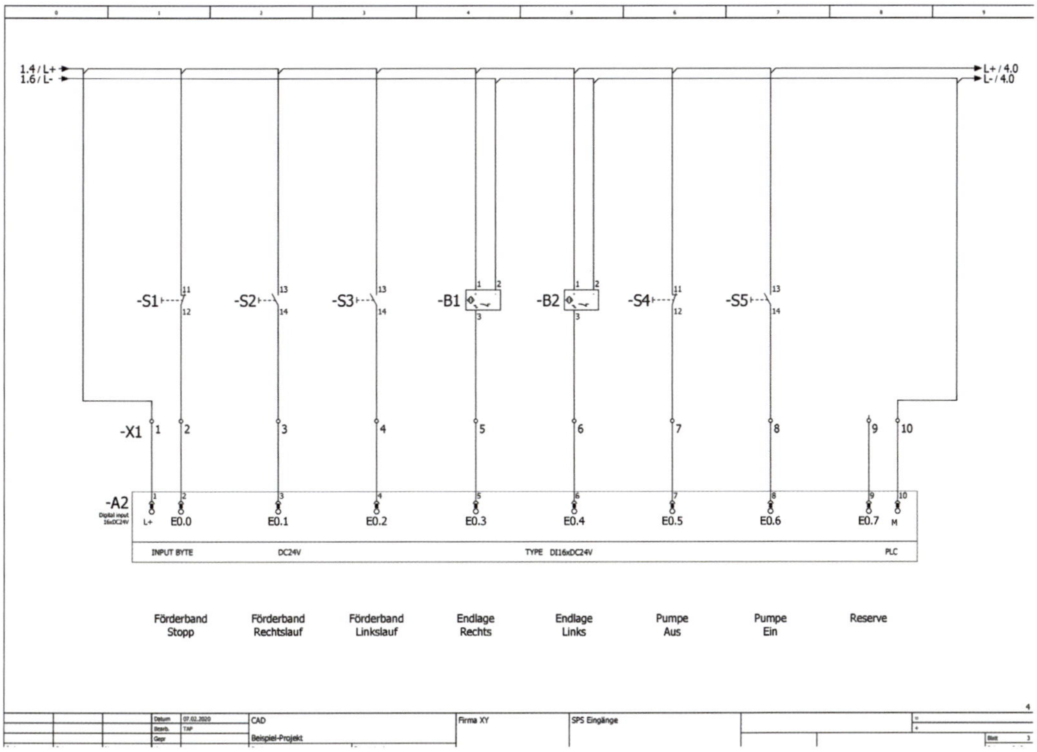

Bild 1: Digitale SPS-Eingangskarte mit Beschaltung

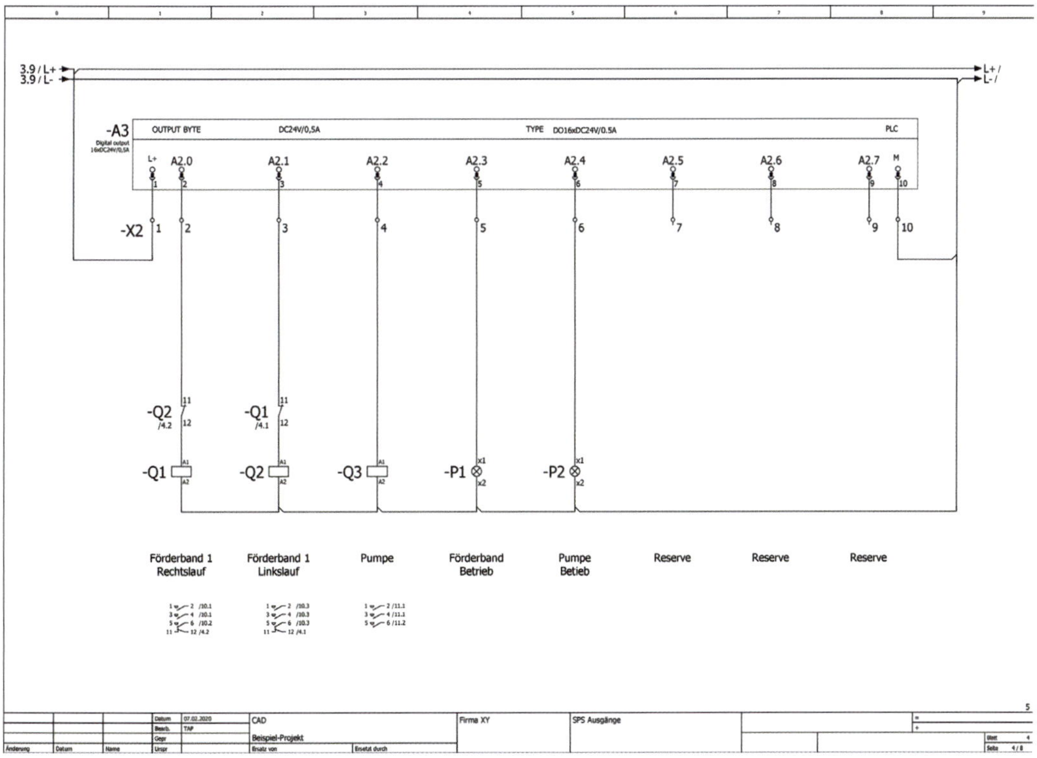

Bild 2: Digitale SPS-Ausgangskarte mit Beschaltung

b) Vereinfachte Darstellung einer SPS

Bei sehr kleinen Schaltungen oder in Ausbildungsunterlagen wird häufig eine vereinfachte zusammenhängende Darstellung gewählt. In industriellen Schaltungsunterlagen ist sie wegen der Vielzahl der Ein- und Ausgänge nicht zu finden.

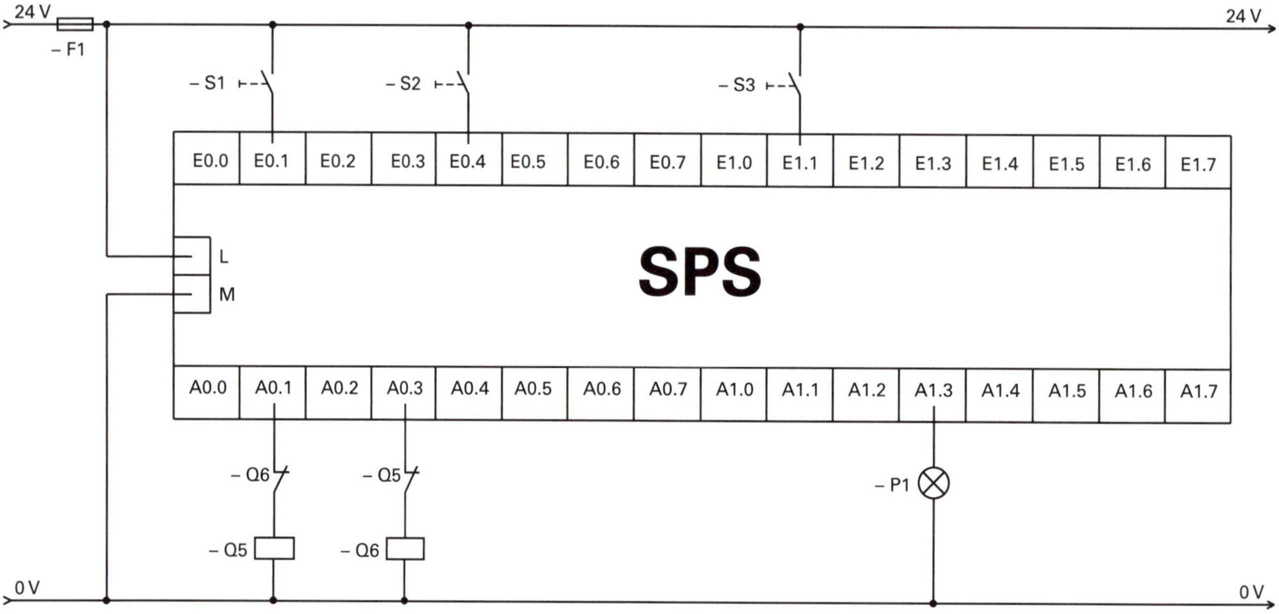

2.4 Wiederholungsfragen

1. Aus welchen Baugruppen kann eine SPS modular zusammengestellt werden?

2. Erklären Sie den Begriff Teleservice.

3 Erstellen eines SPS-Programms

Problemstellung der Beispielaufgabe:

Die Zufahrt eines Unternehmens wird durch ein Tor geschützt. Das Tor kann nur vom Pförtner bedient werden.

Wird S2 betätigt, öffnet das Tor. S3 schließt das Tor. Das Tor stoppt, wenn der Austaster S1 betätigt wird.

Meldet die Druckleiste B3 beim Schließen einen Kontakt, öffnet das Tor unmittelbar wieder.

Das Öffnen und Schließen des Tores wird durch die Warnleuchte P1 angezeigt. Sie bleibt eingeschaltet, bis der Vorgang abgeschlossen ist.

Technologieschema:

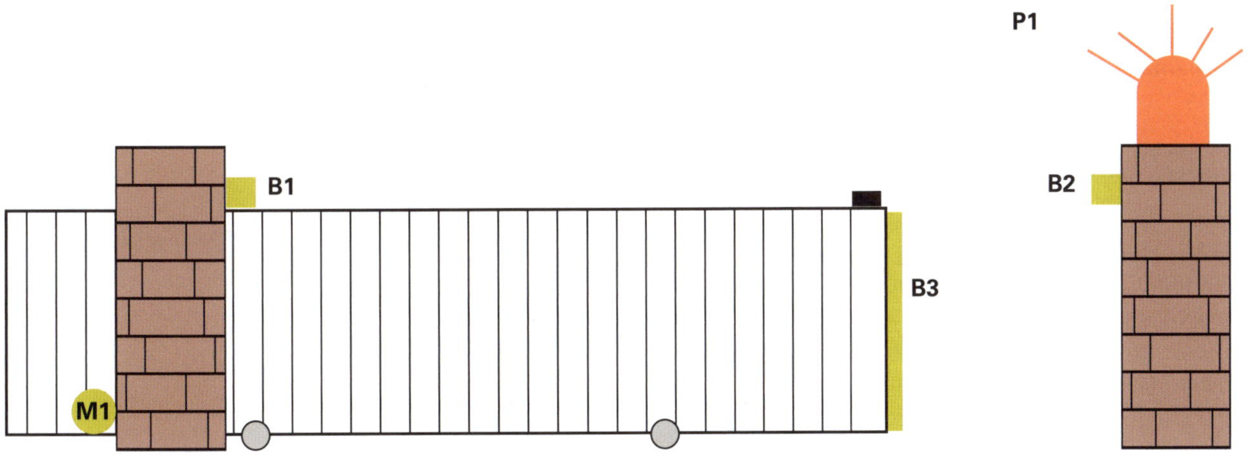

S1 Taster „Tor stoppen" (Öffner)
S2 Taster „Tor öffnen" (Schließer)
S3 Taster „Tor schließen" (Schließer)
B1 Endschalter „Tor auf" (Öffner)
B2 Endschalter „Tor zu" (Öffner)
B3 Druckleiste (Öffner)

Q1 Motorschütz „Tor öffnen" (M1)
Q2 Motorschütz „Tor schließen" (M1)
P1 Warnleuchte „Tor fährt"

3.1 Vorgehensweise bei der Projektbearbeitung

Nachfolgend wird die Vorgehensweise zur Erstellung eines Steuerungsprogramms mit der Programmiersoftware Step7 der Firma Siemens vorgestellt:

SPS-Projekt erstellen

1. S7-Projekt anlegen
2. Gerätekonfiguration erstellen
3. Variablentabelle erstellen
4. Bausteine hinzufügen
5. Programm erstellen
6. Programm übertragen
7. Inbetriebnahme/Beobachten von Bausteinen

3.2 TIA-Portal: Erstellen eines Projektes

Short-Link: **vel.plus/SPS01**

1. S7-Projekt anlegen

Programm öffnen

Das TIA-Portal wird über einen Doppelklick auf das Symbol „TIA-Portal" geöffnet.

TIA-Portal

Dabei erscheint die ***Portalansicht*** des Projektes.

Es kann zwischen ***Bestehendes Projekt öffnen, Neues Projekt anlegen*** und ***Projekt migrieren*** gewählt werden. Beim Migrieren wird ein Projekt, das mit Step7 V5.x erstellt worden ist, in ein TIA-Projekt umgewandelt.

Wählen Sie ***Neues Projekt anlegen*** und geben Sie den ***Projektnamen*** und den ***Ablageort*** an. Bestätigen Sie mit ***Erstellen***.

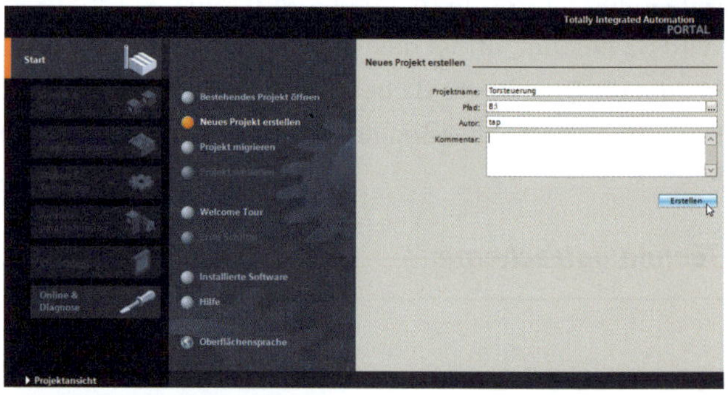

2. Gerätekonfiguration erstellen

Hardware auswählen

Unter ***Neues Gerät hinzufügen*** ⇒ ***Controller*** kann die verwendete CPU, hier eine S7-1500 CPU 1516-3 PN/DP, ausgewählt werden.

Nach dem Betätigen des Button ***Hinzufügen*** wechselt das Programm in die ***Projektansicht***.

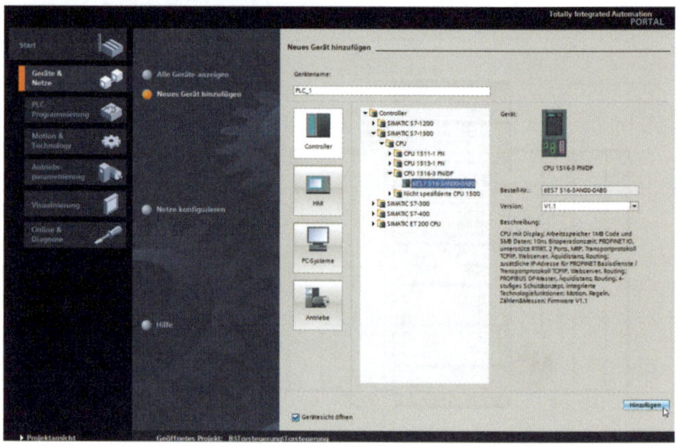

Projektansicht beim TIA-Portal

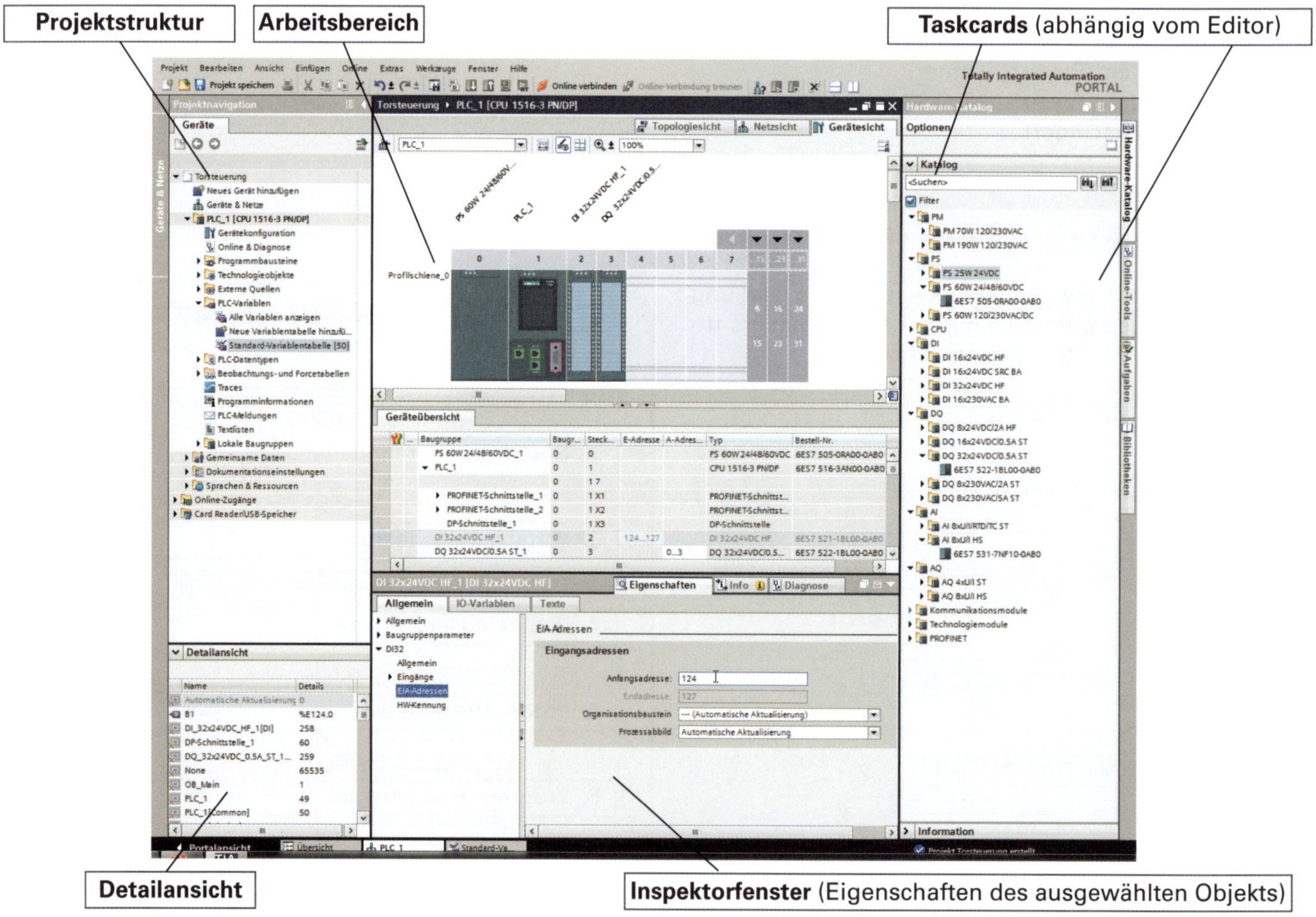

3. Hardware auswählen

Die einzelnen Hardwarekomponenten können aus dem Katalog im rechten Fenster ausgewählt und auf den entsprechenden Steckplatz gezogen werden.

Wenn im Arbeitsbereich ein Element ausgewählt wird, können im Inspektorfenster die Eigenschaften angesehen und geändert werden.

Ändern Sie (zur Übung) die Adressen der Ein- und Ausgänge jeweils auf die Anfangsadressen 124.

Speichern Sie die Gerätekonfiguration über ***Projekt speichern***.

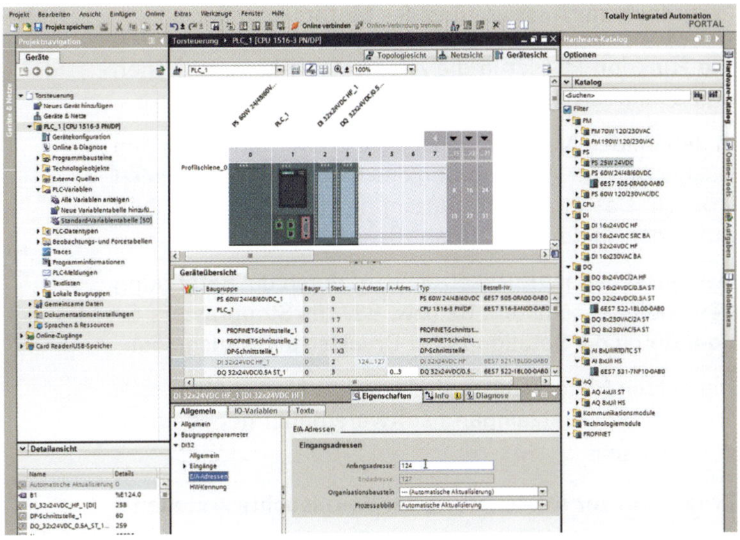

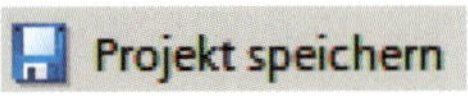

4. Variablentabelle erstellen

Wählen Sie in der ***Projektstruktur*** die ***Standard-Variablentabelle*** an. Geben Sie die Eingänge, Ausgänge, Merker usw., die Sie verwenden möchten, ein. Unter ***Name*** kann ein *symbolischer Name* frei vergeben werden. In dem Feld ***Adresse*** wird die *absolute Adresse*, entsprechend der Hardwarekonfiguration, zugeordnet. Außerdem kann ein ***Kommentar*** eingetragen werden.

Die internationale Schreibweise der E-/A-Adressen (%I0.0, %Q0.0) lässt sich auf die deutsche (%E0.o, %A0.0) unter ***Extras*** ⇒ ***Einstellungen*** ⇒ ***Mnemonik*** ⇒ ***deutsch*** umstellen.

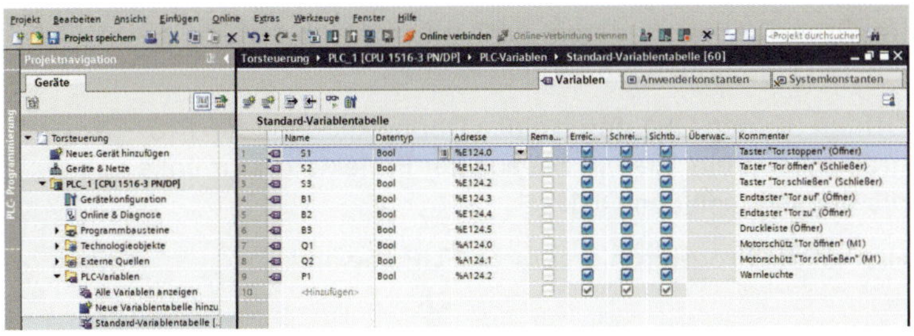

5. Bausteine hinzufügen

Über ***Neuen Baustein hinzufügen*** können die verschiedenen Bausteintypen hinzugefügt werden.

Erstellen Sie eine ***Funktion FC1*** in der Programmiersprache ***FUP***.

Bestätigen Sie mit ***OK***.

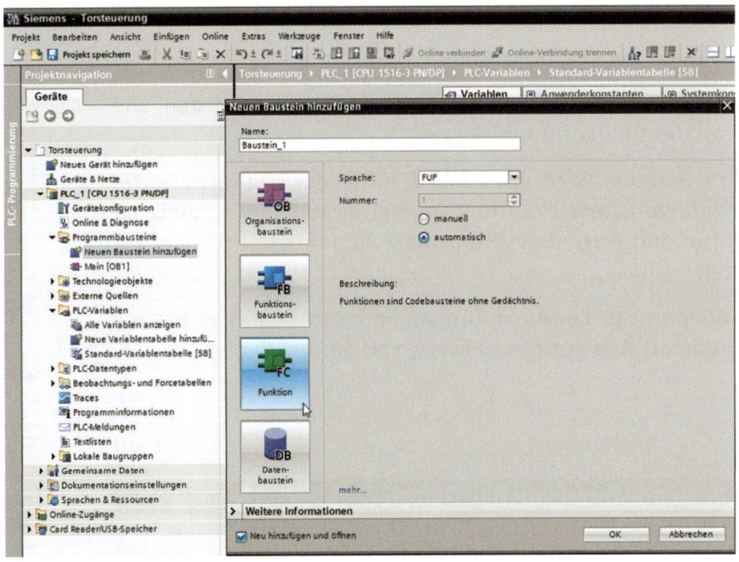

6. Programm erstellen

In der Funktion (hier: FC1) wird jetzt das Anwenderprogramm erstellt.

Die ***Programmiersprache*** kann im Inspektorfenster des FC bei Bedarf geändert werden.

Beim Programmieren kann über ein Auswahlfenster, das bei der Eingabe der Ein- und Ausgänge am rechten Rand erscheint, auf die Symboltabelle zugegriffen werden. Hier können die einzelnen Operanden angewählt werden.

Es ist auch möglich, die Adressen oder den symbolischen Namen direkt einzugeben.

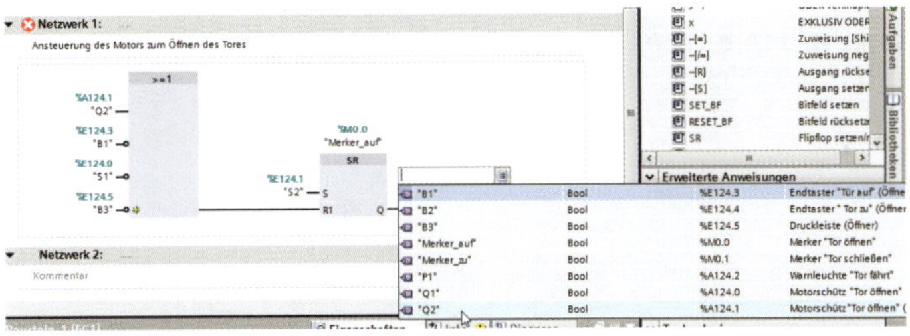

Programm zur Ansteuerung des Motors erstellen

Die Funktion FC1 ist in die zwei Netzwerke zum Öffnen und Schließen des Tores aufgeteilt.

In den beiden Netzwerken ist jeweils ein Flipflop vor den Ausgängen zur Ansteuerung des Motorschützes gesetzt worden. Das Eintasten (Setzen) des Flipflops geschieht durch den Taster S2 „Öffnen" bzw. S3 „Schließen".

Das Ausschalten (Rücksetzen) wird durch die Betätigung des Endlagenschalters B2 bzw. B3, des Stopptasters S1 oder durch die Betätigung der Druckleiste B3 ausgelöst.

Die beiden Motorschütze sind über die Merker M0.0 bzw. M0.1 am Rücksetzeingang softwaremäßig gegeneinander verriegelt.

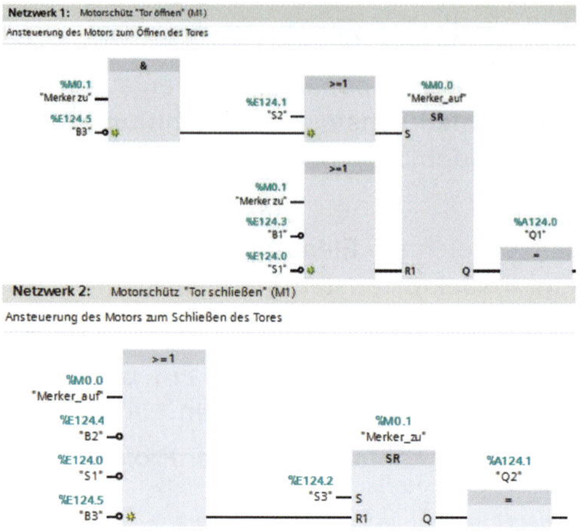

Programm zur Ansteuerung der Warnleuchte erstellen

Erstellen Sie zusätzlich zur Funktion FC1 eine Funktion FC2 zur Ansteuerung der Warnleuchte.

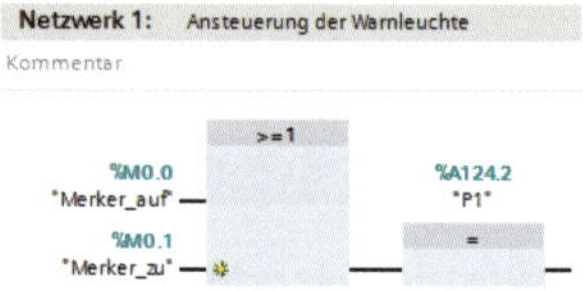

Aufruf der Funktionen FC1 und FC2 im OB1

Im Organisationsbaustein OB1 müssen die beiden erstellten Funktionen aufgerufen werden.

Öffnen Sie den OB1 durch einen Doppelklick auf den Programmbaustein. Ziehen Sie aus der Projektstruktur links die Bausteine in den OB1.

Hier ist die Programmiersprache FUP gewählt.

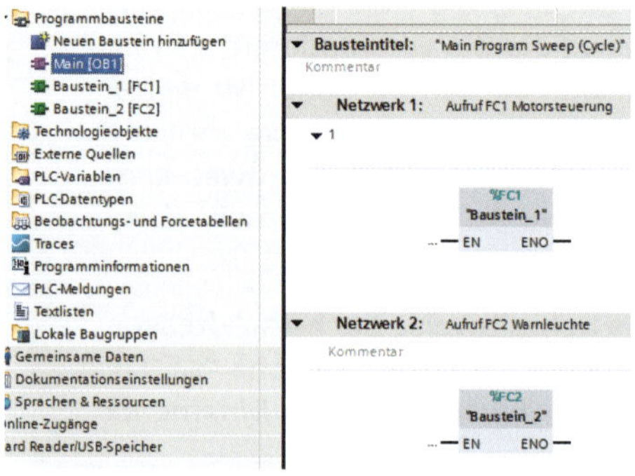

7. Programm übertragen

Wählen Sie ***Online*** ⇒ ***Laden in Gerät***.

Im sich öffnenden Fenster muss eingegeben werden, wie mit der SPS kommuniziert wird.

Im Beispiel wird über ***PN/IE*** (PROFINET/Ethernet), die ***Netzwerkkarte*** des Programmiergerätes und schließlich über den ***Anschluss/Steckplatz X1*** auf die SPS zugegriffen.

Wählen Sie ***Laden*** ⇒ (neues Fenster) ***Laden*** ⇒ (neues Fenster) ***Alle starten*** ⇒ ***Fertig stellen***.

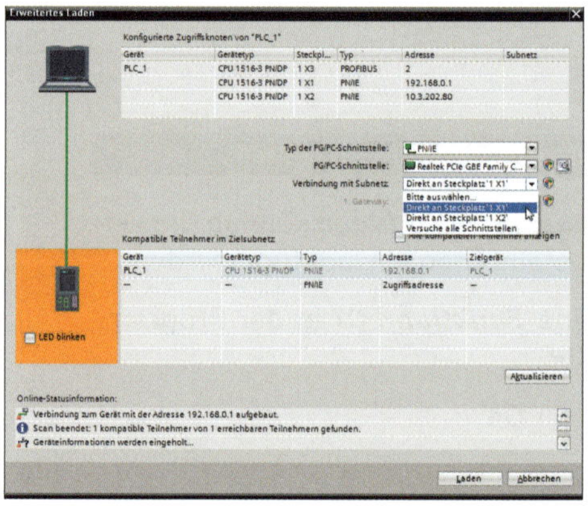

8. Beobachten von Bausteinen

Ist das Programm in die SPS übertragen, können in den einzelnen Programmbausteinen die Zustände beobachtet werden.

Wählen Sie den Button ***Beobachten ein/aus***.

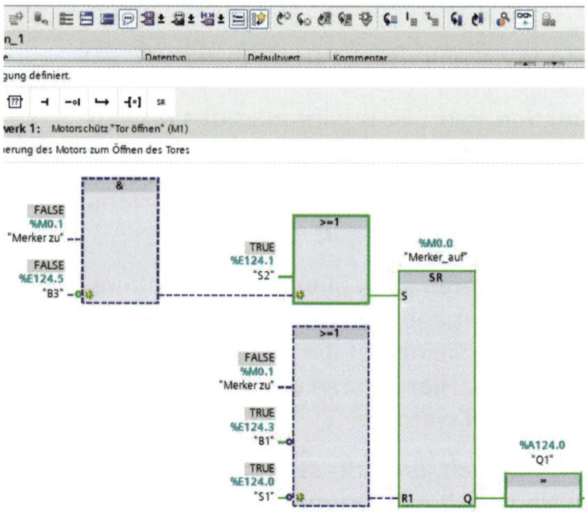

4 Simulation von Programmen

4.1 Simulation mit PLCSIM

Short-Link: **vel.plus/SPS-8-02**

1. Simulation starten

Über den Button Simulation wird im TIA-Portal das Programm gestartet.

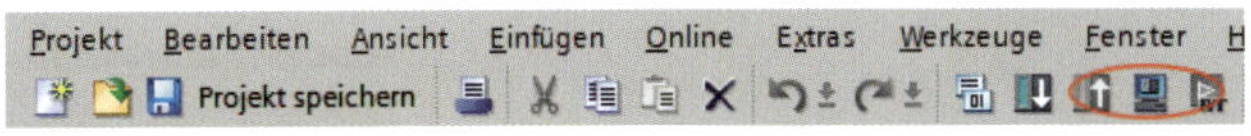

2. Workspace erstellen und CPU-Instanz öffnen

PLCSIM öffnet sich automatisch. Es kann zwischen den Menüpunkten ***Workspace-Konfiguration***, ***CPU-Liste*** und ***IO-Manipulation*** gewählt werden. Ein neues Simulationsprojekt wird als Workspace bezeichnet. Wenn in der CPU-Liste die neue SPS nicht automatisch geöffnet wird, kann man rechts eine CPU auswählen. Eine CPU wird als ***Instanz*** bezeichnet. Wichtig ist, dass für die Übertragung des SPS-Programms in die CPU, diese eingeschaltet ist (Ein-Aus-Schalter im CPU-Fenster oben rechts). Im SPS-Programm folgt man den Anweisungen zum Übertragen des Programms.

Nach dem Übertragen wird in ***PLCSIM*** die CPU über den ***Play-Button*** auf RUN geschaltet.

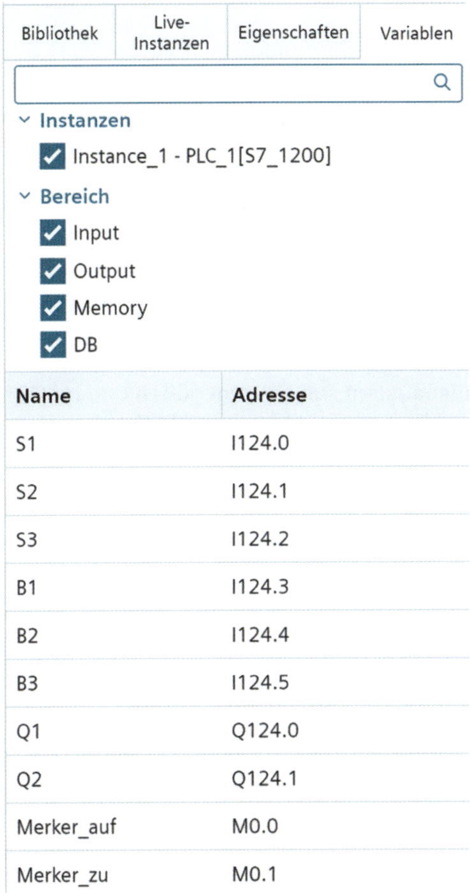

3. Simulation

Erstellen Sie unter dem Menüpunkt ***IO-Manipulation*** nun eine neue ***SIM-Tabelle***. In der Tabelle können über + einzelnen Variablen, die simuliert oder beobachtet werden sollen, eingetragen werden. Dafür wählt man den Auswahlordner ***Variablen*** an. Die Variablen aus der Variablentabelle des SPS-Projekts können nun für die Simulation angewählt werden.

In der Spalte ***Zustand beobachten/bearbeiten*** können die Variablen gesteuert bzw. beobachtet werden.

4. Simulation ausführen/beobachten

Die Simulation kann in der CPU-Instanz gestartet und gestoppt werden. Vom TIA-Portal aus kann das Projekt jederzeit neu in die Simulation geladen werden. Im SPS-Programm kann während der Simulation in den erstellten Bausteinen das Verhalten der Operanden beobachtet werden. Wählen Sie das Symbol ***Beobachten***.

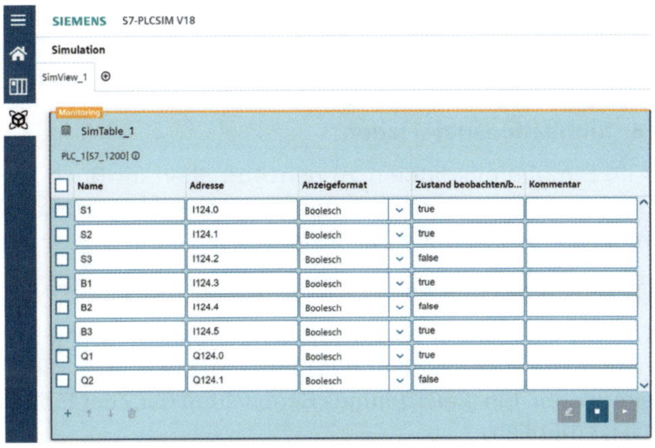

4.2 Simulation mit PLC-Lab

Short-Link: **vel.plus/SPS-8-03**

PLC-LAB ist eine Simulationssoftware von MHJ-Software mit der SPS-Programme interaktiv simuliert werden können. Dadurch kann vor der realen Inbetriebnahme einer Anlage schon das Steuerungsprogramm getestet werden. Ohne große Hardwarekosten kann programmiert und getestet werden. PLC-Lab ist die Nachfolgesoftware von SPS-Visu.

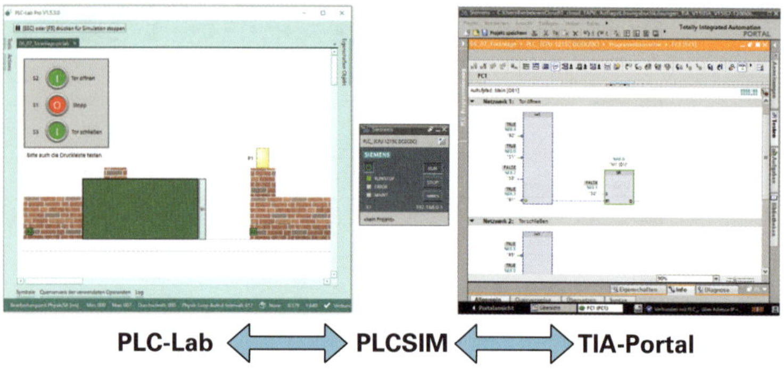

Grundprinzip der Simulation mit PLC-Lab: Das SPS-Programm wird in die Simulation PLCSIM (für S7-300/S7-400 oder S7-1200/S71500) geladen. PLC-Lab greift auf die Daten von PLC-SIM zu.

Simulation mit PLC-Lab

1. TIA-Portal starten
2. Projektvorlage laden
3. SPS-Programm erstellen
4. SPS-Programm in PLCSIM laden
5. PLC-LAB starten
6. Simulationsdatei laden
7. Anlage simulieren

1. TIA-Portal starten

Starten Sie das TIA-Portal.

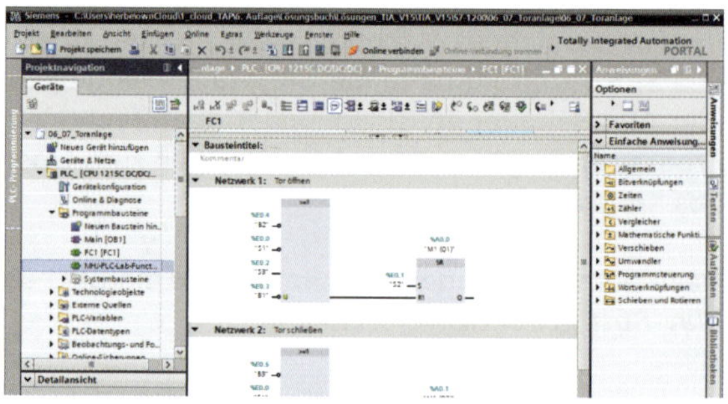

2. Projektvorlage laden

Für die Simulation mit PLC-Lab stehen Projektvorlagen im digitalen Zusatzmaterial (Ordner: PLC-Lab_Vorlagen_fuer_TIA). Laden Sie eine Vorlage. Bei den Vorlagen für S7-1200 und S7-1500 ist ein Funktionsbaustein schon vorgegeben und im OB1 aufgerufen. Dieser ist für die Kommunikation mit PLC-Lab vorkonfiguriert und darf nicht verändert werden.

3. SPS-Programm erstellen

Erstellen Sie das SPS-Programm entsprechend der Aufgabenstellung.

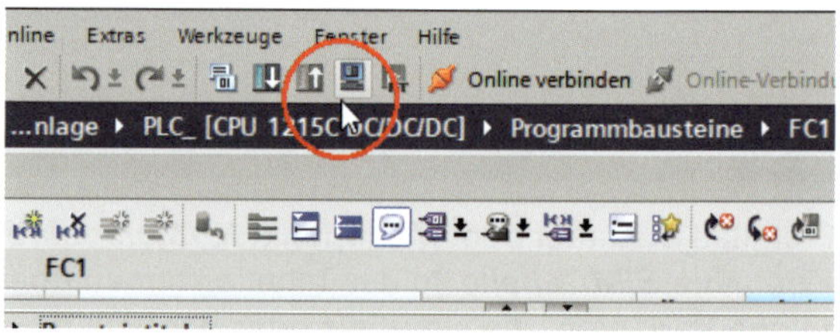

4. SPS-Programm in PLCSIM laden

Über *Online* ⇒ *Simulation* ⇒ *Starten* laden Sie das SPS-Programm in das Simulationsprogramm PLCSIM. Bei einer S7-300 öffnet sich ein vereinfachtes PLCSIM-Programm.
Bei einer S7-1200 oder S7-1500 das PLCSIM-Programm des TIA-Portals. Stellen Sie sicher, dass PLCSIM eingeschaltet ist und der RUN-Modus aktiviert ist.

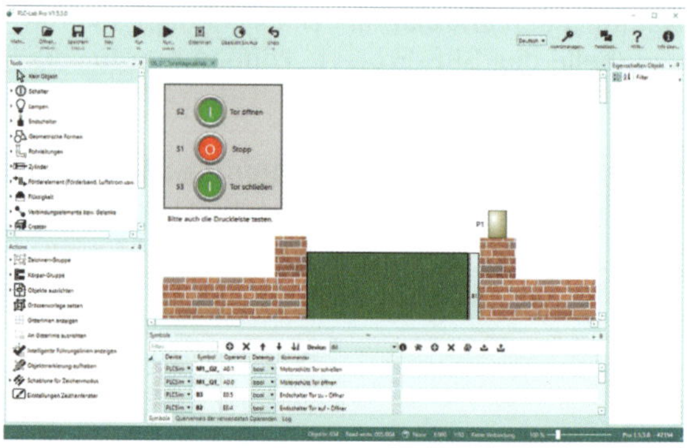

5. PLC-Lab starten

Starten Sie das Simulationsprogramm PLC-Lab.

Wichtig: Wenn das TIA-Portal als Administrator gestartet wurde, dann muss auch PLC-Lab als Administrator gestartet werden. Die beiden Programme müssen also die gleichen Rechte besitzen.

6. Simulationsdatei laden

Alle Simulationsdateien zu den Aufgaben im Buch können dem digitalen Zusatzmaterial entnommen werden (*PLC-Lab Visualisierungsdateien*). Öffnen Sie die gewünschte Datei.

7. Anlage simulieren

Um die Simulation zu starten, betätigen Sie *RUN* (F5) oder alternativ *RUN mit Einstellmodus* (Shift F5). Sie können die Anlage nun simulieren. Ein gleichzeitiges Beobachten der Zustände im TIA-Portal ist möglich.

Runtime-Lizenz für PLC-Lab: Um die Praxis-Beispiele im Buch durchführen zu können, benötigen Sie das TIA PORTAL (Basic oder Professional) und PLC-Lab (Vollversion), PLC-Lab-Runtime oder PLC-Lab 30-Tage Demo (kostenlos).
Download-Link für PLC-Lab-Runtime:
https://www.mhj-download.de/plclab/plc_lab_runtime_stp.zip

5 Grundverknüpfungen

5.1 Programmiersprachen/Darstellungsarten

Für die SPS-Programmierung stehen fünf verschiedene Programmiersprachen zur Verfügung. Die Bezeichnung der einzelnen Sprachen ist bei Step7 teilweise anders als in der Norm DIN EN 61131-3. Standardmäßig sind in der Programmiersoftware Step7 die Programmiersprachen Anweisungsliste, Kontaktplan und Funktionsplan vorhanden. Welche Programmiersprache bevorzugt wird, ist sehr unterschiedlich. Jedes Unternehmen und jeder Programmierer hat eine unterschiedliche Sprache favorisiert. Die drei Grundsprachen AWL, KOP und FUP sollte allerdings jeder SPS-Fachmann beherrschen.

SPS-Programmiersprachen			
Textförmige Sprachen		**Grafische Sprachen**	
Step7	*DIN EN 61131-3*	**Step7**	*DIN EN 61131-3*
Anweisungsliste (AWL)	Anweisungsliste (AWL)	**Kontaktplan (KOP)**	Kontaktplan (KOP)
		Funktionsplan (FUP)	Funktionsbausteinsprache (FBS)
Structured Control Language (SCL)	Strukturierter Text (ST)	**S7-Graph**	Ablaufsprache (AS)

In dem folgenden Beispiel ist eine *ODER-vor-UND-Schaltung* in den verschiedenen Programmiersprachen dargestellt.

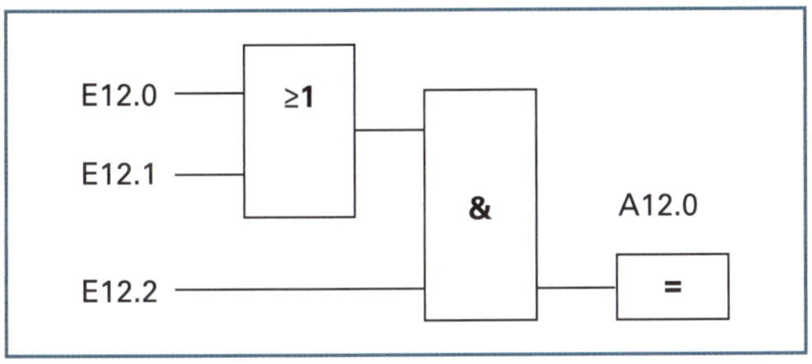

Funktionsplan (FUP)

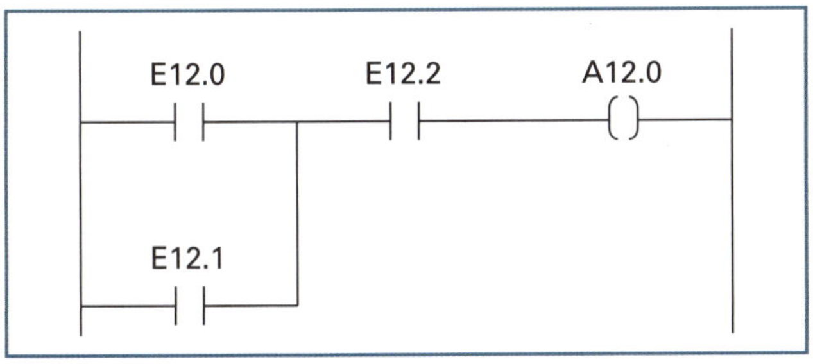

Kontaktplan (KOP)

```
O E12.0
O E12.1
U E12.2
= A12.0
```

Anweisungsliste (AWL)

Darstellung der Steuerung als Schutzschaltung

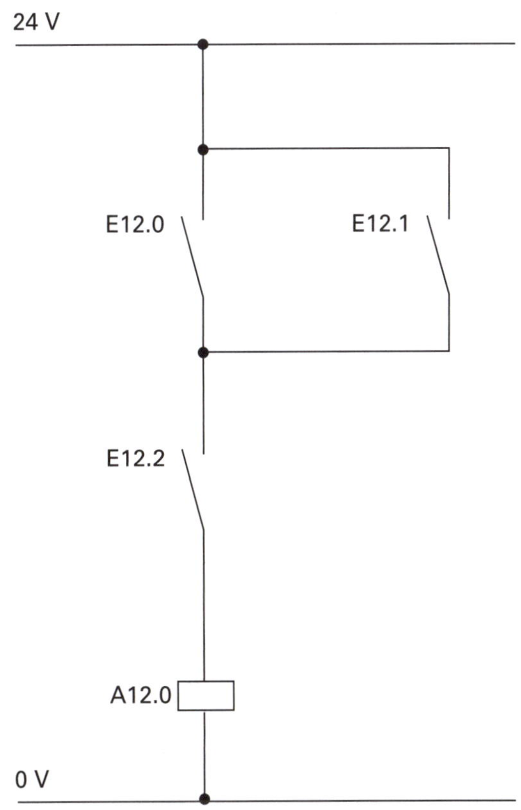

5.2 Grundlagen der Grundfunktionen

Grundfunktionen sind die am häufigsten verwendeten Funktionen in der Steuerungstechnik und Digitaltechnik. Bei den Bausteinen (Gattern) befinden sich auf der linken Seite jeweils die Eingänge und auf der rechten Seite der Ausgang.

Um das Verhalten einer Funktion darzustellen, gibt es verschieden Darstellungsweisen:

a) *Schaltzeichen:* Darstellungsweise, die auch im Funktionsplan verwendet wird.

b) *Wahrheitstabelle:* Bei der Wahrheitstabelle (auch Wertetabelle genannt) werden alle möglichen Schaltzustände in Tabellenform angegeben. In der rechten Spalte (Ausgang) wird das Schaltverhalten des Ausgangs auf die Eingangsbeschaltung eingetragen.
Die Anzahl der möglichen Schaltkombinationen beträgt:
Kombinationen = $2^{\text{Anzahl der Eingänge}}$ bei 4 Eingängen: $2^4 = 16$ Kombinationen

c) *Funktionsgleichung:* Funktionsgleichungen sind eine mathematische Ausdrucksweise des Schaltverhaltens.
Beispiele:
$A0.0 = E0.0 \wedge E0.1$ UND-Verknüpfung der Eingänge E0.0 und E0.1
$A0.0 = \overline{E0.0} \vee E0.1$ ODER-Verknüpfung mit negiertem Eingang E0.0
$A0.0 = \overline{E0.0 \wedge E0.1}$ UND-Verknüpfung mit negiertem Ausgang (NAND)

d) *Signal-Zeit-Plan:* Darstellung des zeitlichen Verlaufs der Eingangs- und Ausgangssignale
1 : Signalzustand logisch „1", Spannung entspricht „high-level"
0 : Signalzustand logisch „0", Spannung entspricht „low-level"

***Beispiel:* ODER-Verknüpfung mit vier Eingängen**

Eine ODER-Verknüpfung ist am Ausgang „1", sobald ein Eingang oder mehrere Eingänge „1" sind.

a) **Schaltzeichen**

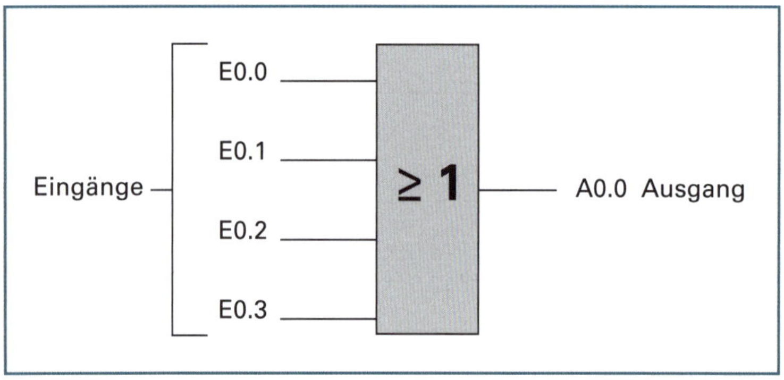

b) **Wahrheitstabelle** (Wertetabelle)

E0.3	E0.2	E0.1	E0.0	A0.0
0	0	0	0	0
0	0	0	1	1
0	0	1	0	1
0	0	1	1	1
0	1	0	0	1
0	1	0	1	1
0	1	1	0	1
0	1	1	1	1
1	0	0	0	1
1	0	0	1	1
1	0	1	0	1
1	0	1	1	1
1	1	0	0	1
1	1	0	1	1
1	1	1	0	1
1	1	1	1	1

c) **Funktionsgleichung**

$A0.0 = E0.0 \vee E0.1 \vee E0.2 \vee E0.3$

d) **Signal-Zeit-Plan**

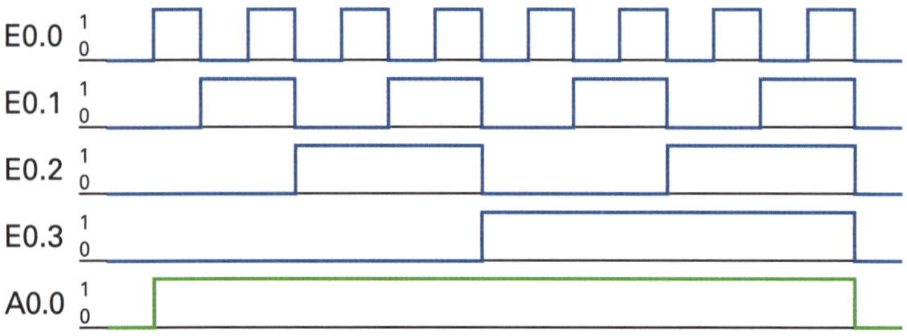

5.3 Übersicht der Grundfunktionen

Name	Schaltzeichen	Wahrheitstabelle	Funktionsgleichung	Signal-Zeit-Plan
UND (AND)	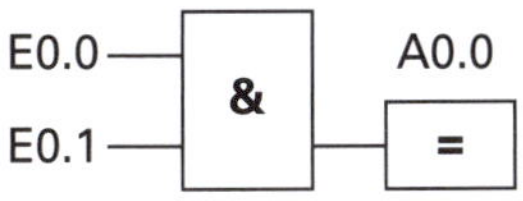	**E0.1 E0.0 A0.0** 0 0 0 0 1 0 1 0 0 1 1 1	$A0.0 = E0.0 \wedge E0.1$	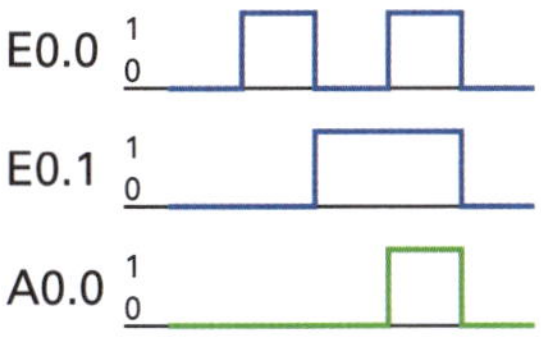
ODER (OR)	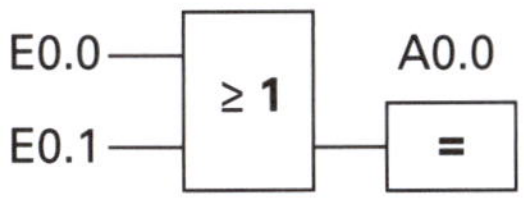	**E0.1 E0.0 A0.0** 0 0 0 0 1 1 1 0 1 1 1 1	$A0.0 = E0.0 \vee E0.1$	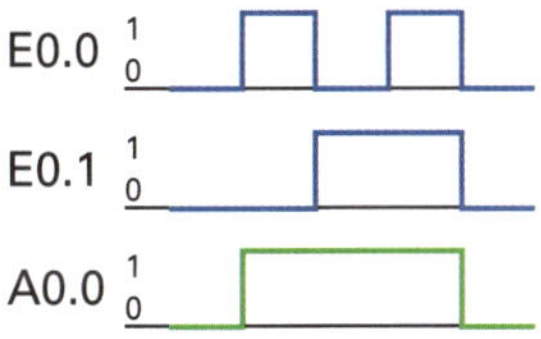
NICHT (Negation, Inverter)	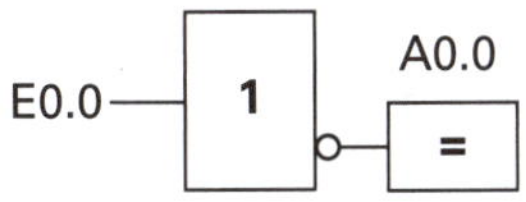	**E0.1 A0.0** 0 1 1 0	$A0.0 = \overline{E0.0}$	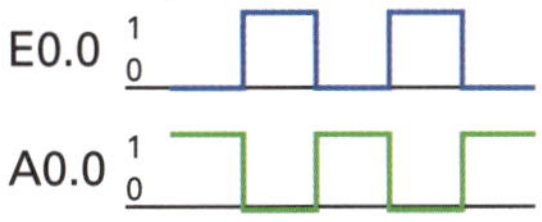
NAND	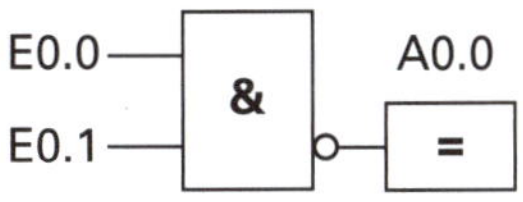	**E0.1 E0.0 A0.0** 0 0 1 0 1 1 1 0 1 1 1 0	$A0.0 = \overline{E0.0 \wedge E0.1}$	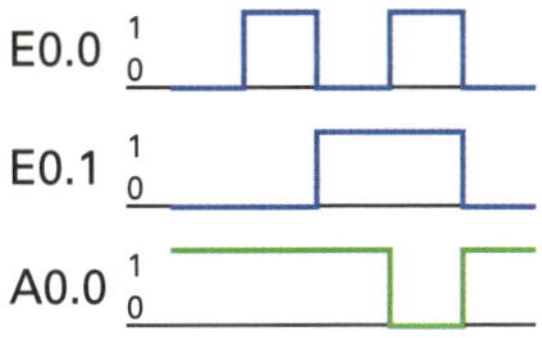
NOR	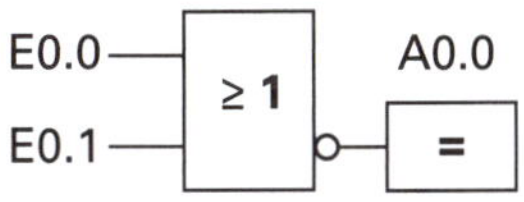	**E0.1 E0.0 A0.0** 0 0 1 0 1 0 1 0 0 1 1 0	$A0.0 = \overline{E0.0 \vee E0.1}$	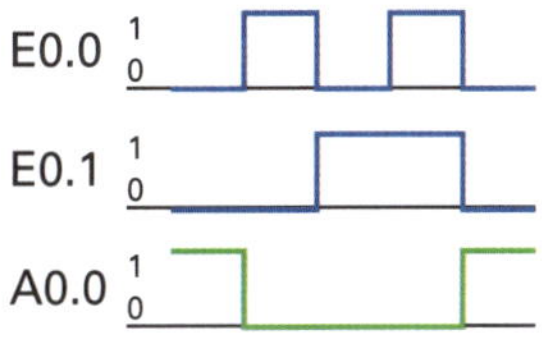
XOR (Exklusiv-ODER)	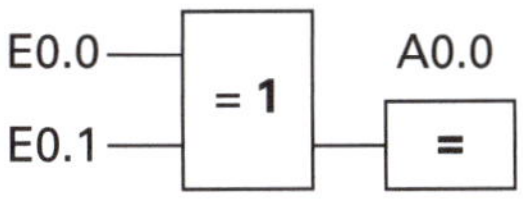	**E0.1 E0.0 A0.0** 0 0 0 0 1 1 1 0 1 1 1 0	$A0.0 = (\overline{E0.0} \wedge E0.1) \vee (E0.0 \wedge \overline{E0.1})$	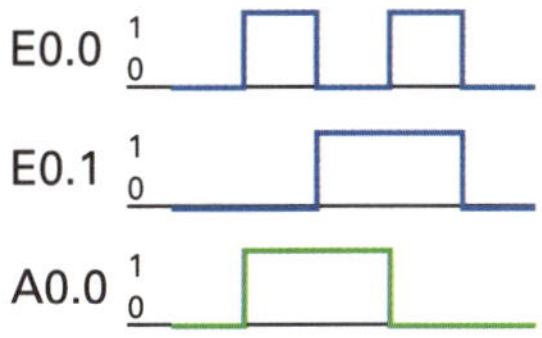

Beispielaufgabe:

Eine Lampe E1 soll leuchten, wenn Schalter S1 oder S2 (Schließer) betätigt ist. Sie darf nicht leuchten, wenn der Dämmerungsschalter B1 ein 1-Signal liefert.

Gesucht: a) Funktionsplan
b) Funktionsgleichung

Lösung:

a)

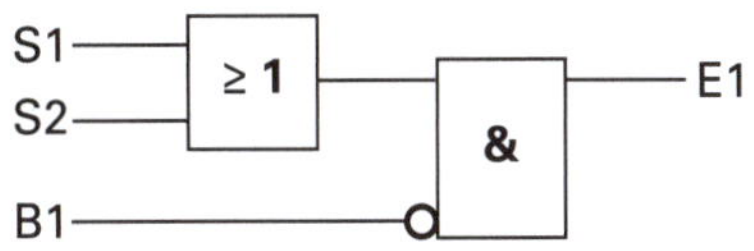

b) $E1 = (S1 \vee S2) \wedge \overline{B1}$

5.4 Grundverknüpfungen in verschiedenen Programmiersprachen

Die nachfolgende Tabelle zeigt die Grundfunktionen in den einzelnen Programmiersprachen von Step7.
Die Programmiersprache Structed Control Language (SCL) wird im Kapitel 17 beschrieben.

Grundverknüpfungen

	FUP	KOP	AWL (Step7)
UND	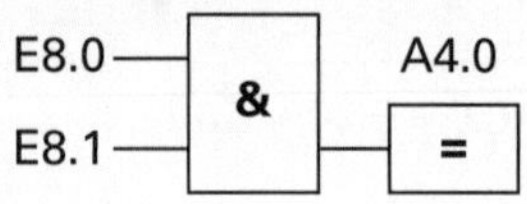	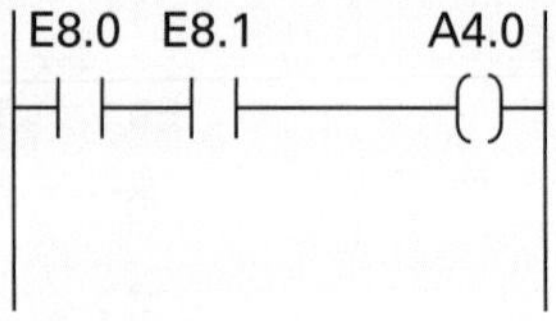	U E8.0 U E8.1 = A4.0
ODER	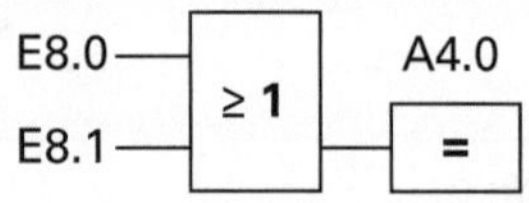	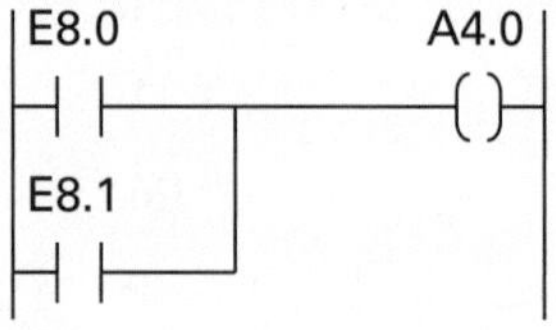	O E8.0 O E8.1 = A4.0
NICHT (Negation)	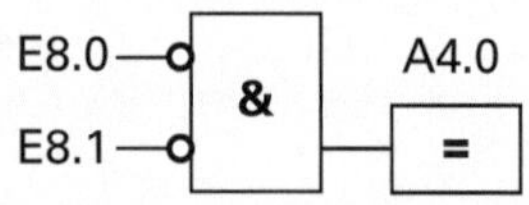	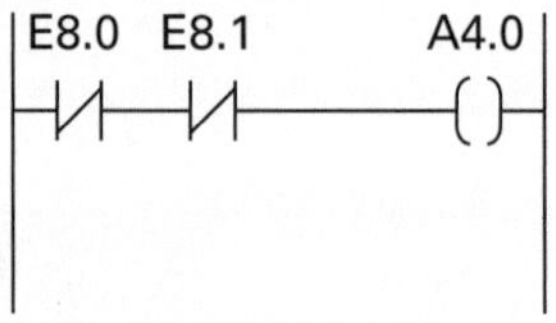	UNE8.0 UNE8.1 = A4.0
NAND	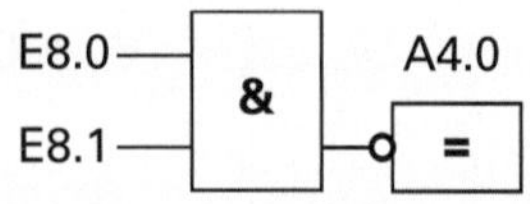	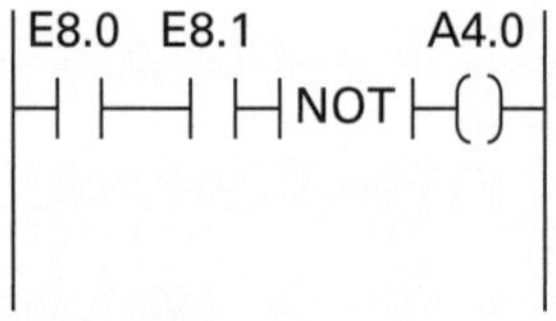	U E8.0 U E8.1 NOT = A4.0
NOR	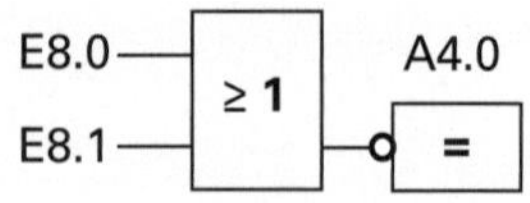	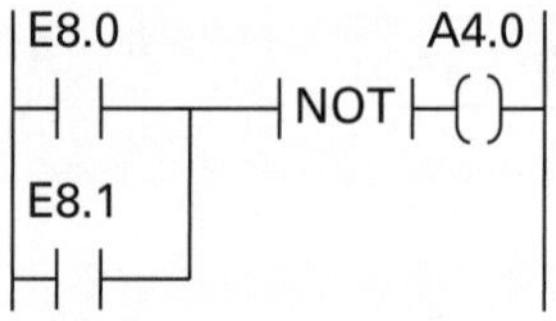	O E8.0 O E8.1 NOT = A4.0
XOR (Exklusiv-ODER)	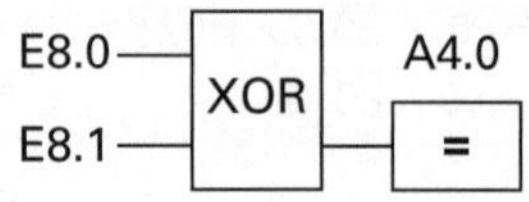	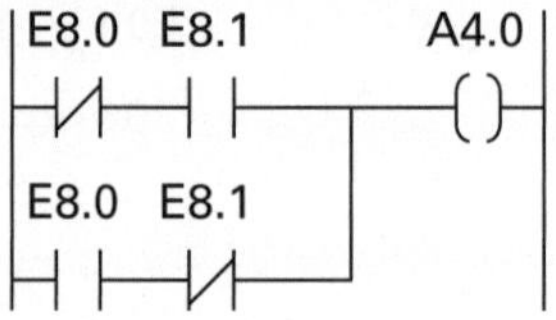	X E8.0 X E8.1 = A4.0
Zuweisung	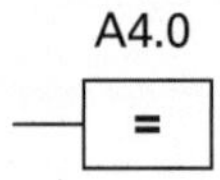	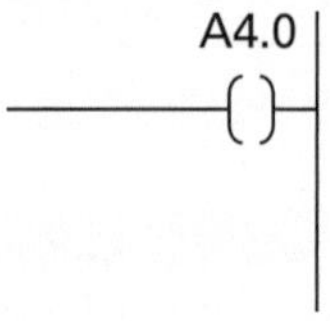	= A4.0

Negationen (NICHT) in AWL können im Zusammenhang mit folgenden Verknüpfungen angewendet werden:

UND-NICHT	⇒	UN
ODER-NICHT	⇒	ON
Exklusiv-ODER-NICHT	⇒	XN

5.5 Addressierung

Eingänge, Ausgänge und Merker werden byteweise adressiert. Jede Adresse besteht aus einer Byte- und einer Bit-Angabe, wobei die Zählung bei Null beginnt. Das erste Bit im ersten Byte eines Ausgangs heißt A 0.0. Das letzte Bit des Ausgangsbytes Null ist A 0.7. Darauf folgt A 1.0.

Beispiele für die byteweise Adressierung		
E0.0	A124.0	M100.0
E0.1	A124.1	M100.1
E0.2	A124.2	M100.2
E0.3	A124.3	M100.3
E0.4	A124.4	M100.4
E0.5	A124.5	M100.5
E0.6	A124.6	M100.6
E0.7	A124.7	M100.7
E1.0	A125.0	M101.0
...	...	...
E1.7	A125.7	M101.7

In der Anweisungsliste (AWL) sind Befehlszeilen immer nach dem gleichen Schema aufgebaut.

Beispiel: **U E 11.5**

Operation		**Operandenkennzeichen**		**Byte**	**Bit**
U	UND	E	Eingang	11	5
O	ODER	A	Ausgang	*(abhängig von*	*(0 ... 7)*
N	NICHT	M	Merker	*Steckplatz und*	
R	Rücksetzen			*Baugruppe)*	
S	Setzen				
ZV	Zähle Vorwärts				
ZR	Zähle Rückwärts				

Die zur Verfügung stehenden Adressen sind abhängig von der verwendeten Hardware. In der Hardwarekonfiguration wird angezeigt, welcher Adressbereich bei den einzelnen Baugruppen verwendet werden kann.

Die Adressbereiche für Eingänge, Ausgänge und Merker sind voneinander unabhängig. Neben einem Eingang E0.0 kann es auch einen Ausgang A0.0 sowie einen Merker M0.0 geben.

5.6 Merker

Merker sind globale Variablen, d.h., sie stehen in allen verwendeten Bausteinen wie Funktionen und Funktionsbausteinen zur Verfügung.

Merker können als Bit, Byte, Wort oder Doppelwort verwendet werden.

Die Adressierung der Merker ist wie bei den Ein- und Ausgängen, z. B.

M 0.0 bis M 0.7
M 1.0 bis M 1.7 usw.

5.7 Verknüpfungsergebnis VKE

Das Verknüpfungsergebnis ist ein Register in der CPU, welches abhängig von der ausgeführten Programmzeile den Signalzustand „1“ oder „0“ hat. Bei einer Zuweisung „=“ wird der Wert abgefragt.

SPS-Programm	Signal im Prozessabbild der Eingänge (PAE)	Verknüpfungsergebnis (VKE)	Signal im Prozessabbild der Ausgänge (PAA)	Kommentar
O E0.0	0	0		Signal vom PAE wird als VKE übernommen.
O E0.1	1	1		Altes VKE wird mit Signal im PAE „ODER-verknüpft“. Neues VKE = „1“.
UN E0.2 0	0	1		Altes VKE wird mit negiertem Signal im PAE „UND-verknüpft“. Neues VKE = „1“.
= A0.0			1	Das VKE wird im PAA dem Ausgang A0.0 zugewiesen.

Aufgabe 1 Erstellen Sie eine Funktionsbeschreibung.

Beispiel: Ansteuerung eines Drehstrommotors

Nebenstehend ist der Steuerstromkreis einer Schützschaltung dargestellt.

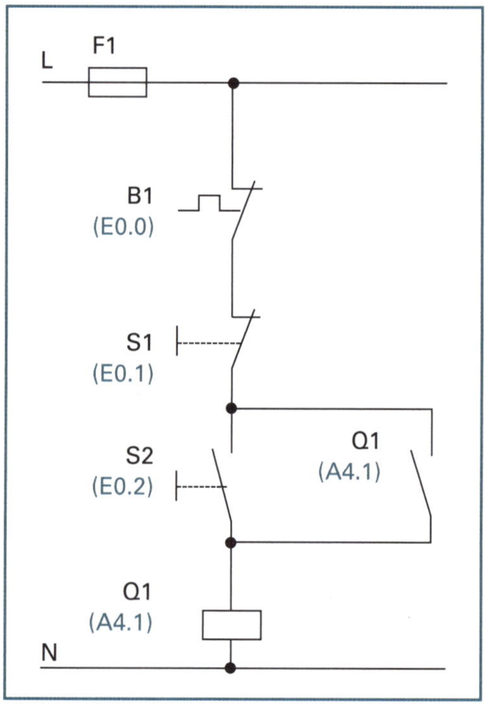

Die Schaltung kann in Anweisungsliste (AWL) auf drei verschiedene Arten realisiert werden:

ODER vor UND	Klammern	Merkern
O E 0.2	U E 0.0	U E 0.0
O A 4.1	U E 0.1	U E 0.1
U E 0.0	U(	= M 0.0
U E 0.1	O E 0.2	O E 0.2
= A 4.1	O A 4.1	O A 4.1
	)	= M 0.1
	= A 4.1	U M 0.0
		U M 0.1
		= A 4.1

5.8 Beispielaufgabe: Kühlhaus

Problemstellung:

Ein Supermarkt verfügt über ein Kühlhaus zur Lagerung von Lebensmitteln. Zur Steuerung der Anlage steht ein „Hand-0-Automatik-Schalter“ zur Verfügung. Die Kühlung wird im Automatikbetrieb durch ein Thermostat (B1) eingeschaltet, wenn die Temperatur über –7 °C steigt.

Das Kühlaggregat kann im Handbetrieb dauerhaft eingeschaltet werden. Beim Betrieb der Kühlung leuchtet eine Meldeleuchte (P1).

Löst das Motorschutzrelais (F1) aus, soll die Kühlung ausgeschaltet werden.

Eine Alarmhupe wird eingeschaltet, sobald das Motorschutzrelais auslöst oder das Sicherheitsthermostat (B2) eine Temperatur von über – 2 °C meldet.

Anlegen einer Symboltabelle

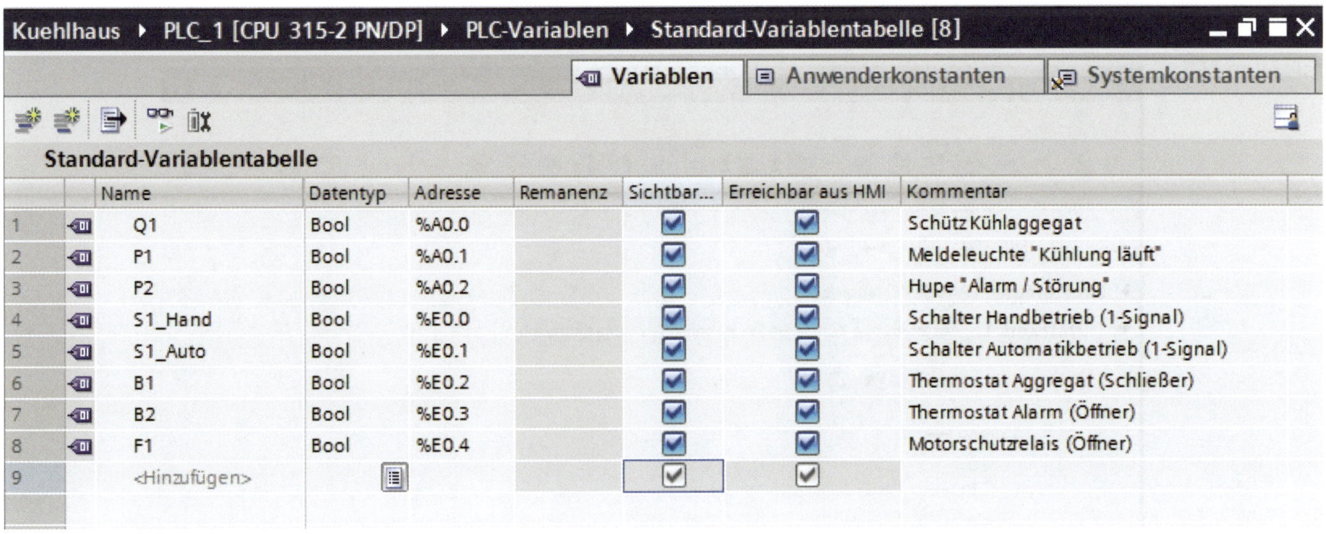
Kuehlhaus ▸ PLC_1 [CPU 315-2 PN/DP] ▸ PLC-Variablen ▸ Standard-Variablentabelle [8]

Variablen | Anwenderkonstanten | Systemkonstanten

Standard-Variablentabelle

	Name	Datentyp	Adresse	Remanenz	Sichtbar...	Erreichbar aus HMI	Kommentar
1	Q1	Bool	%A0.0		☑	☑	Schütz Kühlaggegat
2	P1	Bool	%A0.1		☑	☑	Meldeleuchte "Kühlung läuft"
3	P2	Bool	%A0.2		☑	☑	Hupe "Alarm / Störung"
4	S1_Hand	Bool	%E0.0		☑	☑	Schalter Handbetrieb (1-Signal)
5	S1_Auto	Bool	%E0.1		☑	☑	Schalter Automatikbetrieb (1-Signal)
6	B1	Bool	%E0.2		☑	☑	Thermostat Aggregat (Schließer)
7	B2	Bool	%E0.3		☑	☑	Thermostat Alarm (Öffner)
8	F1	Bool	%E0.4		☑	☑	Motorschutzrelais (Öffner)
9	<Hinzufügen>				☑	☑	

Zeichnen des Anschlussplans

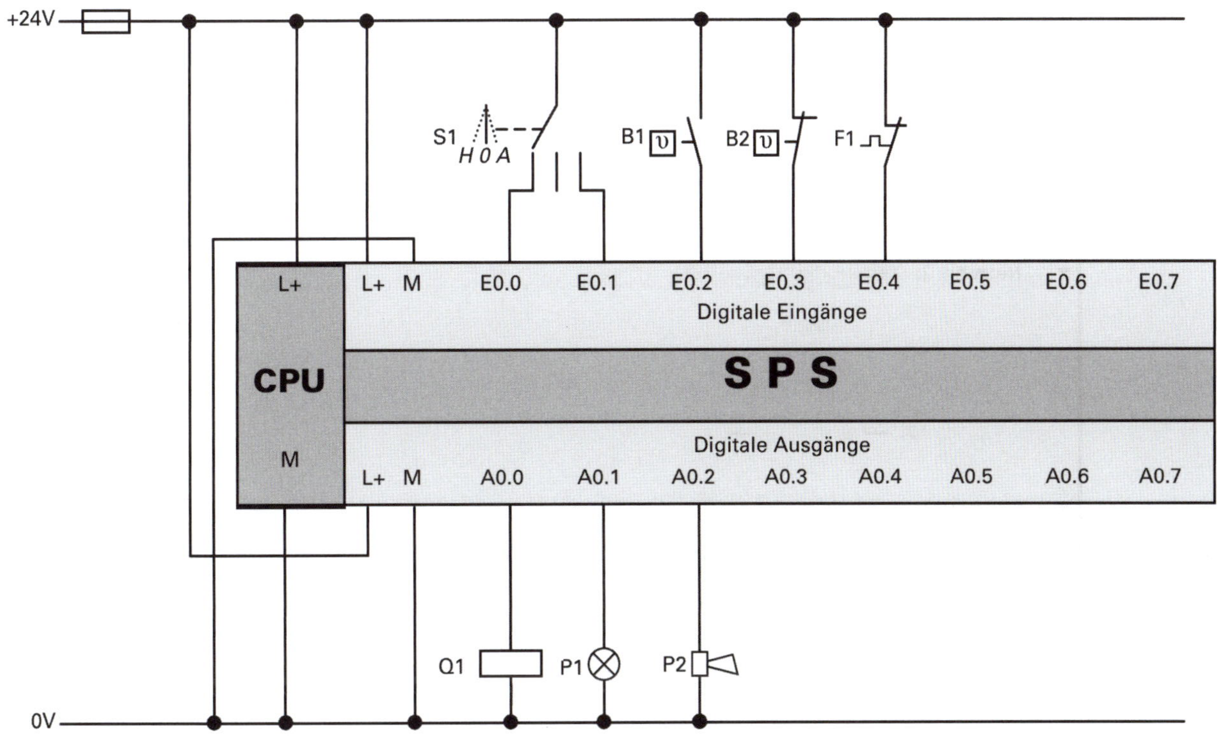

Erstellen des Steuerungsprogramms

Organisationsbaustein OB1

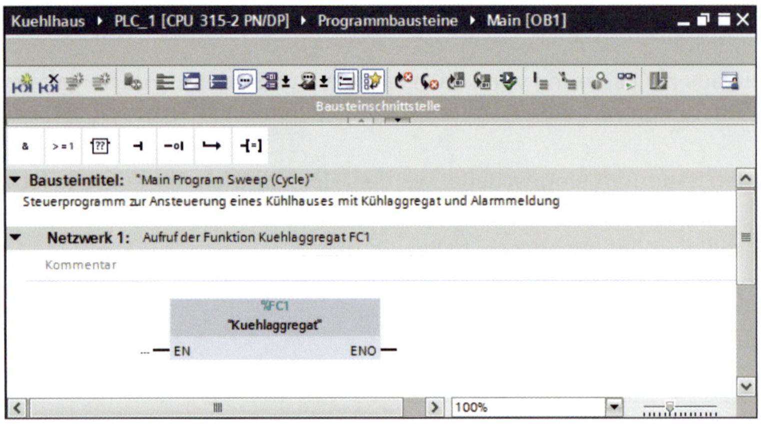

Funktion FC1

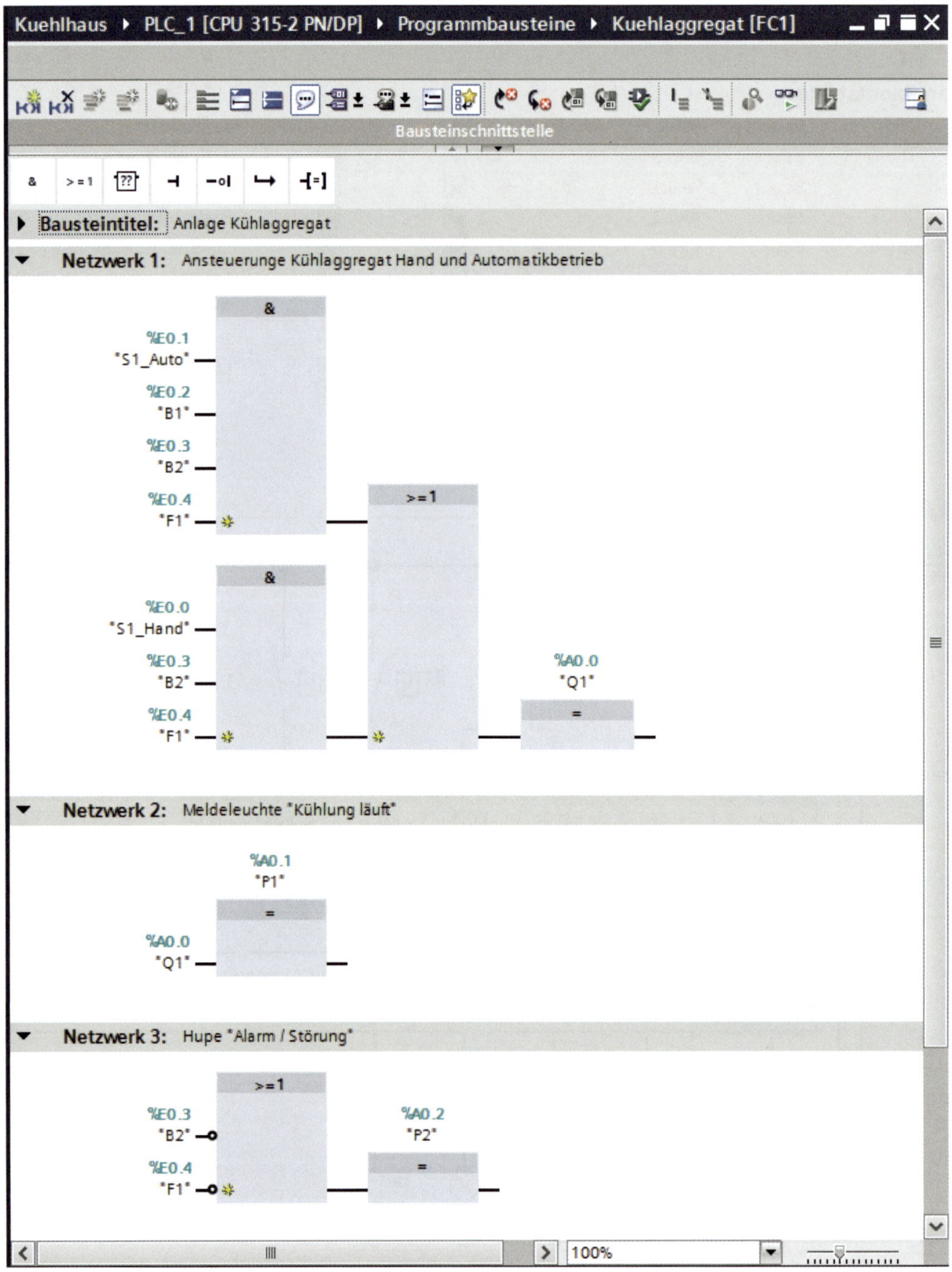

5.9 Wiederholungsfragen

1. Welche Programmiersprachen stehen bei der SPS-Programmierung im TIA-Portal zur Verfügung?

2. Welche Programmiersprache ähnelt einem Stromlaufplan?

3. Stellen Sie folgende Schaltung als Funktionsplan (FUP) dar.

```
U    E 0.0
U    E 0.1
O(
UN   E 0.2
U    M 6.0
)
ON   M 6.1
NOT
=    A 124.0
```

4. Was bedeutet „byteweise Adressierung“?

5. Welche Bits umfasst das Merkerbyte 100?

6. Die Schützschaltung soll mit einer SPS realisiert werden. Geben Sie das Programm in AWL, KOP und FUP an. Es soll dabei die symbolische Adressierung, d.h. B1, S0 usw., verwendet werden.

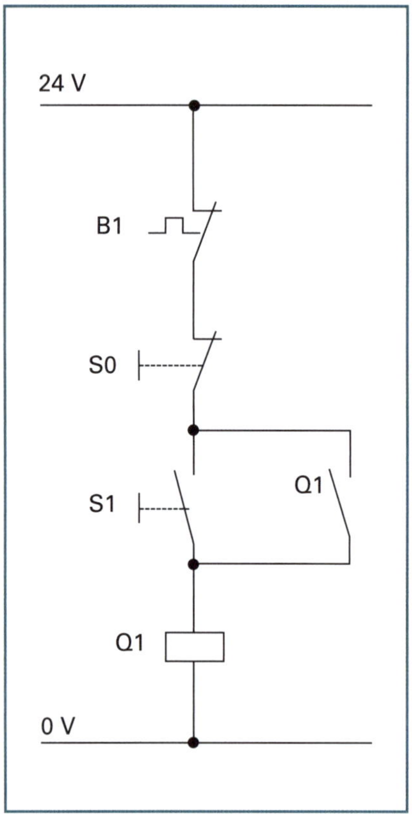

a) AWL

b) KOP

c) FUP

7. Geben Sie das Schaltverhalten von P1 in der Wahrheitstabelle zu folgender Schaltung an.

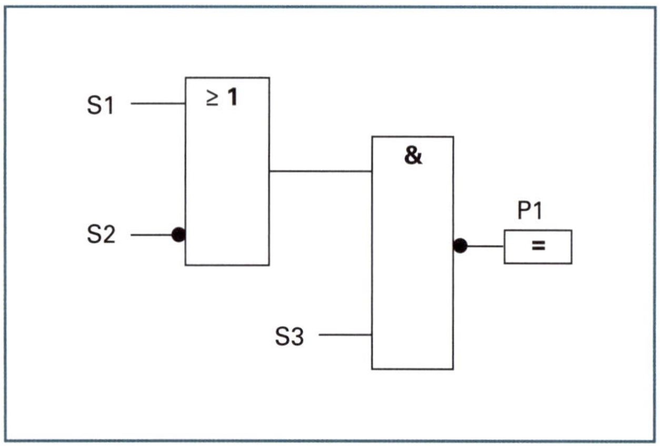

S1	S2	S3	P1
0	0	0	
0	0	1	
0	1	0	
0	1	1	
1	0	0	
1	0	1	
1	1	0	
1	1	1	

5.10 Übung: Sicherheitscode

Problemstellung:

Eine Tür ist durch eine Schalterkombination von 10 Schaltern (Schließer) geschützt. Der Türöffner wird angesteuert, wenn S1, S3, S7 und S10 eingeschaltet und alle anderen ausgeschaltet sind. Alle Schalter sowie der Türöffner (Q1) sind direkt an die SPS-Steuerung angeschlossen.

Aufgabe:

1. Legen Sie ein SPS-Projekt an.
2. Legen Sie eine Symboltabelle an.
3. Erstellen Sie das Steuerungsprogramm.
4. Testen Sie das Steuerungsprogramm.

5.11 Übung: Folgeschaltung von Montagebändern

Problemstellung:

In einer Fertigungshalle sind vier Montagebänder hintereinander angeordnet. Um Stauungen zu vermeiden, darf zuerst nur das letzte Band über S4 eingeschaltet werden. Erst wenn dieses Band läuft, kann man mit S3 Band 3, danach mit S2 Band 2 und zum Schluss mit S1 Band 1 einschalten.

S1 ... S4	Schalter (Schließer)
Q1	Schütz für Motor Band 1
Q2	Schütz für Motor Band 2
Q3	Schütz für Motor Band 3
Q4	Schütz für Motor Band 4

Aufgabe:

1. Legen Sie ein SPS-Projekt an.
2. Legen Sie eine Symboltabelle an.
3. Erstellen Sie das Steuerungsprogramm.
4. Testen Sie das Steuerungsprogramm.

5.12 Übung: Funktionsgleichung

Problemstellung:

Eine Schaltung wird durch folgende Funktionsgleichung beschrieben:

$P1 = (S1 \wedge \overline{S2} \wedge S3) \vee (S1 \wedge \overline{S4})$

Aufgabe:

1. Legen Sie ein SPS-Projekt an.
2. Legen Sie eine Symboltabelle an.
3. Erstellen Sie das Steuerungsprogramm.
4. Testen Sie das Steuerungsprogramm.

5.13 Übung: Rauchmeldeanlage

Problemstellung:

Eine Lagerhalle soll durch vier Rauchsensoren (B1 – B4) überwacht werden. Bei Rauch geben sie ein 0-Signal, sonst ein 1-Signal. Wenn ein Sensor Rauch erkennt, soll eine Warnleuchte (P1) leuchten. Bei mindestens zwei gleichzeitigen Meldungen soll die Sirene (P2) ertönen.

Geben mindestens drei Rauchmelder einen Alarm, so soll ein automatisches Wählgerät eingeschaltet werden, das die Feuerwehr alarmiert.

Das Wählgerät (P3) wird über einen Ausgang der SPS angesteuert (Ausgang auf „1").

Technologieschema:

Short-Link: **vel.plus/SPS04**

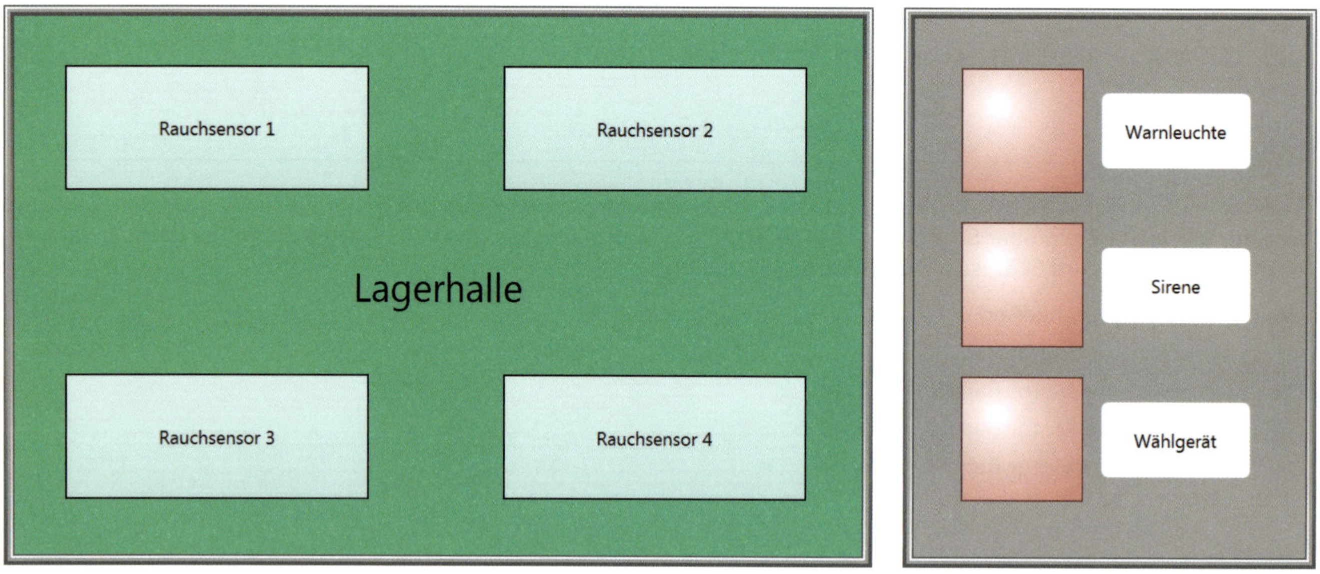

Visualisierungsdatei: ***05_13_Rauchmeldeanage.plclab*** *im digitalen Zusatzmaterial*

Zuordnungsliste:

Symbol	Operand	Kommentar	Schaltverhalten
B1	E0.0	Rauchsensor	Öffner
B2	E0.1	Rauchsensor	Öffner
B3	E0.2	Rauchsensor	Öffner
B4	E0.3	Rauchsensor	Öffner
P1	A0.0	Warnleuchte	–
P2	A0.1	Sirene	–
P3	A0.2	Automatisches Wählgerät	1 = Wählgerät wird aktiviert

Aufgabe:

1. Legen Sie ein SPS-Projekt an und erstellen Sie das Steuerungsprogramm.
2. Testen Sie das Steuerungsprogramm.

5.14 Übung: Alarmanlage

Problemstellung:

Ein Gebäude soll durch eine Alarmanlage überwacht werden. Sämtliche Sensoren sind aus Sicherheitsgründen als Öffner ausgelegt. Die Unterbrechung einer Leitung wird somit als Alarm interpretiert.

Über den Schalter *Alarmanlage Ein/Aus* wird die Anlage in Betrieb gesetzt.

Wenn mindestens einer der drei Fenstersensoren im Obergeschoss einen Alarm auslöst, soll die Sirene aktiviert werden. Außerdem soll die Meldeleuchte *Alarm Obergeschoss* leuchten.

Wenn mindestens einer der zwei Fenstersensoren im Erdgeschoss, der Türsensor oder der Bewegungsmelder einen Alarm auslöst, soll die Sirene aktiviert werden. Außerdem soll die Meldeleuchte *Alarm Erdgeschoss* leuchten.

Technologieschema:

Short-Link: **vel.plus/SPS05**

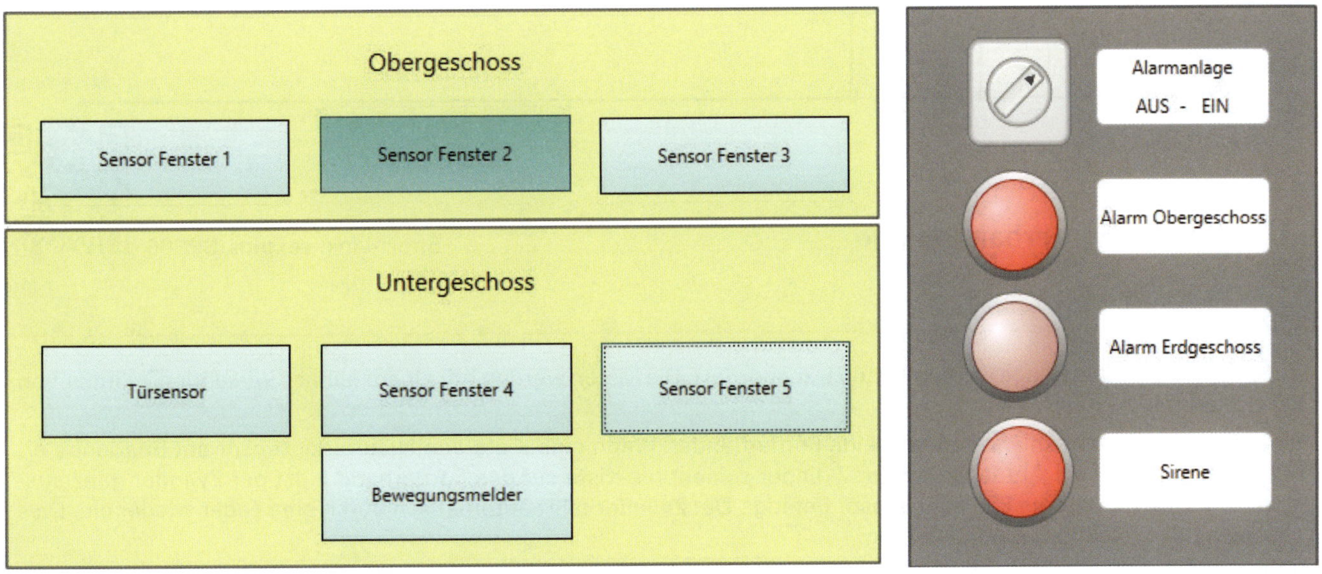

*Visualisierungsdatei: **05_14_Alarmanlage.plclab** im digitalen Zusatzmaterial*

Zuordnungsliste:

Symbol	Operand	Kommentar	Schaltverhalten
B1	E0.0	Fenstersensor Obergeschoss	Öffner
B2	E0.1	Fenstersensor Obergeschoss	Öffner
B3	E0.2	Fenstersensor Obergeschoss	Öffner
B3	E0.3	Türsensor Erdgeschoss	Öffner
B5	E0.4	Fenstersensor Erdgeschoss	Öffner
B6	E0.5	Fenstersensor Erdgeschoss	Öffner
B7	E0.6	Bewegungsmelder Erdgeschoss	Öffner
S8	E0.7	Schalter Alarmanlage Ein/Aus	1 = Alarmanlage ein
P1	A0.0	Sirene	–
P2	A0.1	Alarm Obergeschoss	–
P3	A0.2	Alarm Erdgeschoss	–

Aufgabe:

1. Ergänzen Sie den Anschlussplan (nächste Seite).
2. Legen Sie ein SPS-Projekt an und erstellen Sie das Steuerungsprogramm.
3. Testen Sie das Steuerungsprogramm.

Anschlussplan:

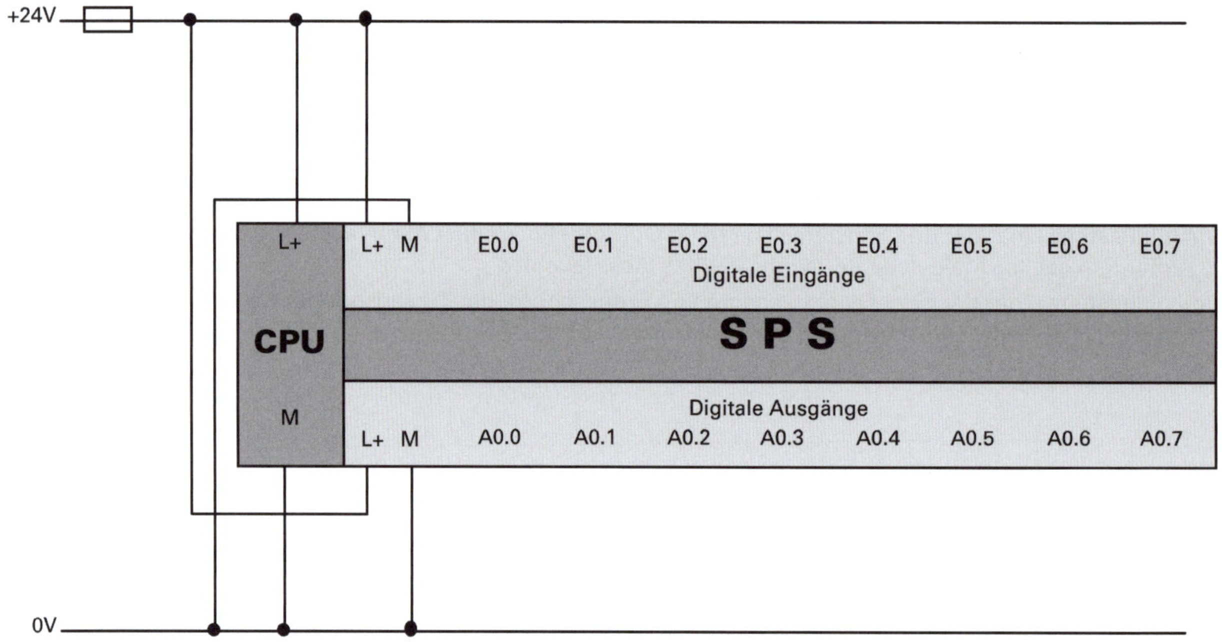

5.15 Übung: Förderbandanlage

Short-Link: **vel.plus/SPS06**

Problemstellung:

Auf einer Förderbandanlage werden Kisten transportiert. Die Kisten werden mit einem einfach wirkenden Zylinder von Band 1 auf Band 2 geschoben.

Beim Einschalten der Anlage starten beide Förderbänder. Wenn eine Kiste den Näherungssensor am Bandende erreicht hat, stoppen die Antriebe und der Zylinder schiebt die Kiste auf das Förderband 2. Ist der Zylinder ganz ausgefahren, wird der interne Endlagensensor betätigt. Der Zylinder fährt automatisch durch eine Feder wieder ein. Dies geschieht ohne elektrische Ansteuerung.

Wenn die Förderbänder eingeschaltet sind, leuchtet auch die Meldeleuchte.

Technologieschema:

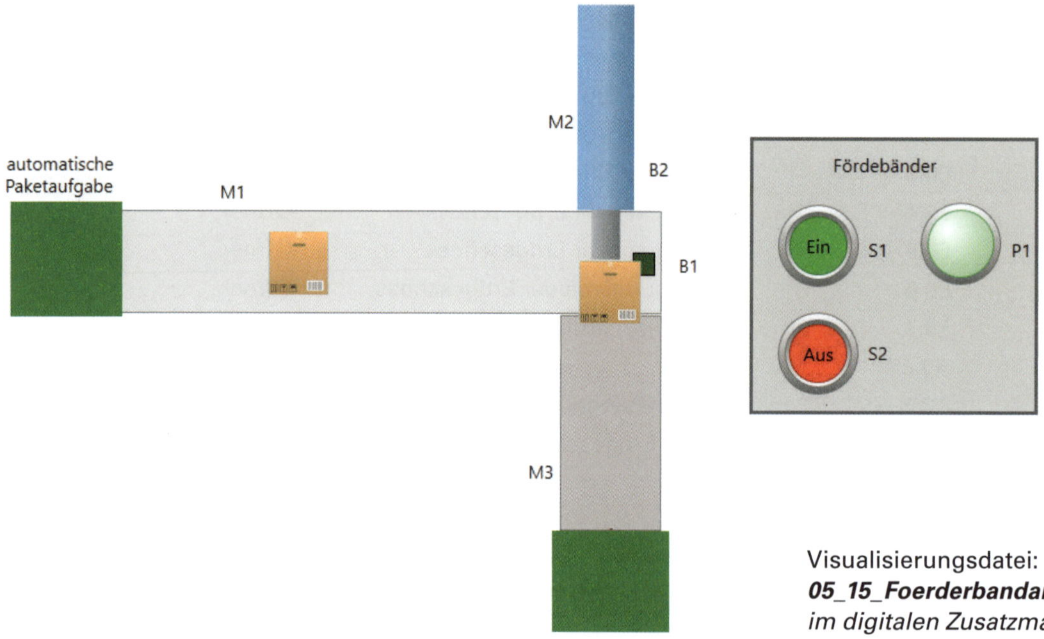

Visualisierungsdatei:
05_15_Foerderbandanlage.plclab
im digitalen Zusatzmaterial

Zuordnungsliste:

Symbol	Operand	Kommentar	Schaltverhalten
S1	E 0.0	Förderbänder ein	Schließer
S2	E 0.1	Förderbänder aus	Öffner
B1	E 0.3	Näherungssensor	Schließer
B2	E 0.5	Zylinder 1 ausgefahren	Schließer
M1 (Q1)	A 0.0	Förderband 1	–
M2	A 0.1	Zylinder 1	1 = ausgefahren, 0 = eingefahren
P1	A 0.2	Meldeleuchte Bänder laufen	–
M3 (Q2)	A 0.3	Förderband 2	–

Aufgabe:

1. Ergänzen Sie den Anschlussplan.
2. Legen Sie ein SPS-Projekt an und erstellen Sie das Steuerungsprogramm.
3. Testen Sie das Steuerungsprogramm.

Anschlussplan:

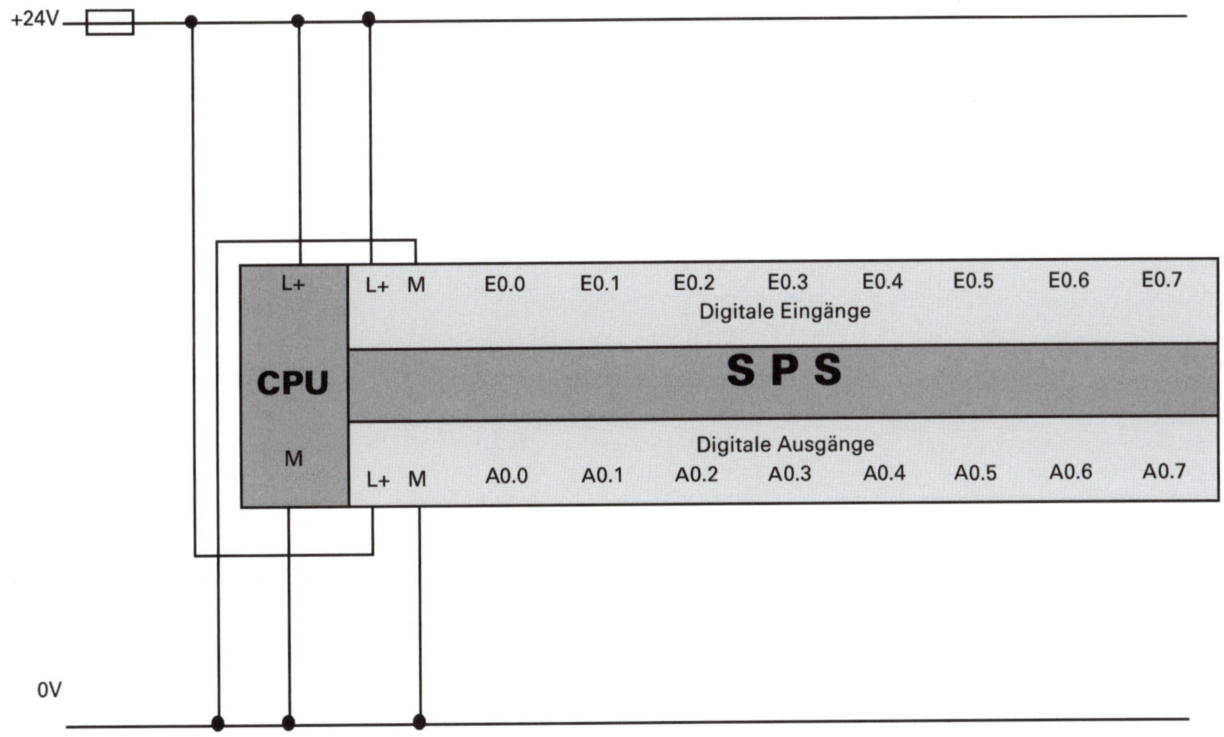

6 Flipflops (Speicherfunktionen)

6.1 SR-Flipflop und RS-Flipflop

Mithilfe von Flipflops lassen sich Speicheroperationen realisieren. Das Speicherglied (Flipflop) wird durch zwei Befehle gesteuert. Der Befehl „Setzen“ bewirkt, dass das Flipflop gesetzt wird, d.h. der Ausgang wird auf logisch „1“ gesetzt. Wenn das Eingangssignal nicht mehr anliegt, bleibt der Ausgang gesetzt. Das Flipflop speichert den Zustand so lange, bis der Befehl „Rücksetzen“ gegeben wird.

Sind beide Eingänge mit einem 0-Signal belegt, bleibt der vorherige Zustand erhalten. Ist das Flipflop zuvor gesetzt worden, hat es ein 1-Signal am Ausgang, sonst eine logische „0“.

Werden sowohl der Setz- als auch der Rücksetzeingang gleichzeitig angesteuert, wird durch die Programmierung festgelegt, ob der Ausgang gesetzt wird oder nicht. Beim vorrangig rücksetzenden SR-Flipflop wird in diesem Fall der Ausgang nicht gesetzt. Beim vorrangig setzenden RS-Flipflop wird der Ausgang gesetzt.

***Beispiel:* Eintasten eines Flipflops mit einem Schließer (E0.0), Austasten mit einem Öffner (E0.1).**

	SR-Flipflop **vorrangig rücksetzend**	**RS-Flipflop** **vorrangig setzend**
Wahrheitstabelle	**S** / **R** / **Q** 0 / 0 / Zustand bleibt erhalten 0 / 1 / 0 1 / 0 / 1 1 / 1 / **0**	**S** / **R** / **Q** 0 / 0 / Zustand bleibt erhalten 0 / 1 / 0 1 / 0 / 1 1 / 1 / **1**
Funktionsplan **(FUP)**	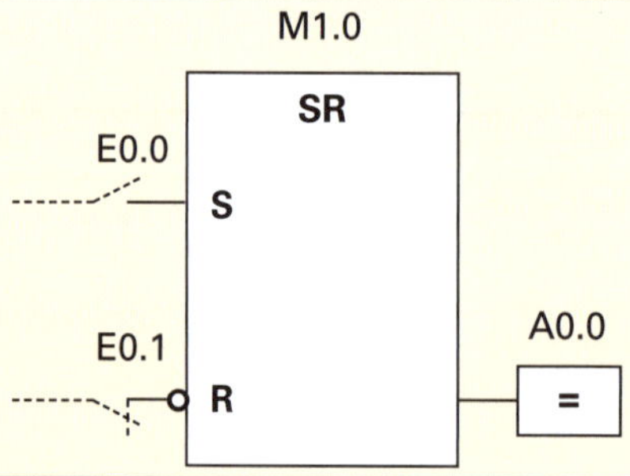	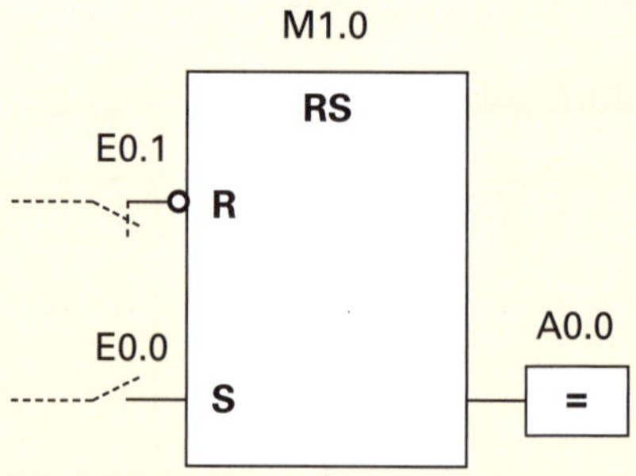
Anweisungsliste **(AWL)**	U E0.0 S M1.0 UN E0.1 R M1.0 U M1.0 = A0.0	UN E0.1 R M1.0 U E0.0 S M1.0 U M1.0 = A0.0
Kontaktplan **(KOP)**	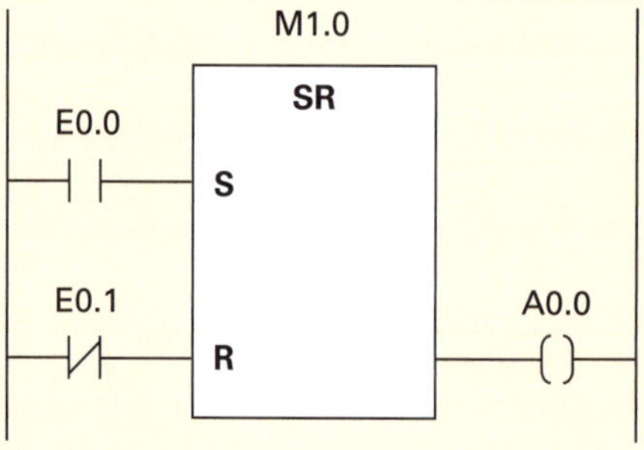	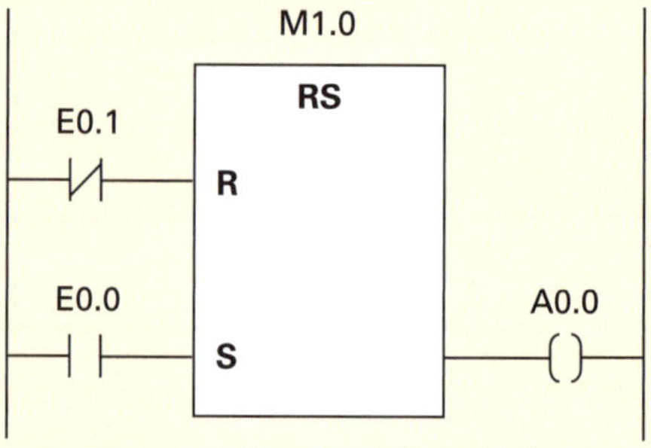
Einsatzgebiete (Beispiele)	• Antriebe • Förderanlagen	• Gefahrenmeldeanlagen

Die Programmiersprache Structed Control Language (SCL) wird in Kapitel 17 beschrieben.

In AWL wird die Programmzeile, die zuletzt aufgelistet ist, vorrangig ausgeführt. Wird z. B. zuerst der Setzbefehl und danach der Rücksetzbefehl programmiert, so ist das Flipflop rücksetzdominant.

Von den beiden Flipfloparten wird das SR-Flipflop wesentlich häufiger verwendet als das RS-Flipflop, da bei Maschinen und Anlagensteuerungen in den meisten Fällen im Zweifelsfall abgeschaltet wird.

Remanenz

Bei Merkern, Zeiten und Zählern lässt sich einstellen, ob sie ihren Zustand nach einem Spannungsausfall und anschließender Wiederkehr behalten oder nicht.

Dieses Verhalten wird bei den verschiedenen CPU-Typen unterschiedlich eingestellt. Bei der S7-1200/1500-Familie wählt man den Ordner *PLC-Variablen* an. Dort wird *Remanenz* angewählt.

Bei S7-300/400-Steuerungen klickt man in der *Gerätekonfiguration* auf die *CPU*. Dann kann der Ordner *Remanenz* angewählt werden.

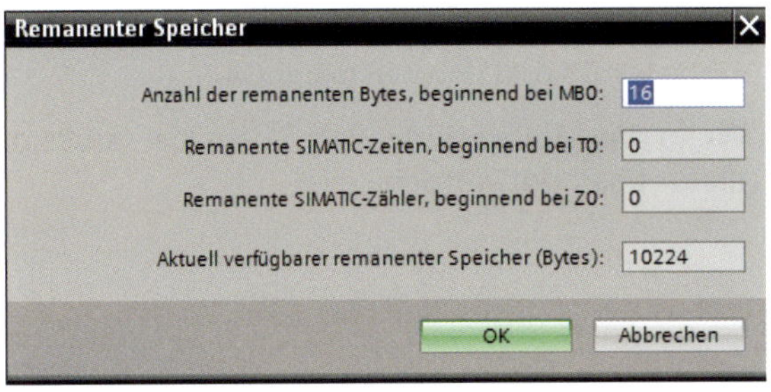

S7-1200/1500	S7-300/400

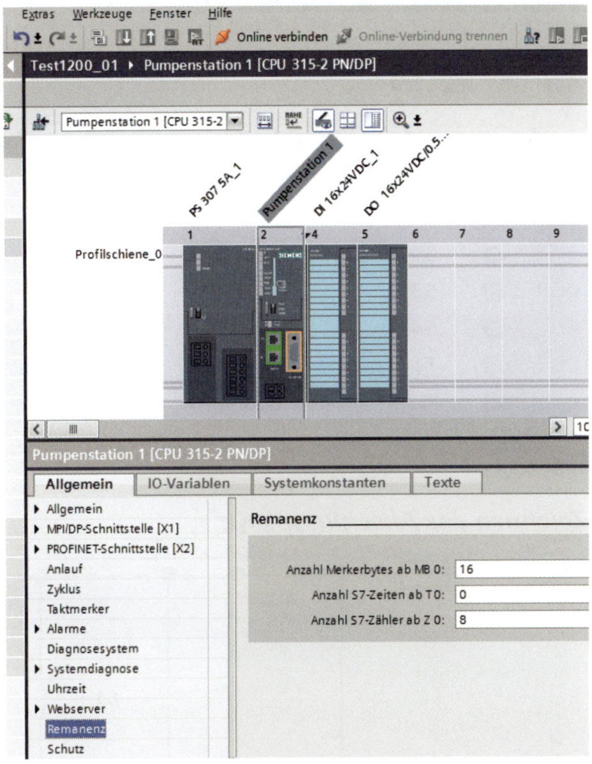

Die Einstellung der Remanenz ist wichtig, um festzulegen, wie sich eine Steuerung nach einer Spannungsunterbrechung verhält. Im folgenden Beispiel würde das Kühlaggregat im linken Bild nach einer Spannungsunterbrechung nicht wieder einschalten, da ein Ausgang nicht remanent eingestellt werden kann. In rechten Bild würde die Kühlung bei einer Spannungswiederkehr wieder einschalten, wenn der Merker M15.7 im remanenten Bereich liegt und vor der Spannungsunterbrechung gesetzt war.

nicht remanent	remanent

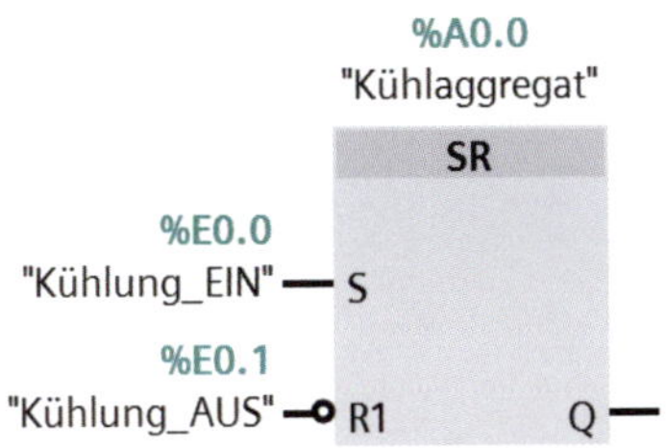

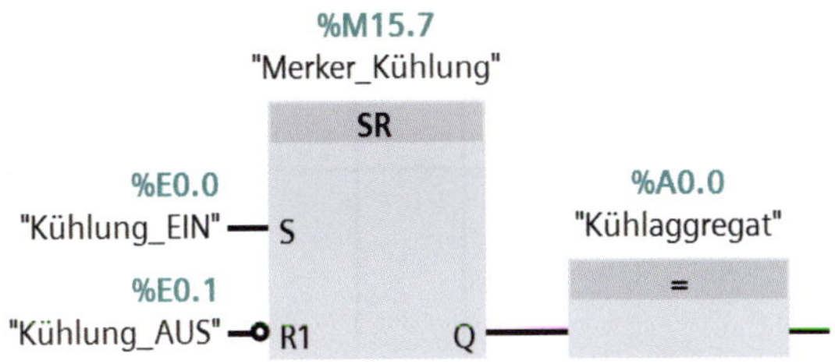

Ob ein Merker, ein Zähler oder eine Zeit remanent eingestellt werden muss, hängt von der Steuerungsaufgabe ab und sollte bei der Programmierung gut überlegt werden.

6.2 Beispielaufgabe: Ansteuerung eines Drehstrommotors

Problemstellung:

Ein Ventilator kann von zwei Schaltstellen aus geschaltet werden. Die erste Schaltstelle besteht aus dem Eintaster S1 und dem Austaster S2. Die zweite besitzt den Eintaster S3 und den Austaster S4.

Wenn das Motorschutzrelais F1 auslöst, muss der Ventilator gestoppt werden.

Bild 1: Drehstrommotor

Anlegen einer Symboltabelle:

...Ventilator ▸ PLC_1 [CPU 315-2 PN/DP] ▸ PLC-Variablen ▸ Standard-Variablentabelle [6]

Variablen | Anwenderkonstanten | Systemkonstanten

Standard-Variablentabelle

	Name	Datentyp	Adresse	Remanenz	Sichtbar..	Erreichbar...	Kommentar
1	S1	Bool	%E0.0		☑	☑	Eintaster 1 (Schließer)
2	S2	Bool	%E0.1		☑	☑	Austaster 1 (Öffner)
3	S3	Bool	%E0.2		☑	☑	Eintaster 2 (Schließer)
4	S4	Bool	%E0.3		☑	☑	Austaster 2 (Öffner)
5	F1	Bool	%E0.4		☑	☑	Motorschutzrelais (Öffner)
6	Q1	Bool	%A0.0		☑	☑	Schütz Ventilator
7	<Hinzufügen>				☑	☑	

Zeichnen des Anschlussplans:

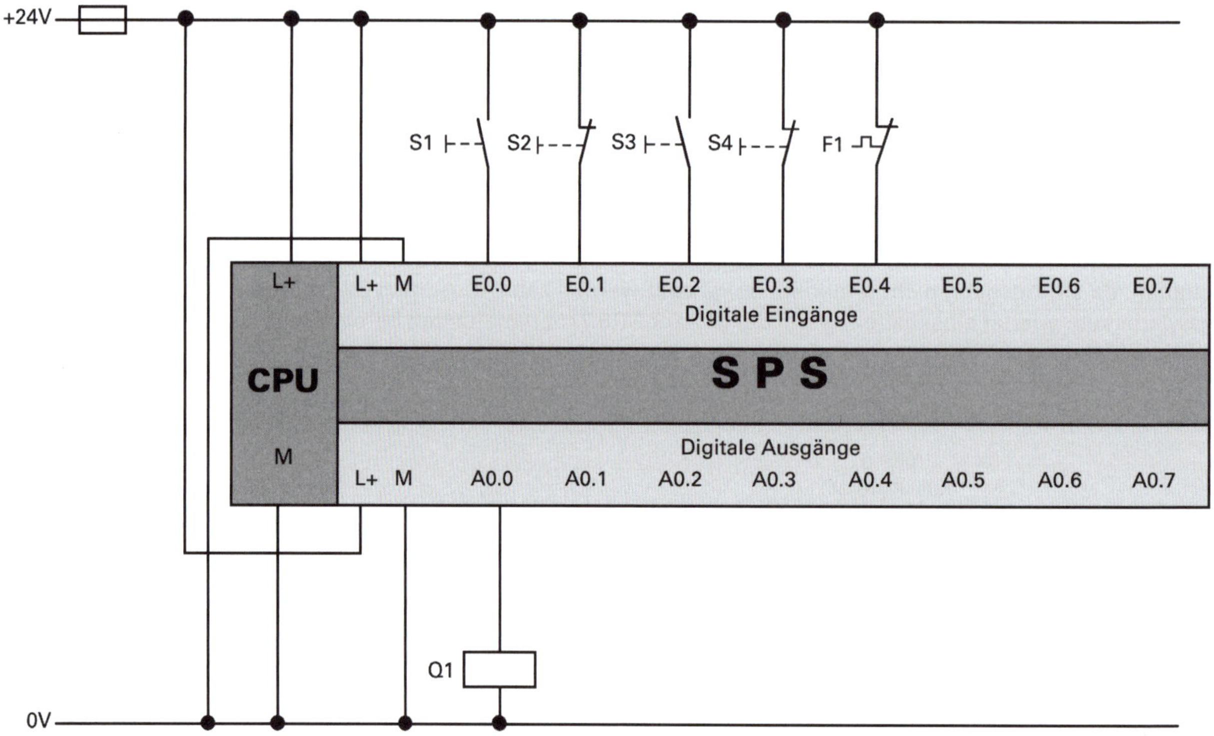

Erstellen des Steuerungsprogramms

Organisationsbaustein OB1

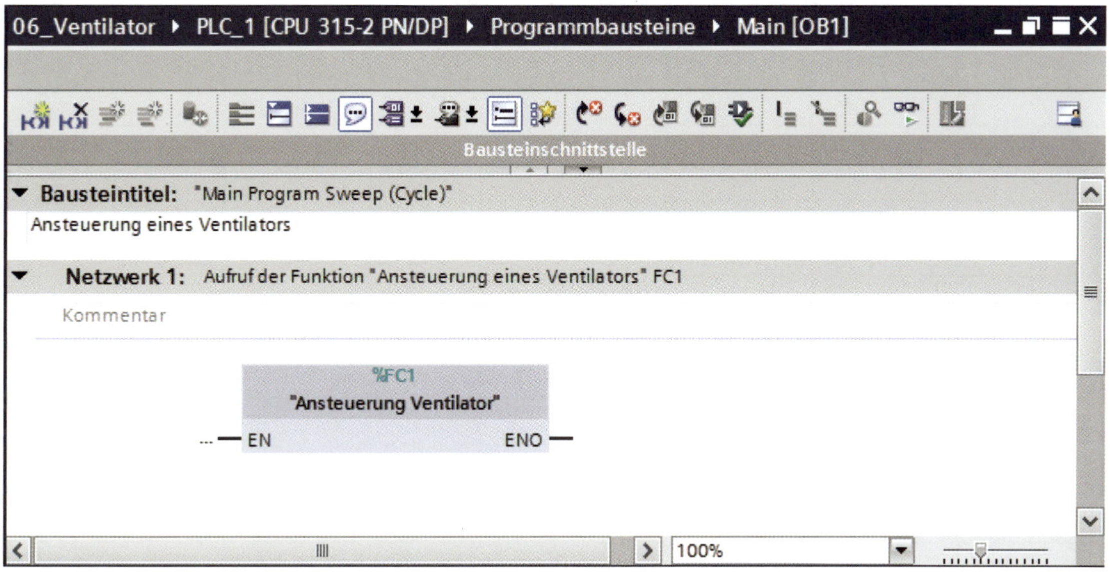

Funktion FC1

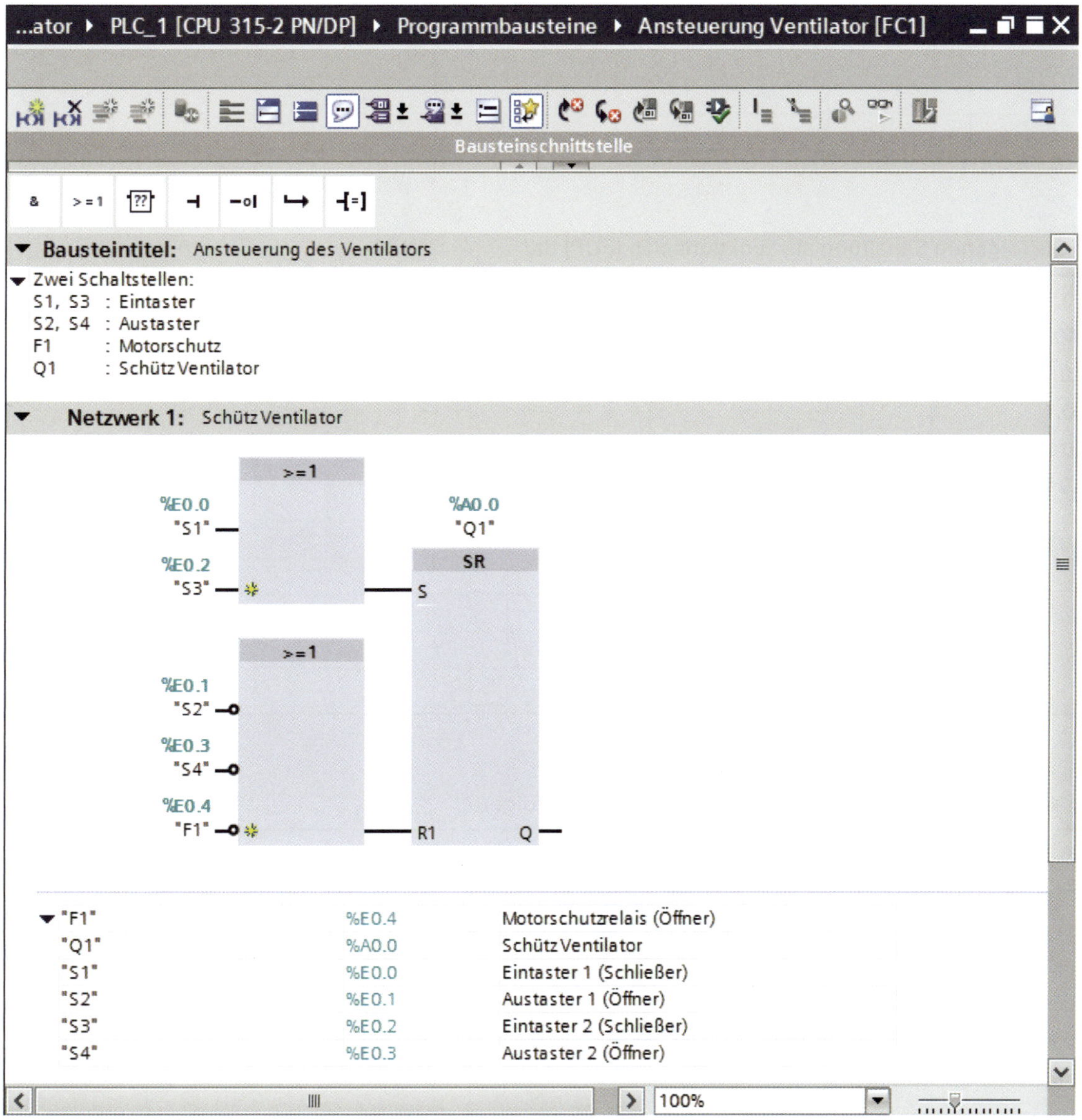

6.3 Wiederholungsfragen

1. Wodurch unterscheidet sich ein SR-Flipflop von einem RS-Flipflop?

2. Welchen Zustand hat der Ausgang eines Flipflops, wenn beide Eingänge den Signalzustand „0“ aufweisen?

3. Stellen Sie folgende Schaltung als Funktionsplan (FUP) dar.

```
U  E0.0
U  M0.0
S  A0.0
ON E0.1
ON E0.2
R  A0.0
```

4. Warum sollte jedem Setzbefehl auch ein Rücksetzbefehl folgen?

5. Die Schützschaltung soll mit einer SPS realisiert werden. Geben Sie das Programm in AWL, KOP und FUP an. Es soll dabei die symbolische Adressierung, d.h. B1, S0 usw., verwendet werden. Die Schaltung ist mit einem Flipflop zu realisieren.

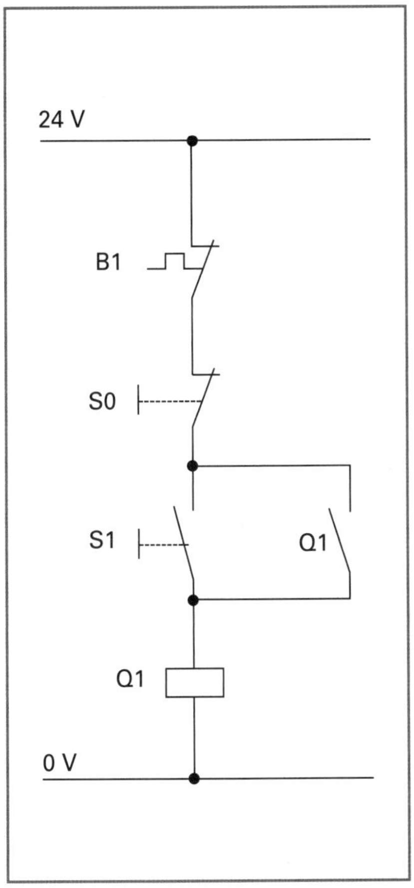

a) AWL

b) KOP

c) FUP

6. Erklären Sie den Begriff *Remanenz*.

6.4 Übung: Doppelt wirkender Zylinder

Problemstellung:

Ein doppelt wirkender Zylinder wird über ein 5/3-Wege-Ventil angesteuert.

Bei Betätigung des Taster S1 fährt der Zylinder aus. Ist die Endlage B2 (Schließer) erreicht, stoppt der Zylinder. Durch Betätigung von Taster S2 fährt der Zylinder wieder ein, bis die Endlage B1 (Schließer) erreicht ist.

Die Ansteuerung für das Ausfahren erfolgt über die Magnetspule M1, das Einfahren über die Magnetspule M2.

Aufgabe:

1. Legen Sie ein SPS-Projekt an.
2. Legen Sie eine Symboltabelle an.
3. Erstellen Sie das Steuerungsprogramm.
4. Testen Sie das Steuerungsprogramm.

6.5 Übung: Wendeschützschaltung

Problemstellung:

Ein Rührmotor kann in zwei Drehrichtungen betrieben werden. Die Steuerung ist durch eine Schützschaltung realisiert. Die Schützschaltung soll durch eine SPS-Steuerung ersetzt werden.

Rechtslauf: Der Motor soll bei Betätigung des Tasters S2 (Schließer) im Rechtslauf betrieben werden.

Linkslauf: Über den Taster S3 (Schließer) kann er in den Linkslauf geschaltet werden.

Durch den Austaster S1 (Öffner) wird der Motor gestoppt. Bei Drehrichtungsumkehr muss zuerst der Austaster betätigt werden.

Die Motorschütze für Rechtslauf (Q1) bzw. Linkslauf (Q2) dürfen niemals gleichzeitig angezogen sein und müssen deshalb gegeneinander verriegelt werden.

Wenn das Motorschutzrelais (F3) auslöst, muss der Motor sofort abgeschaltet werden.

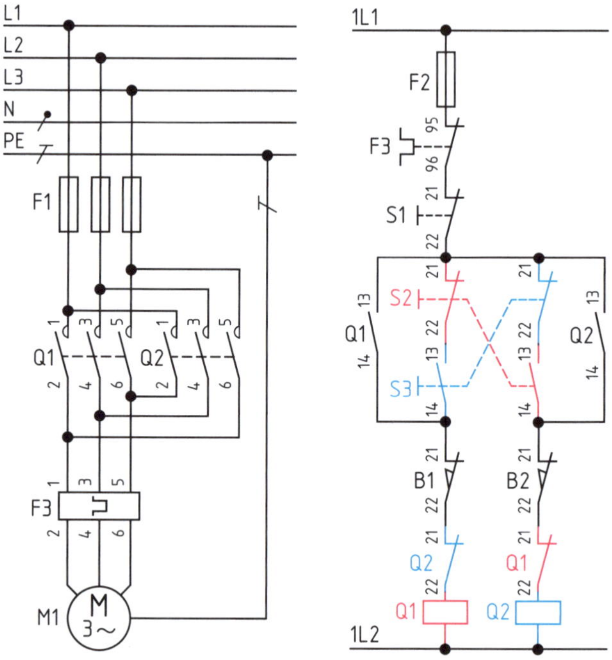

Aufgabe:

1. Legen Sie ein SPS-Projekt an.
2. Legen Sie eine Symboltabelle an.
3. Erstellen Sie das Steuerungsprogramm.
4. Testen Sie das Steuerungsprogramm.

6.6 Übung: Förderbandanlage (Folgeschaltung)

Problemstellung:

Short-Link: **vel.plus/SPS07**

Über drei Förderbänder sollen Pakete transportiert werden. Bei Betätigung des Not-Halt-Tasters müssen alle Antriebe sofort stillgesetzt werden. Die Meldeleuchte *Anlage in Betrieb* leuchtet, sobald eines der Förderbänder läuft.

Technologieschema:

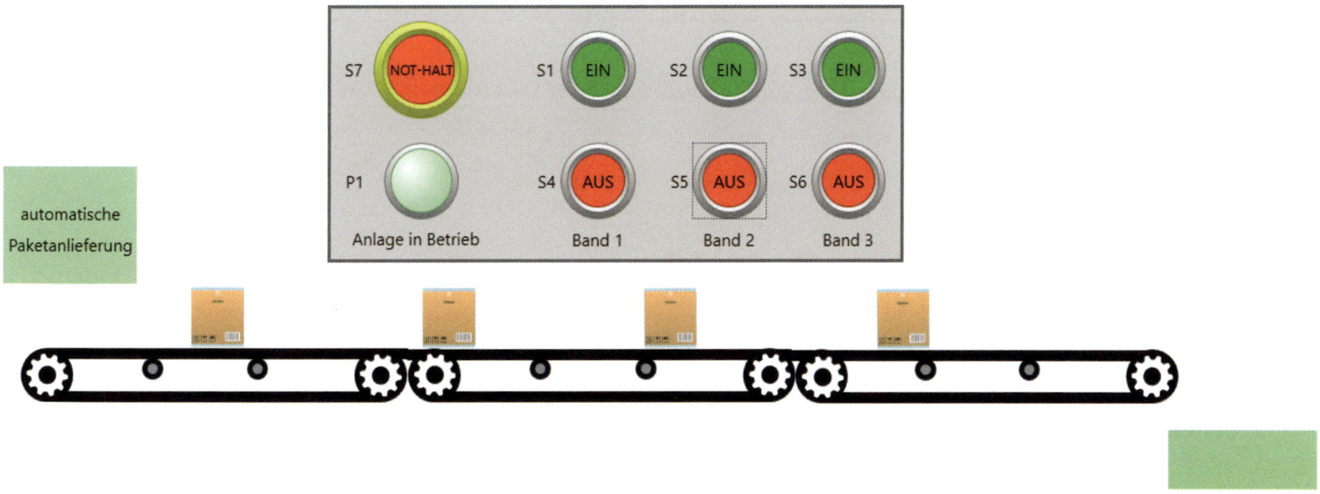

*Visualisierungsdatei: **06_06_Förderband_Folgeschaltung.plclab** im digitalen Zusatzmaterial*

Zuordnungsliste:

Symbol	Operand	Kommentar	Schaltverhalten
S1	E0.0	Taster Band 1 ein	Schließer
S2	E0.1	Taster Band 2 ein	Schließer
S3	E0.2	Taster Band 3 ein	Schließer
S4	E0.3	Taster Band 1 aus	Öffner
S5	E0.4	Taster Band 2 aus	Öffner
S6	E0.5	Taster Band 3 aus	Öffner
S7	E0.6	Taster NOT-Halt	Öffner
M1 (Q1)	A0.0	Motorschütz Band 1	–
M2 (Q2)	A0.1	Motorschütz Band 2	–
M3 (Q3)	A0.2	Motorschütz Band 3	–
P1	A0.3	Meldeleuchte Anlage in Betrieb	

Aufgabe:

1. Legen Sie ein SPS-Projekt an und erstellen Sie folgende Steuerungsprogramme:
   a) Ein- und Ausschalten der Förderbänder in beliebiger Reihenfolge.
   b) Einschaltfolge: Band 3 ⇒ Band 2 ⇒ Band 1
      Ausschaltfolge: beliebig
   c) Einschaltfolge: Band 3 ⇒ Band 2 ⇒ Band 1
      Ausschaltfolge: Band 1 ⇒ Band 2 ⇒ Band 3
2. Testen Sie die Steuerungsprogramme.

6.7 Übung: Toranlage

Problemstellung:

Short-Link: **vel.plus/SPS08**

Das Tor einer Hofeinfahrt kann über die Taster *Tor öffnen*, *Stopp* und *Tor schließen* gesteuert werden. Das geöffnete bzw. das geschlossene Tor wird durch Endschalter erkannt. Ein direktes Umschalten von Öffnen in Schließen soll möglich sein.

Wird beim Öffnen oder Schließen die rote Druckleiste betätigt, bleibt das Tor stehen.

Eine Leuchte zeigt den Betrieb der Anlage an.

Technologieschema:

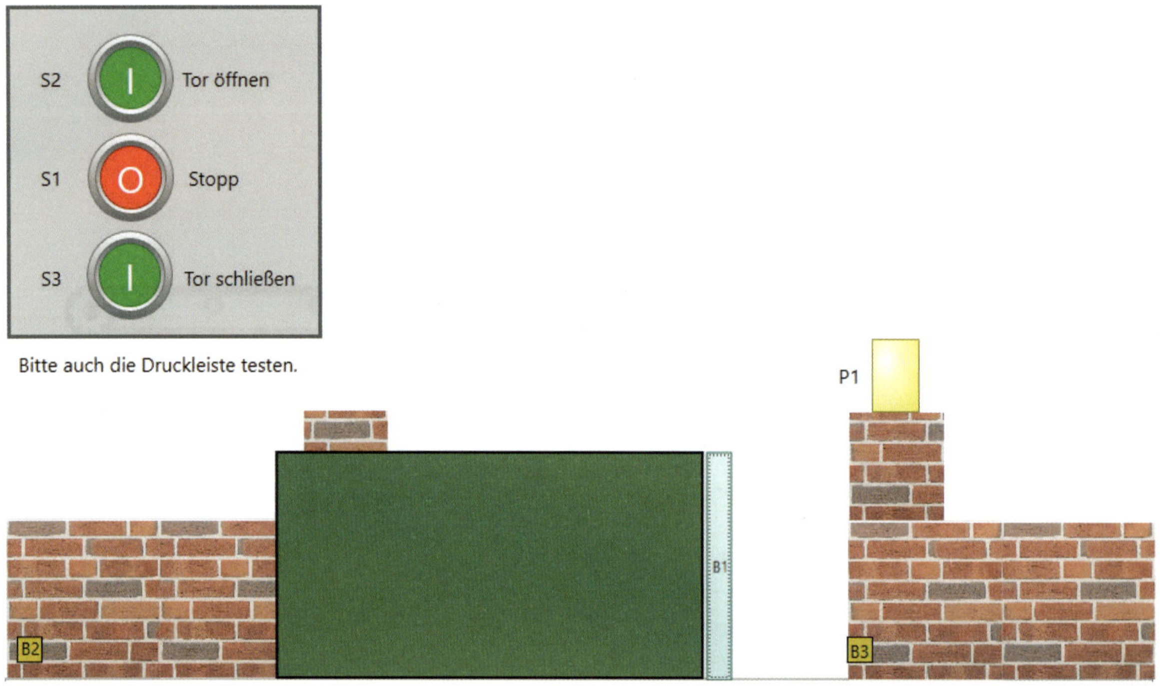

*Visualisierungsdatei: **06_07_Toranlage.plclab** im digitalen Zusatzmaterial*

Zuordnungsliste:

Symbol	Operand	Kommentar	Schaltverhalten
S1	E0.0	Taster Stopp	Öffner
S2	E0.1	Taster Tor öffnen	Schließer
S3	E0.2	Taster Tor schließen	Schließer
B1	E0.3	Druckleiste am Tor	Öffner
B2	E0.4	Endschalter Tor auf	Öffner
B3	E0.5	Endschalter Tor zu	Öffner
M1 (Q1)	A0.0	Motorschütz Tor öffnen	–
M1 (Q2)	A0.1	Motorschütz Tor schließen	–
P1	A0.2	Meldeleuchte Anlage in Betrieb	–

Aufgabe:

1. Ergänzen Sie den Anschlussplan (nächste Seite).
2. Legen Sie ein SPS-Projekt an und erstellen Sie das Steuerungsprogramm.
3. Testen Sie das Steuerungsprogramm.

Anschlussplan:

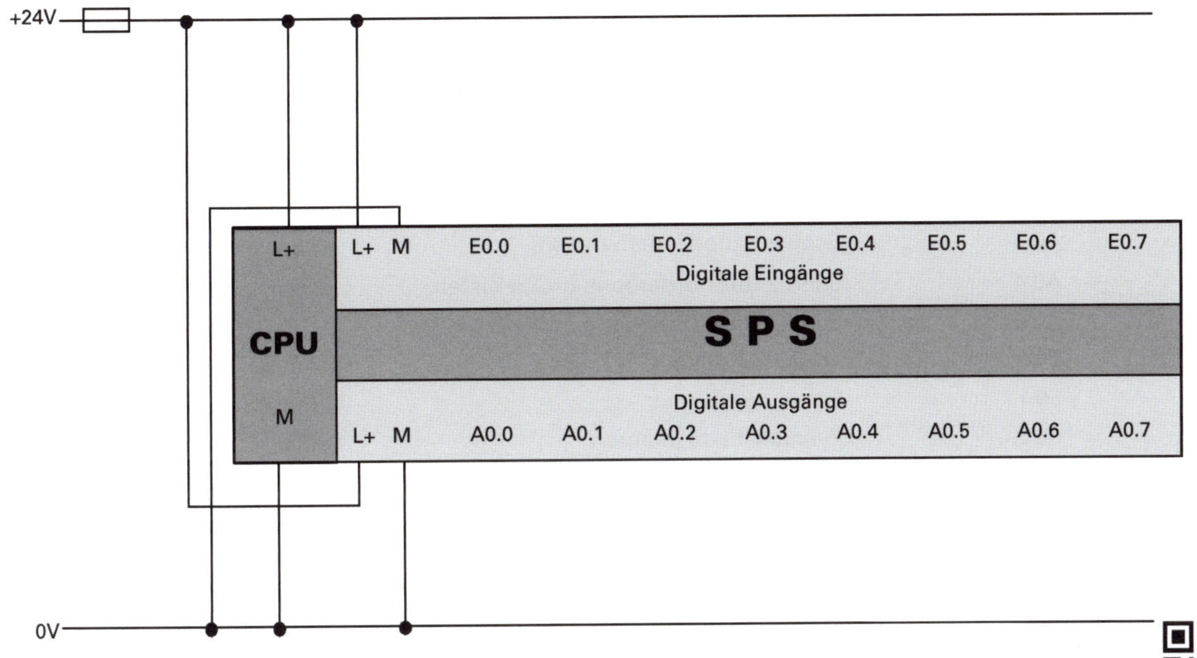

6.8 Übung: Sortieranlage

Short-Link: **vel.plus/SPS09**

Problemstellung:

In einer Sortieranlage werden unterschiedlich große Kisten sortiert. Über Sensoren werden große und mittlere Kisten erkannt. Einfach wirkende Zylinder schleusen die jeweiligen Kisten vom Förderband auf ein Querförderband. Von dort werden sie in Sammelbehälter transportiert. Kleine Kisten werden durchgelassen und gelangen in die entsprechende Lagerbox.

Zum Ausschleusen müssen die Förderbänder gestoppt werden. Durch das Ansteuern eines Zylinders fährt dieser aus. Ausgefahren wird ein interner Sensor aktiviert. Wenn das Ansteuerungssignal weggenommen wird, fährt der Zylinder wieder ein. Dafür muss er nicht angesteuert werden (einfach wirkender Zylinder).

Alle Förderbänder werden gleichzeitig ein- und ausgeschaltet.

Technologieschema:

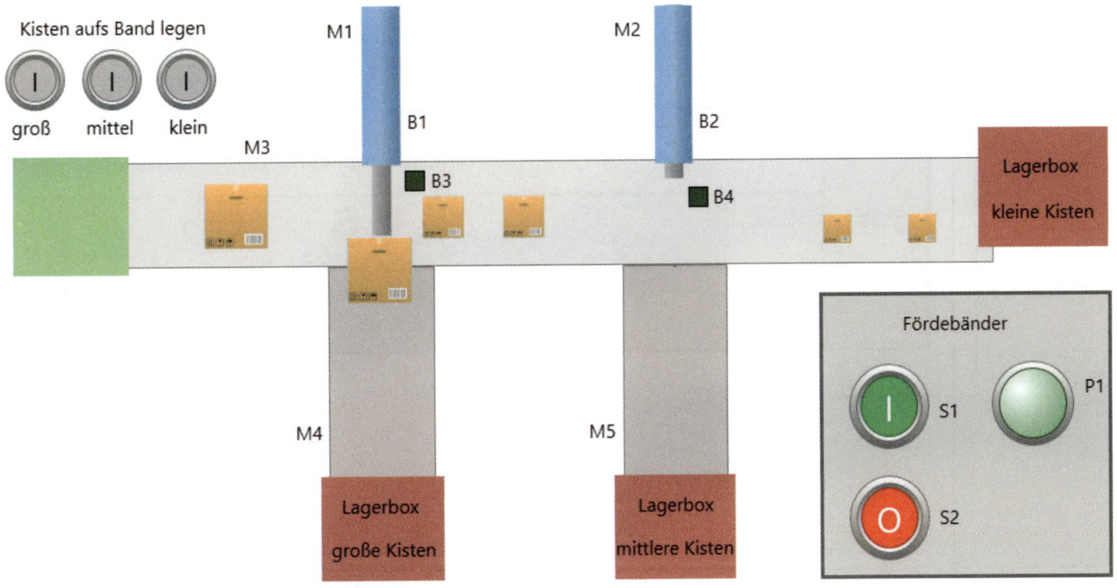

Visualisierungsdatei: ***06_08_Sortieranlage.plclab*** *im digitalen Zusatzmaterial*

Zuordnungsliste:

Symbol	Operand	Kommentar	Schaltverhalten
M1	A0.0	Zylinder 1	1 = ausgefahren, 0 = eingefahren
M2	A0.1	Zylinder 2	1 = ausgefahren, 0 = eingefahren
P1	A0.2	Meldeleuchte Band läuft	
M3(Q1)	A0.3	Schütz Hauptförderband ein	
M4(Q2)	A0.4	Schütz Querförderband große Kisten	
M5(Q3)	A0.5	Schütz Querförderband mittlere Kisten	
S1	E0.0	Förderbänder ein	Schließer
S2	E0.1	Förderbänder aus	Öffner
B1	E0.2	Zylinder 1 ausgefahren	Schließer
B2	E0.3	Zylinder 2 ausgefahren	Schließer
B3	E0.4	Sensor große Kisten	Schließer
B4	E0.5	Sensor mittlere Kisten	Schließer

Aufgabe:

1. Ergänzen Sie den Anschlussplan.
2. Legen Sie ein SPS-Projekt an und erstellen Sie das Steuerungsprogramm.
3. Testen Sie das Steuerungsprogramm.

Anschlussplan:

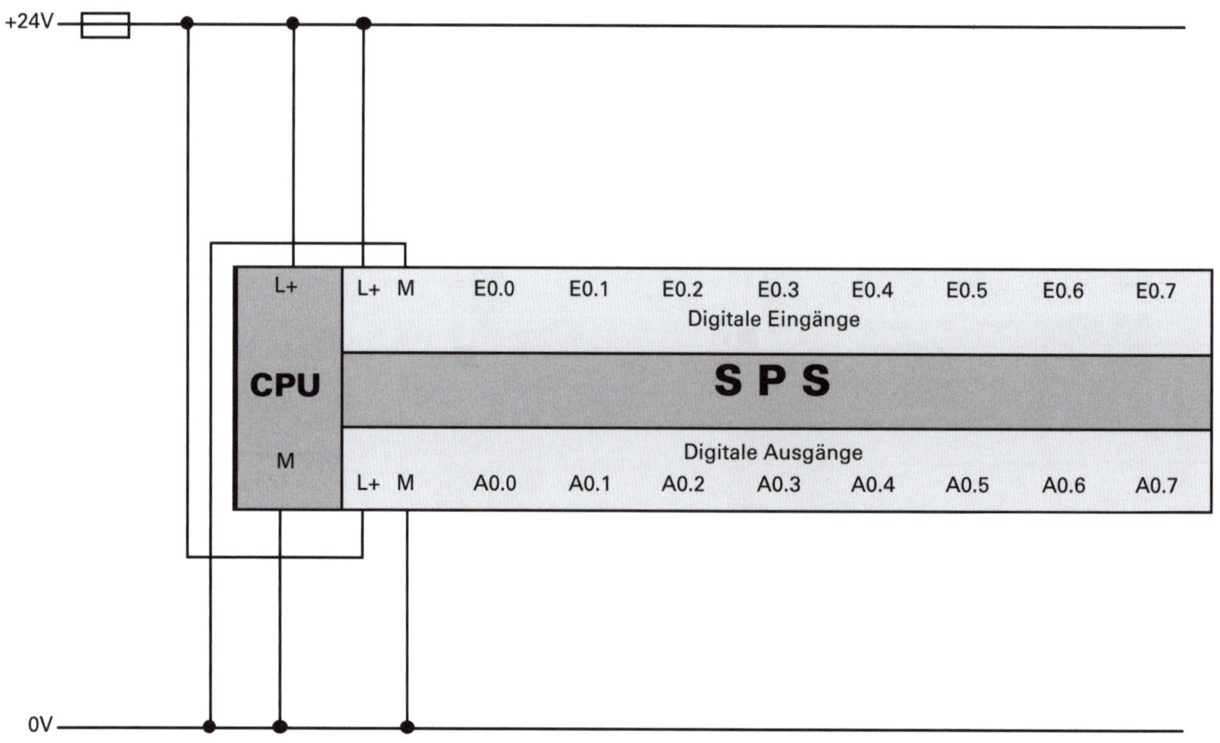

7 Strukturierte Programmierung

7.1 Lineare Programmierung

Bei der linearen Programmierung wird das gesamte Programm in einen Baustein (OB1) geschrieben. Das führt dazu, dass Programme sehr unübersichtlich werden. Diese Art der Programmierung ist unprofessionell und sollte vermieden werden.

7.2 Strukturierte Programmierung

Bei der strukturierten Programmierung wird das Programm in einzelne Bausteine aufgeteilt. Dadurch kann man das Programm in Teileinheiten aufgliedern. Der Vorteil ist, dass das Programm besser strukturiert ist. Einzelne Bausteine können auch kopiert und wieder verwendet oder mehrmals aufgerufen werden.

Daneben gibt es in den Bibliotheken fertige Bausteine, z. B. für die Regelungstechnik, die verwendet werden können.

Diese muss man nur noch entsprechend parametrieren.

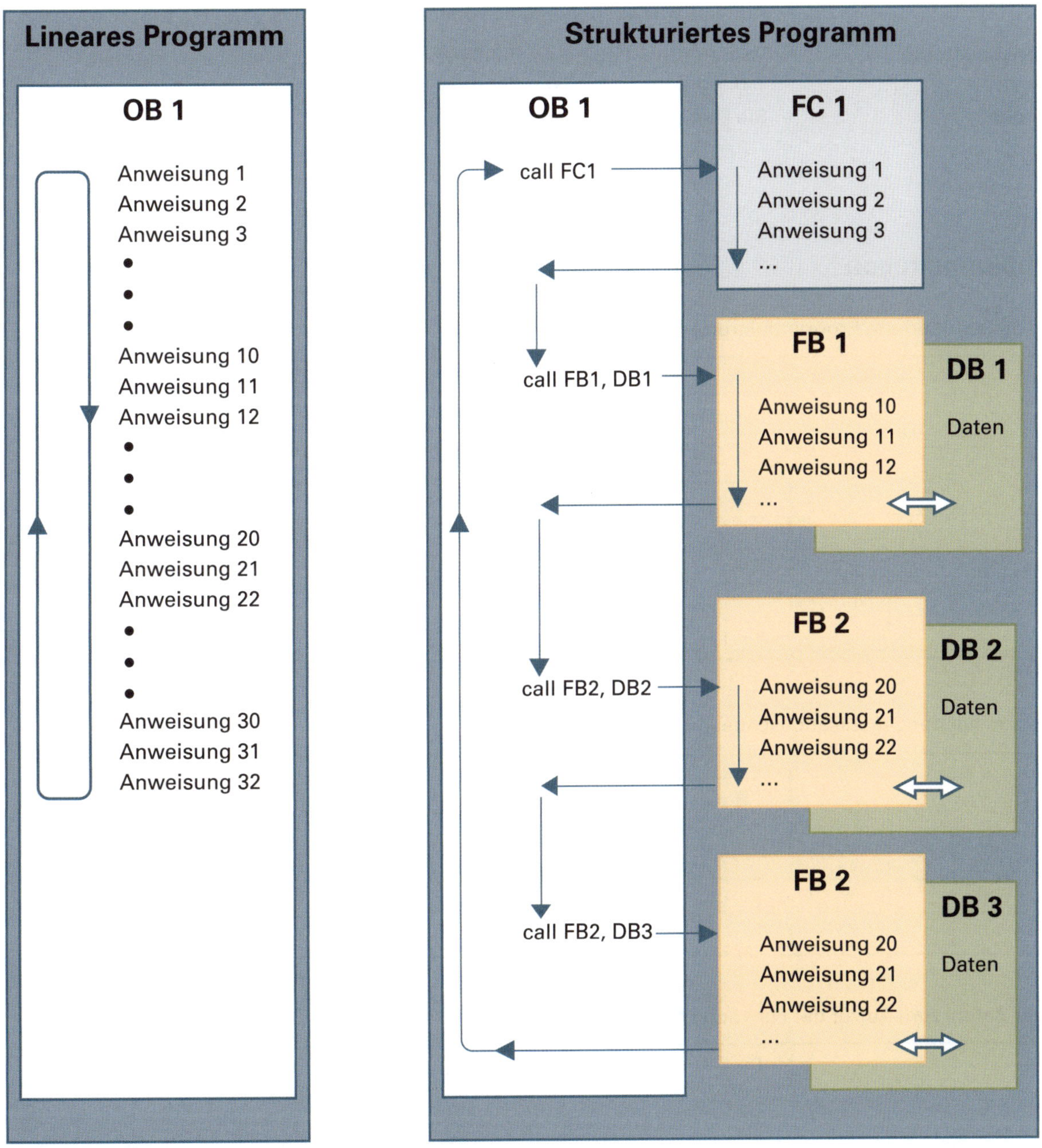

Bild 1: Gegenüberstellung der linearen und strukturierten Programmierung

7.3 Bausteinarten

Baustein	Funktion
Organisationsbausteine OB	• OB's bilden die Schnittstelle zwischen dem Betriebssystem und dem Anwenderprogramm. • Der OB1 muss immer vorhanden sein. • Im OB1 wird die Struktur des Anwenderprogramms festgelegt. • Weitere OB's können für die Anlaufüberwachung, Alarmmeldung usw. verwendet werden.
Funktionen FC	• Baustein für das Anwenderprogramm • Sie können keine Daten speichern.
Funktionsbausteine FB	• Baustein für das Anwenderprogramm • Sie können Daten in einem zugehörigen Instanzdatenbaustein speichern.
Datenbausteine DB	• Sie enthalten kein Anwenderprogramm, sondern dienen als Datenspeicher. • Instanzdatenbausteine werden einem Funktionsbaustein zugeordnet. • Auf globale Datenbausteine können alle OB's, FC's und FB's zugreifen.
Systemfunktionsbausteine und **Systemfunktionen**	• Vorgefertigte Bausteine, die Sie nicht selbst programmieren müssen, z. B. Analog-Digital-Wandler oder Regler. • Sie können unter *Anweisungen* aufgerufen und parametriert werden.

7.4 Wiederholungsfragen

1. Warum wird die strukturierte Programmierung der linearen bevorzugt?

2. Welche Funktion hat der Organisationsbaustein OB1?

3. Wie lautet der Befehl zum Aufruf der Funktion FC1 in AWL?

8 Zeitfunktionen

8.1 IEC-Zeiten

Es gibt drei verschiedene Standard-Zeiten nach IEC 61131-3. Bei einem Wechsel von 0- zum 1-Signal am Starteingang IN werden die Bausteine jeweils aktiviert. An PT wird der Zeitwert im Format Time, z.B. T#10s, vorgegeben. An ET kann der aktuelle Zeitwert im Format Time abgefragt werden.

Die IEC-Zeit-Bausteine sind Systemfunktionsbausteine SFB (siehe Seite 82). Zu jedem SFB gehört ein Instanz-Datenbaustein, in den seine Daten abgelegt werden. Beim Einfügen einer IEC-Zeit öffnet sich ein Dialogfenster „Aufrufoptionen". Dort kann gewählt werden, ob die IEC-Zeit in einem eigenen Datenbaustein (Einzel-Instanz) oder als lokale Variable (Multi-Instanz) abgelegt wird. Der zu der Zeitfunktion gehörige Datenbaustein wird über dem Baustein eingetragen.

	FUP	AWL
Zeit als Impuls	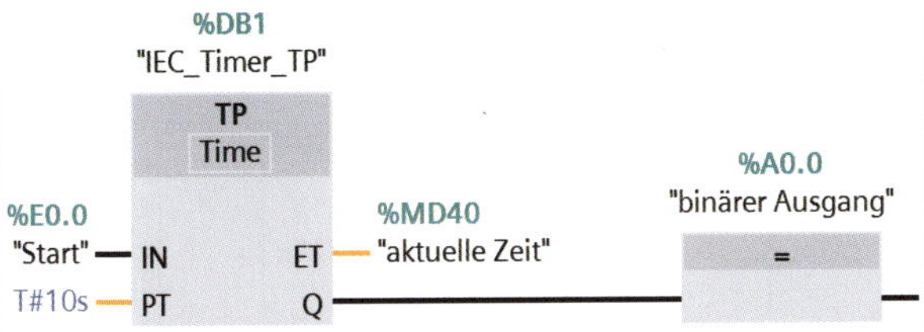	see below
Einschaltverzögerung	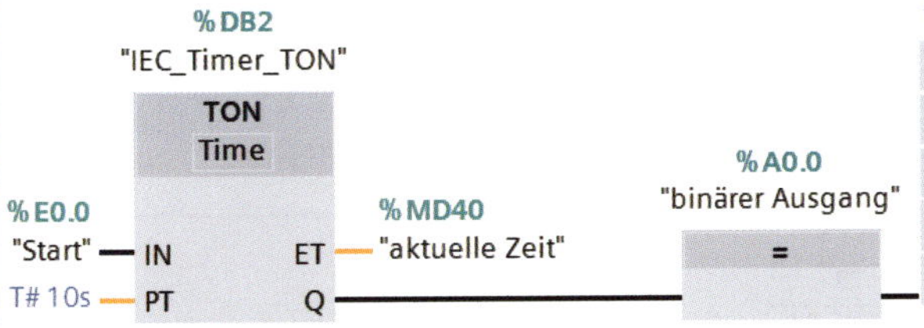	see below
Ausschaltverzögerung	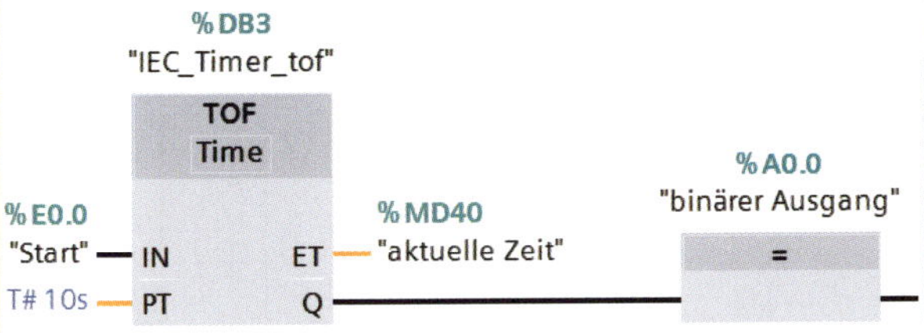	see below

Zeit als Impuls – AWL:

```
CALL  TP ,  "DB1"                   %DB1
 Time
 IN :="Start"                       %E0.0
 PT :=T#10s                         T#10s
 Q  :="binärer Ausgang"             %A0.0
 ET :="aktuelle Zeit"               %MD40
```


Einschaltverzögerung – AWL:

```
CALL  TON ,  "DB2"                  %DB2
 Time
 IN :="Start"                       %E0.0
 PT :=T#10s                         T#10s
 Q  :="binärer Ausgang"             %A0.0
 ET :="aktuelle Zeit"               %MD40
```


Ausschaltverzögerung – AWL:

```
CALL  TOF ,  "DB3"                  %DB3
 Time
 IN :="Start"                       %E0.0
 PT :=T#10s                         T#10s
 Q  :="binärer Ausgang"             %A0.0
 ET :="aktuelle Zeit"               %MD40
```

Bei der *Zeit als Impuls* gibt der Ausgang nach einer positiven Flanke an IN für die an PT eingestellte Zeit ein 1-Signal an Q aus. Die *Einschaltverzögerung* schaltet, ausgelöst durch einen positiven Signalwechsel an IN, nach der eingestellten Zeit den Ausgang Q auf ein 1-Signal. Der Ausgang Q der Ausschaltverzögerung wird bei einer positiven Flanke an IN auf eine 1-Signal gesetzt. Bei einer negativen Flanke an IN schaltet er nach der eingestellten Zeit verzögert aus.

Der Zeitwert im Format Time kann Angaben für Tage (d), Stunden (h), Minuten (m), Sekunden (s) und Millisekunden (ms) enthalten. Beispiel: T#11d19h20m30s420ms. Die maximale Zeit beträgt: T#24d_20h_31m_23s_630ms.

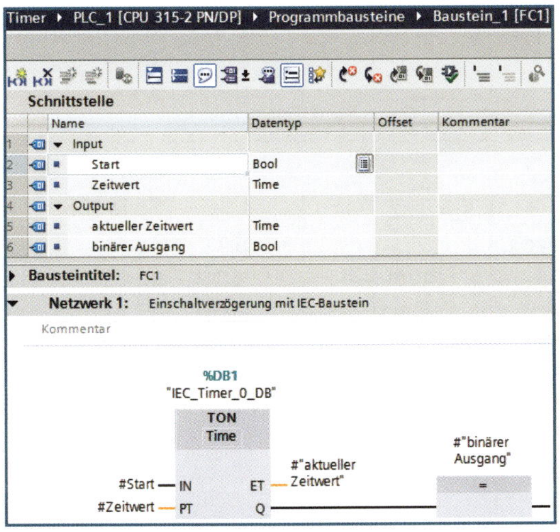

Abb. 1: Programmierung des Rückwärtszählers im FC1

Im nebenstehenden Beispiel sind im FC 1 die Variablen deklariert und eine Einschaltverzögerung programmiert worden. Im OB1 wird die Funktion FC1 mit der Zeitfunktion aufgerufen. Den Variablen werden dabei die absoluten Adressen zugewiesen. Nach einer positiven Flanke von E0.0 wird eine Einschaltverzögerung gestartet. A0.0 schaltet nach 10s auf ein 1-Signal.

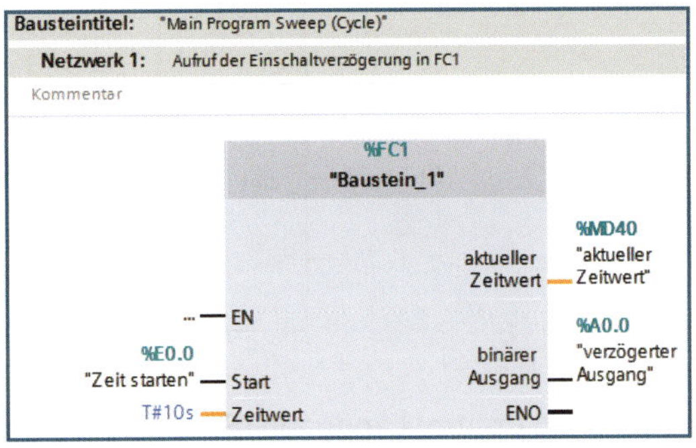

Abb. 2: Aufruf des FC1 im OB1

8.2 SIMATIC-Zeiten

Symbol allgemein	Darstellung in Step7: FUP	KOP	AWL

Zeit als Impuls

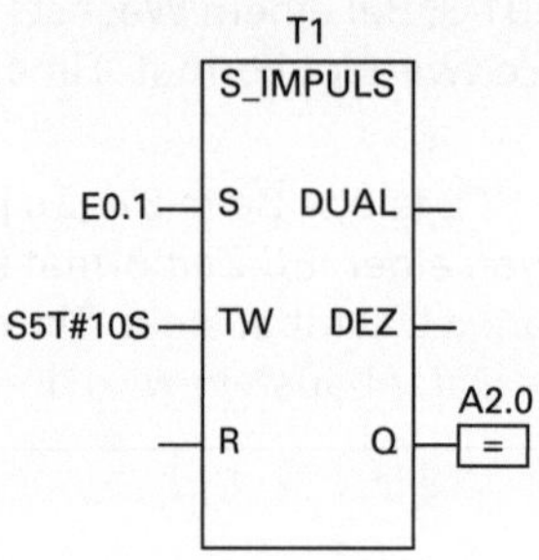

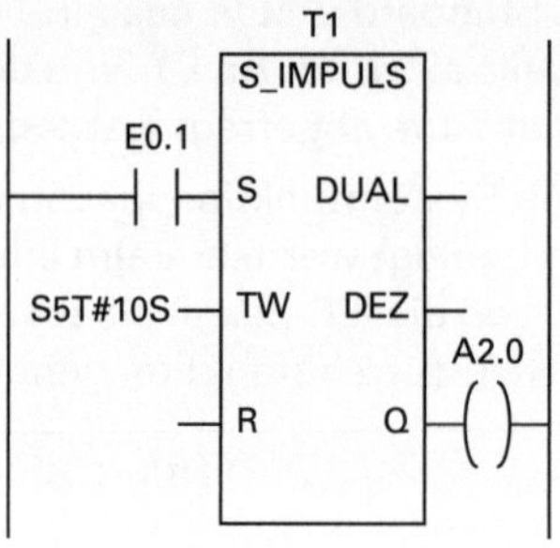


```
U    E0.1
L    S5T#10S
SI   T1
NOP  0
NOP  0
NOP  0
U    T1
=    A2.0
```

Zeit als verlängerter Impuls

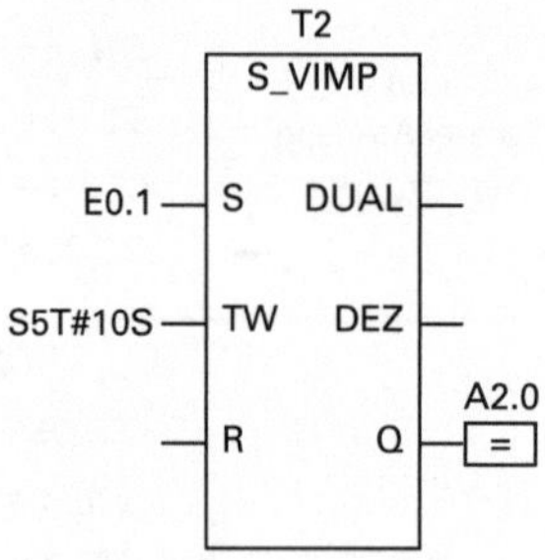

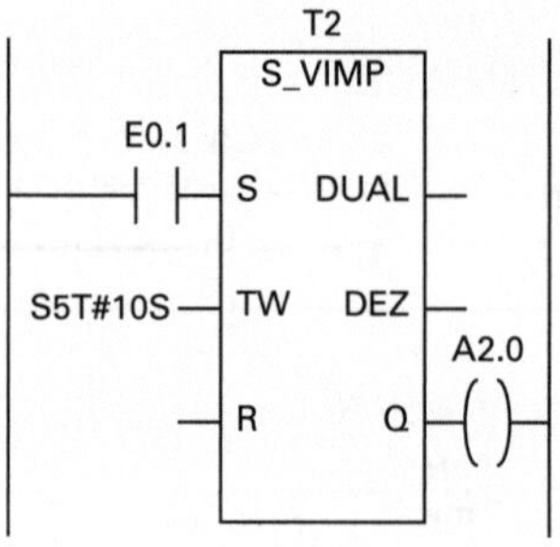


```
U    E0.1
L    S5T#10S
SV   T2
NOP  0
NOP  0
NOP  0
U    T2
=    A2.0
```

Einschalt-verzögerung

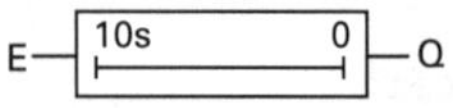

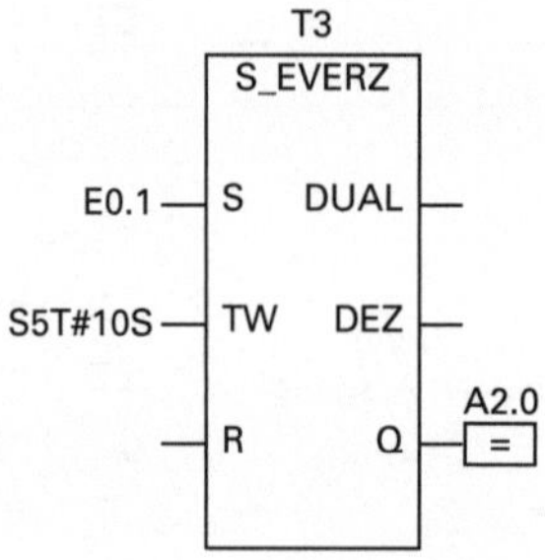

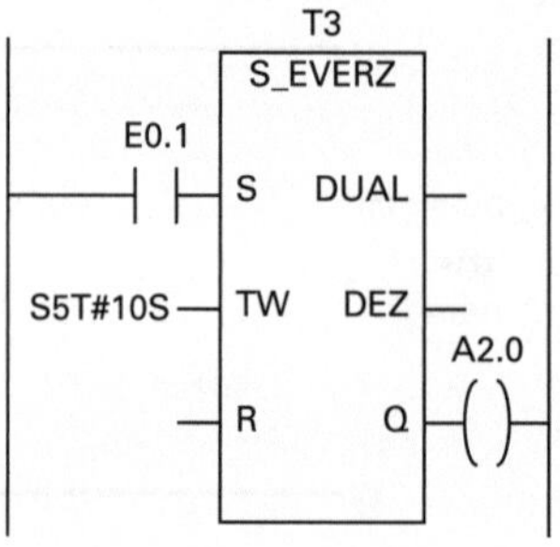


```
U    E0.1
L    S5T#10S
SE   T3
NOP  0
NOP  0
NOP  0
U    T3
=    A2.0
```

Speichernde Einschalt-verzögerung

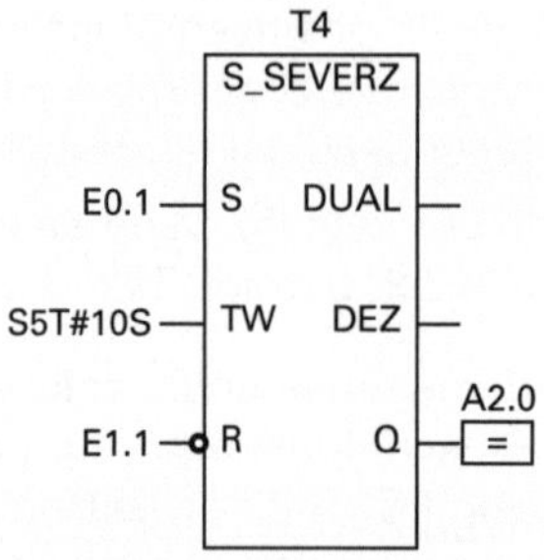

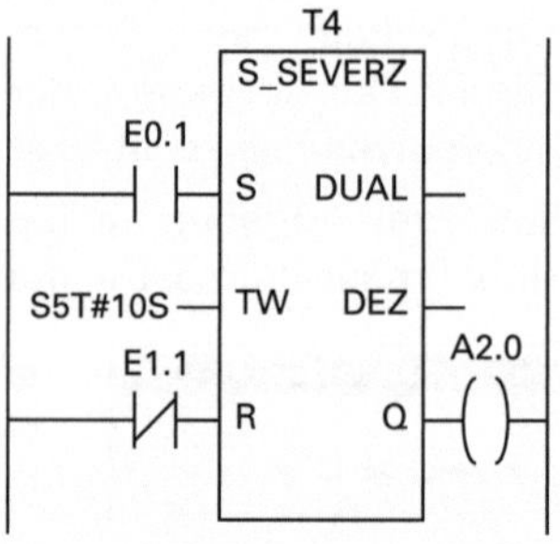


```
U    E0.1
L    S5T#10S
SS   T4
UN   E1.1
R    T4
NOP  0
NOP  0
U    T4
=    A2.0
```

Ausschalt-verzögerung

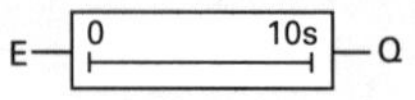

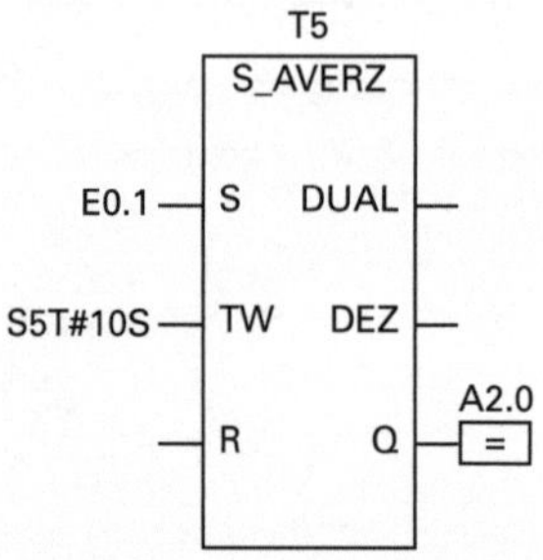

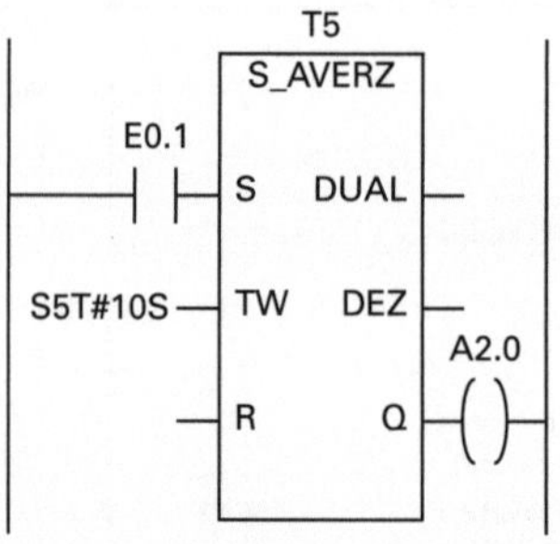


```
U    E0.1
L    S5T#10S
SA   T5
NOP  0
NOP  0
NOP  0
U    T5
=    A2.0
```

Die Programmiersprache Structed Control Language (SCL) wird im Kapitel 17 beschrieben.

8.3 Taktmerker

Um ein Taktsignal, z. B. zum Blinken einer Warnleuchte, in der SPS verwenden zu können, stellt die CPU einen Taktmerker zur Verfügung.
Dieser muss in der Gerätekonfiguration festgelegt werden.

Geräte-/Hardwarekonfiguration ⇒ ***CPU*** anwählen ⇒ ***System- und Taktmerker*** markieren ⇒ ***Merkerbyte*** wählen.

Das Merkerbyte, das als Taktmerker arbeiten soll, kann frei gewählt werden. Es ist aber darauf zu achten, dass das Merkerbyte nicht anderweitig im Programm benutzt wird.

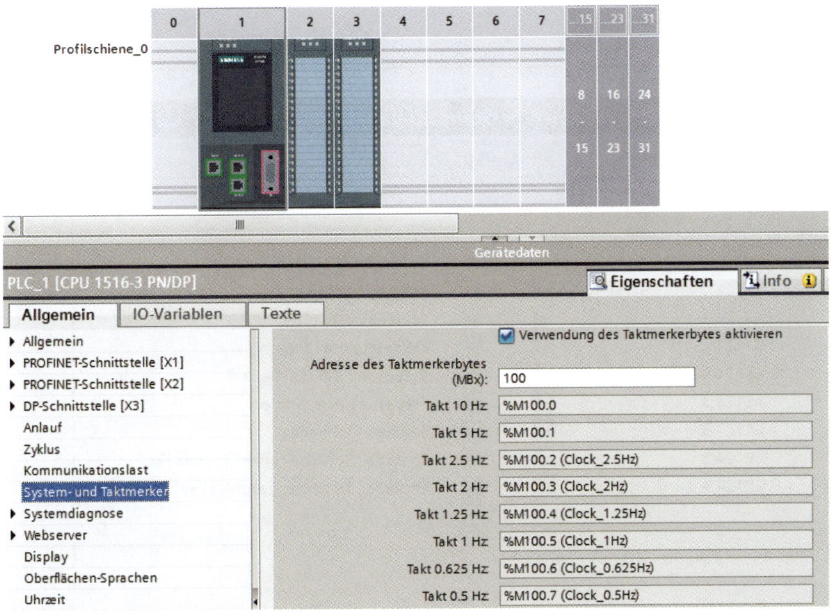

Jedem Bit des Taktmerkerbyts ist eine Periodendauer/Frequenz zugeordnet:

Bit	7	6	5	4	3	2	1	0
Periodendauer (s):	2	1,6	1	0,8	0,5	0,4	0,2	0,1
Frequenz (Hz):	0,5	0,625	1	1,25	2	2,5	5	10

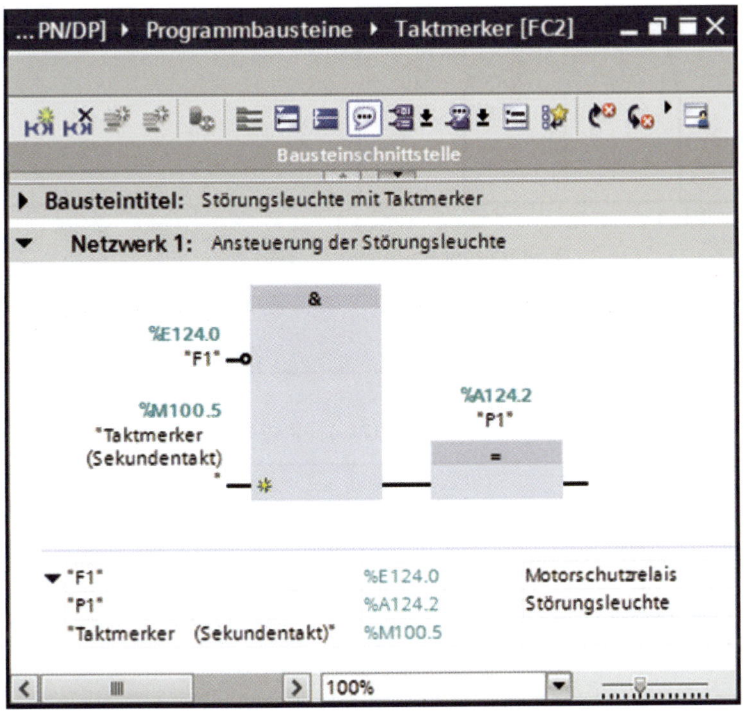

Beispiel:

Beim Auslösen eines Motorschutzrelais (E 124.0, Öffner) soll eine Störungsleuchte (A 124.2) im Sekundentakt blinken. Als Taktmerker soll das Merkerbyte 100 verwendet werden.

Beim Auslösen des Motorschutzrelais wird der Eingang E124.0 auf „0" gesetzt.

Da das Merkerbit 100.5 im Sekundentakt ein- und ausgeschaltet wird, entsteht durch die UND-Verknüpfung ein Blinksignal am Ausgang A124.2.

Hinweis:

Wenn der Taktmerker im Visualisierungsprogramm SPS-Visu verwendet werden soll, muss auch die Hardwarekonfiguration von Step7 in die Visualisierung geladen werden.

8.4 Beispielaufgabe: Pneumatische Abfülleinrichtung

Problemstellung:

Aus einem Silo kann über einen Pneumatikschieber Tierfutter in Säcke abgefüllt werden. Bei Betätigung des Tasters S3 „Befüllen“ fährt der Pneumatikzylinder den Schieber auf. Nach 4,5 Sekunden wird der Schieber wieder geschlossen. Die Endlagen des Zylinders werden über die Sensoren B1 und B2 gemeldet.

Die Ansteuerung des doppelt wirkenden Zylinders erfolgt über ein 5/3-Wege-Ventil, das mit den Magnetspulen M1 „Öffnen“ und M2 „Schließen“ ausgestattet ist.

Anlegen einer Symboltabelle:

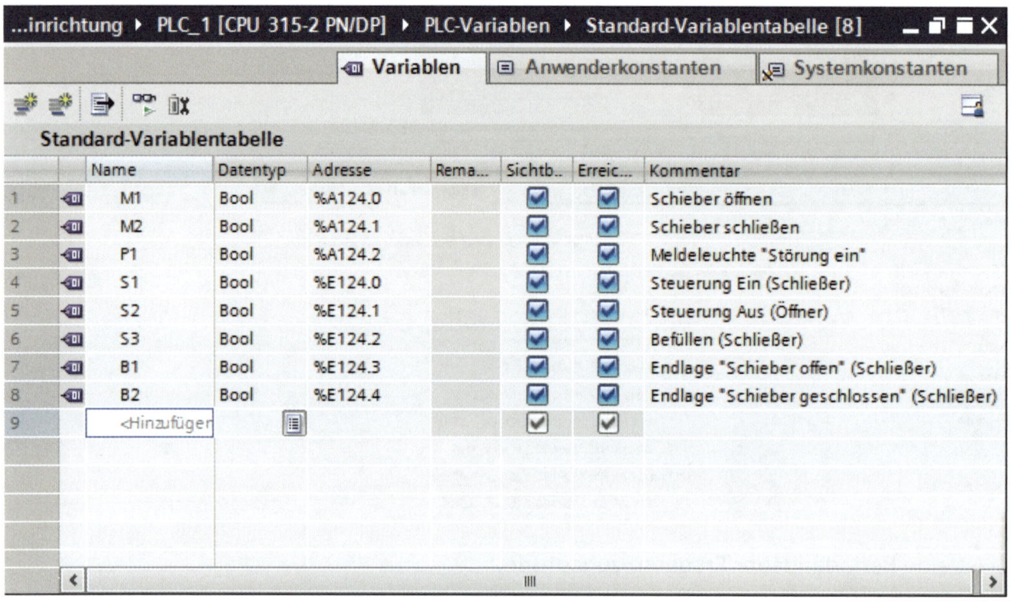
...inrichtung ▸ PLC_1 [CPU 315-2 PN/DP] ▸ PLC-Variablen ▸ Standard-Variablentabelle [8]

Variablen | Anwenderkonstanten | Systemkonstanten

Standard-Variablentabelle

	Name	Datentyp	Adresse	Rema...	Sichtb..	Erreic...	Kommentar
1	M1	Bool	%A124.0		☑	☑	Schieber öffnen
2	M2	Bool	%A124.1		☑	☑	Schieber schließen
3	P1	Bool	%A124.2		☑	☑	Meldeleuchte "Störung ein"
4	S1	Bool	%E124.0		☑	☑	Steuerung Ein (Schließer)
5	S2	Bool	%E124.1		☑	☑	Steuerung Aus (Öffner)
6	S3	Bool	%E124.2		☑	☑	Befüllen (Schließer)
7	B1	Bool	%E124.3		☑	☑	Endlage "Schieber offen" (Schließer)
8	B2	Bool	%E124.4		☑	☑	Endlage "Schieber geschlossen" (Schließer)
9	<Hinzufügen>				☑	☑	

Zeichnen des Anschlussplans:

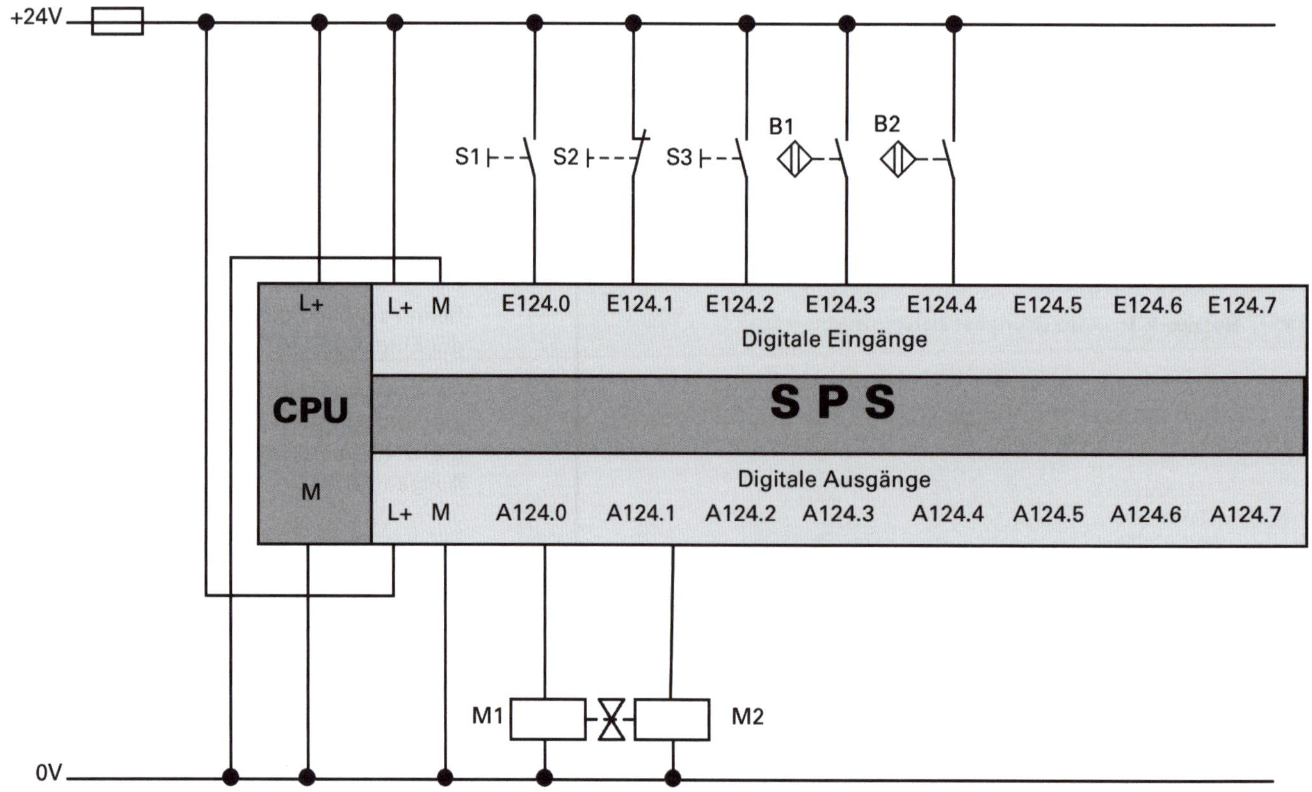

Erstellen des Steuerungsprogramms

Organisationsbaustein OB1

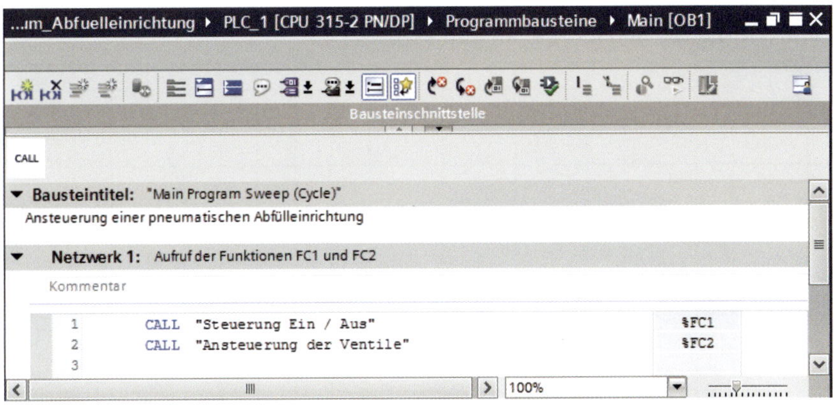

Funktion FC1

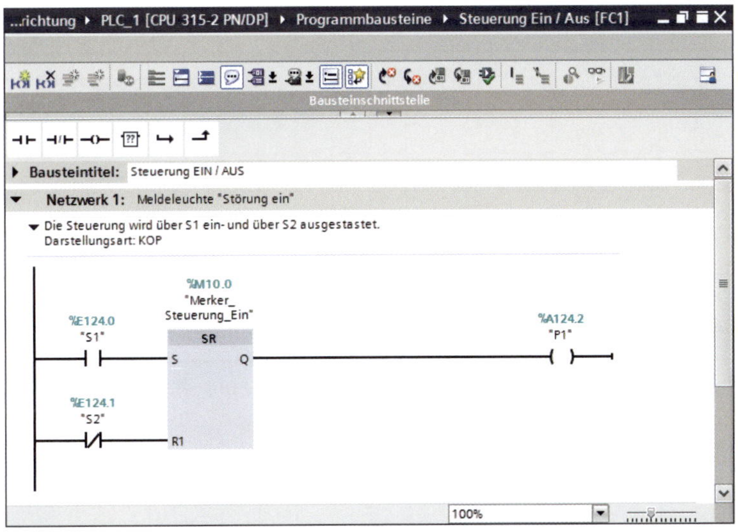

Funktion FC2

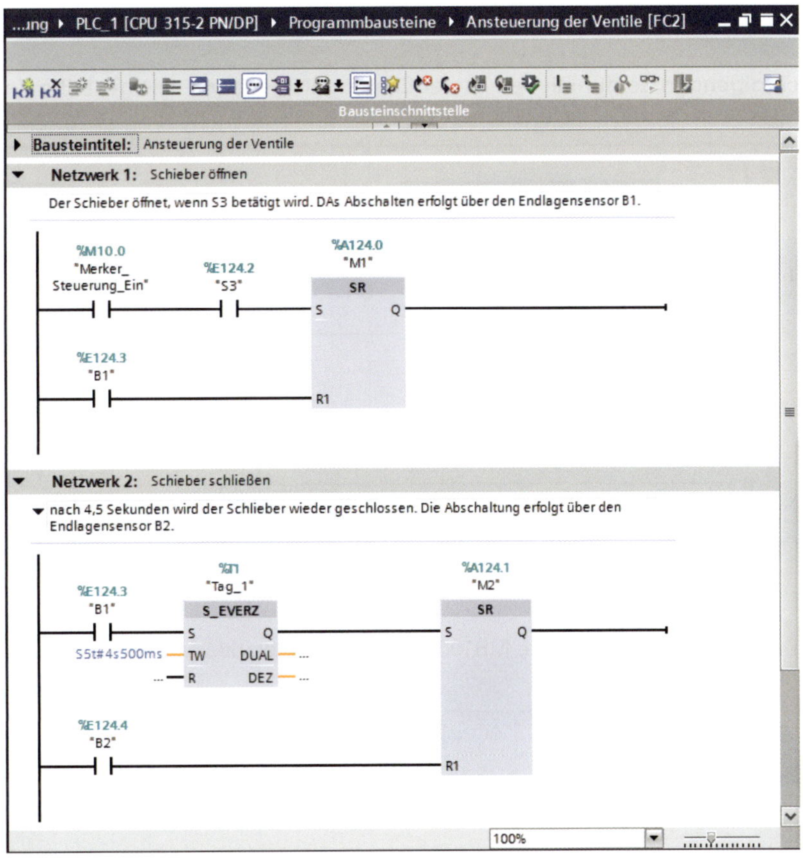

8.5 Wiederholungsfragen

1. Welche SIMATIC-Zeiten und IEC-Zeiten gibt es?

2. Erklären Sie das Verhalten einer Einschaltverzögerung (IEC-Zeit).

3. Was ist ein Taktmerker? Wie wird er aktiviert? Wofür kann er eingesetzt werden?

4. Bei den nachfolgenden Zeitfunktionen ist der Eingang IN gegeben. Die gestellte Zeit beträgt jeweils 5s. Zeichnen Sie das Ausgangssignal der IEC-Zeitfunktionen ein.

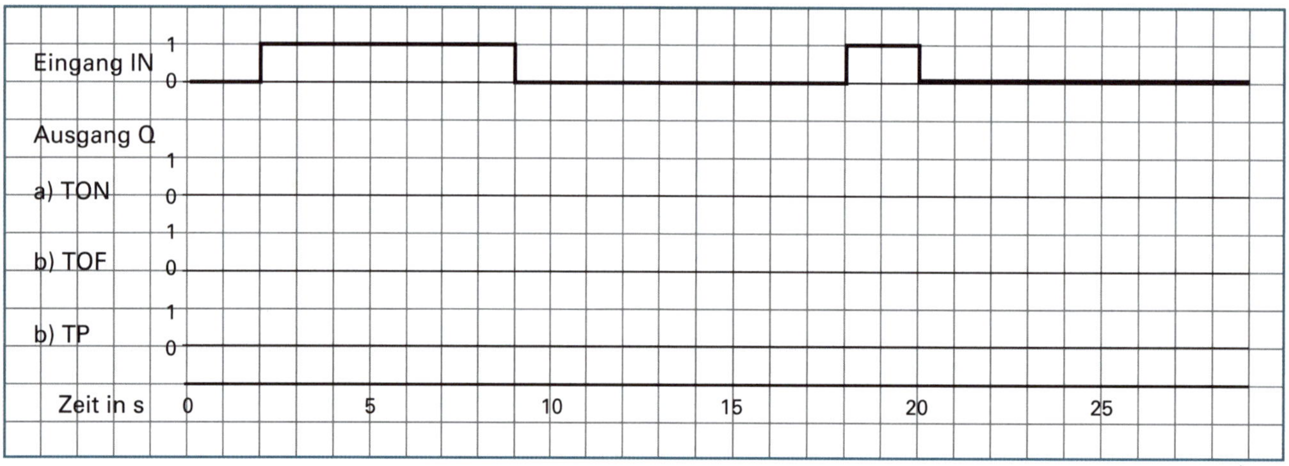

5. Beim Taktmerker ist das Merkerbyte MB100 eingestellt. Welches Merkerbit mit angesteuert werden, um einen 2 HZ-Takt zu erhalten?

8.6 Übung: Störungslampe (Taktmerker)

Problemstellung:

Ein Motor (Schütz Q1) wird über den Taster S1 (Schließer) eingeschaltet. Über den Taster S2 (Öffner) kann er wieder ausgeschaltet werden.

Der Motor ist über ein Motorschutzrelais (Öffner) B1 abgesichert. Wenn B1 auslöst, soll die Störungsleuchte P1 im Sekundentakt blinken.

Aufgabe:

1. Legen Sie ein SPS-Projekt an.
2. Legen Sie eine Symboltabelle an.
3. Erstellen Sie das Steuerungsprogramm in FUP.
4. Testen Sie das Steuerungsprogramm.

8.7 Übung: Industrieofen

Problemstellung:

In einem Industrieofen können Tongegenstände gebrannt werden. Der Ofen kann über den Schalter S1 (Schließer) ein- und ausgeschaltet werden. Während des Betriebes sind die Heizwiderstände sowie ein Umluftlüfter eingeschaltet.

Nach dem Ausschalten soll der Lüfter für 20 Sekunden nachlaufen, um für eine gleichmäßige Luftverteilung zu sorgen.

Die Heizung wird über das Schütz Q1, der Lüfter über das Schütz Q2 eingeschaltet.

Aufgabe:

1. Legen Sie ein SPS-Projekt an.
2. Legen Sie eine Symboltabelle an.
3. Erstellen Sie das Steuerungsprogramm.
4. Testen Sie das Steuerungsprogramm.

8.8 Übung: Automatische Stern-Dreieck-Schaltung

Problemstellung:

Um den Anlaufstrom eines Motors zu begrenzen, wird er mit einer automatischen Stern-Dreieck-Schaltung betrieben. Nach Betätigung des Starttasters S1 (Schließer) ziehen das Netzschütz Q1 und das Sternschütz Q2 an (Sternbetrieb).

Nach 10 s wird Q2 ausgeschaltet und das Dreieckschütz Q3 wird eingeschaltet. Q1 bleibt angezogen. Über S2 (Öffner) kann der Motor ausgetastet werden.

Wenn der Motorschutzschalter Q4 (Öffner) auslöst, schaltet der Motor ab.

Aufgabe:

1. Legen Sie ein SPS-Projekt an.
2. Legen Sie eine Symboltabelle an.
3. Erstellen Sie das Steuerungsprogramm.
4. Testen Sie das Steuerungsprogramm.

8.9 Übung: Zeitgesteuerte Toranlage

Problemstellung:

Short-Link: **vel.plus/SPS10**

Das Tor einer Hofeinfahrt wird über den Taster *Tor öffnen* geöffnet. Nach 10 s schließt das Tor automatisch. Über den Taster Stopp kann das Tor angehalten werden. Zudem kann das Tor jederzeit mit dem Taster *Schließen* geschlossen werden. Ein direktes Umschalten von Öffnen in Schließen soll möglich sein.

Wird beim Öffnen oder Schließen die rote Druckleiste betätigt, bleibt das Tor stehen.

Eine Leuchte zeigt den Betrieb der Anlage an, sie soll im Sekundentakt blinken.

Technologieschema:

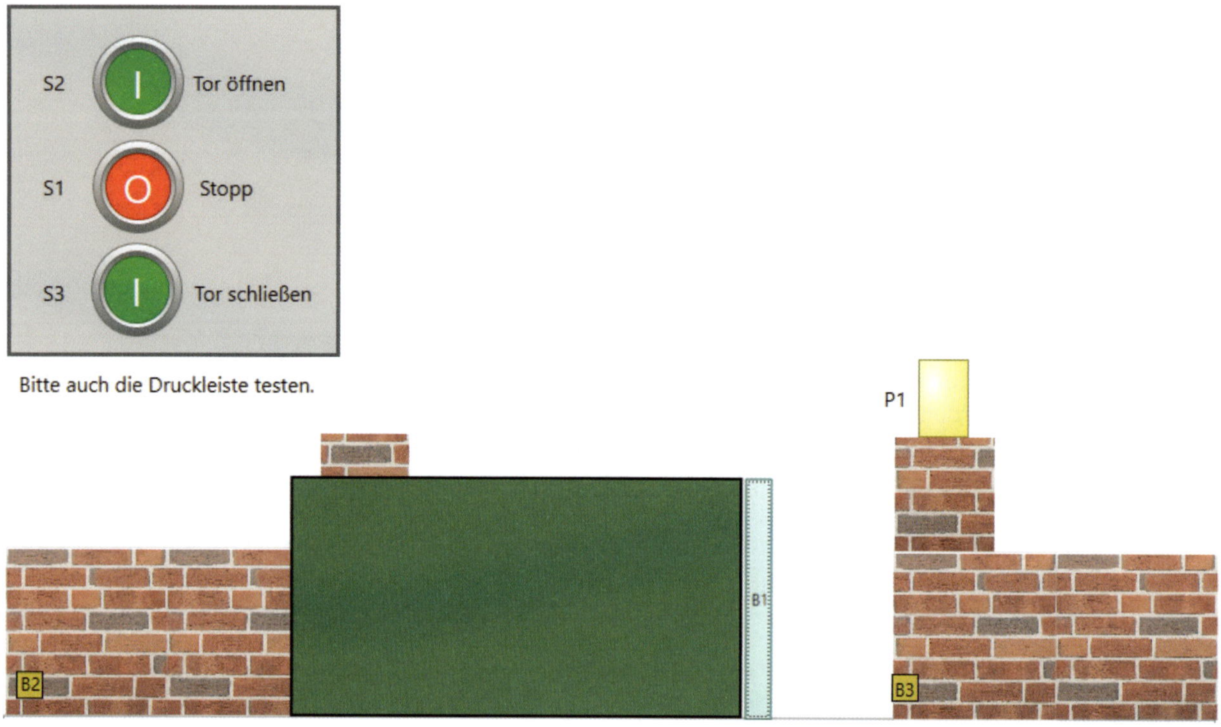

Visualisierungsdatei: ***08_09_Toranlage*** *im digitalen Zusatzmaterial*

Zuordnungsliste:

Symbol	Operand	Kommentar	Schaltverhalten
S1	E0.0	Taster Stopp	Öffner
S2	E0.1	Taster Tor öffnen	Schließer
S3	E0.2	Taster Tor schließen	Schließer
B1	E0.3	Druckleiste am Tor	Öffner
B2	E0.4	Endschalter Tor auf	Öffner
B3	E0.5	Endschalter Tor zu	Öffner
M1 (Q1)	A0.0	Motorschütz Tor öffnen	–
M1 (Q2)	A0.1	Motorschütz Tor schließen	–
P1	A0.2	Meldeleuchte Anlage in Betrieb	–

Aufgabe:

1. Legen Sie ein SPS-Projekt an und erstellen Sie das Steuerungsprogramm.
2. Testen Sie das Steuerungsprogramm.
   Zum Test ist auch die Hardwarekonfiguration in die SPS zu laden.

8.10 Übung: Zeitgesteuerte Förderbandanlage

Short-Link: **vel.plus/SPS11**

Problemstellung:

Über drei Förderbänder sollen Kisten transportiert werden. Um Staus auf den Bändern zu vermeiden, soll nach dem Betätigen des Start-Tasters zuerst Band 3 anlaufen. 5 Sekunden später startet Band 2, weitere 5 Sekunden späterBand 1.

Das Ausschalten erfolgt in umgekehrter Reihenfolge. Zuerst stoppt Band 1, 10 Sekunden später Band 2, weitere 10 Sekunden später Band 3.

Bei Betätigung des Not-Aus-Tasters müssen alle Antriebe sofort stillgesetzt werden. Die Meldeleuchte *Anlage in Betrieb* leuchtet, sobald eines der Förderbänder läuft.

Technologieschema:

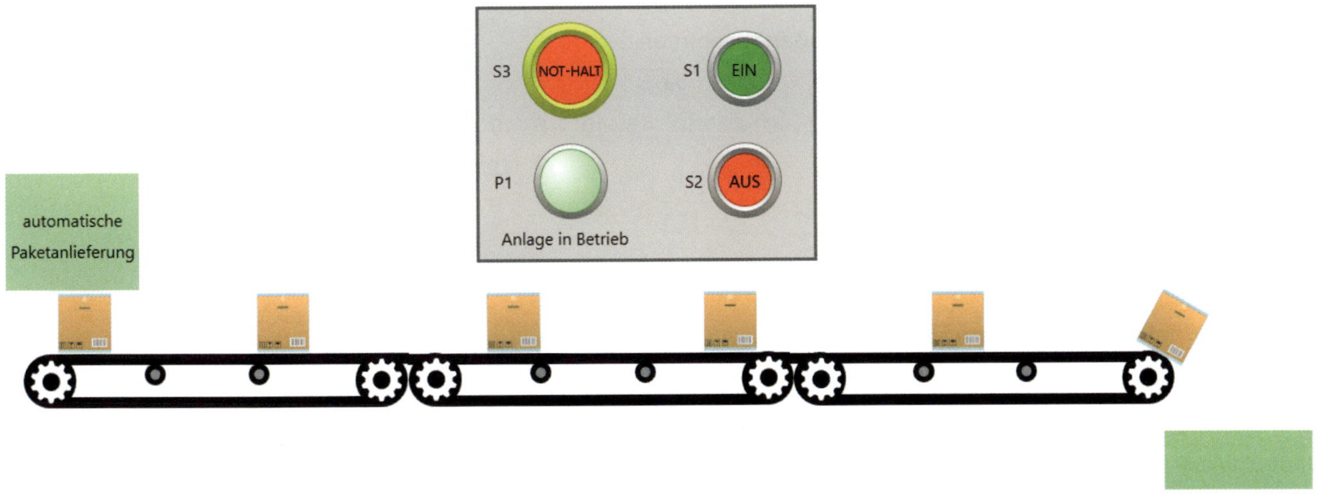

*Visualisierungsdatei: **08_10_Förderbandanlage** im digitalen Zusatzmaterial*

Zuordnungsliste:

Symbol	Operand	Kommentar	Schaltverhalten
S1	E0.0	Taster Start	Schließer
S2	E0.1	Taster Stopp	Öffner
S3	E0.2	Taster NOT-HALT	Öffner
M1 (Q1)	A0.0	Motorschütz Band 1	–
M2 (Q2)	A0.1	Motorschütz Band 2	–
M3 (Q3)	A0.2	Motorschütz Band 3	–
P1	A0.3	Meldeleuchte Anlage in Betrieb	

Aufgabe:

1. Legen Sie ein SPS-Projekt an und erstellen Sie das Steuerungsprogramm.
2. Testen Sie das Steuerungsprogramm.

9 Bit, Byte, Wort, Doppelwort

9.1 Zahlensysteme

Im Folgenden werden verschiede Zahlensysteme vorgestellt, da die Kenntnis darüber in der SPS-Technik unverzichtbar ist.

9.1.1 Das Dezimalsystem

Wenn im täglichen Leben etwas durch eine Zahl zum Ausdruck gebracht werden soll, z.B. ein Längenmaß, so verwendet man eine Zahl des dezimalen Zahlensystems.
Das dezimale Zahlensystem hat als Basiszahl die „10" . Das bedeutet, dass jede Zahl als Vielfaches einer Zehnerpotenz ausgedrückt wird.

Die **dezimale Zahl 2456** setzt sich folgendermaßen zusammen:

2456			
$= 2 \cdot 10^3 + 4 \cdot 10^2 + 5 \cdot 10^1 + 6 \cdot 10^0$			
10^3	10^2	10^1	10^0
2	4	5	6

9.1.2 Das duale Zahlensystem (Binärsystem)

Die Digitaltechnik ist nur in der Lage, eine „0" oder eine „1" zu erkennen.
Deshalb wird in der Digitaltechnik das duale Zahlensystem verwendet. Bei diesem System stellt die „2" die Basis dar.
Jede Zahl wird, ähnlich wie im Dezimalsystem, als Vielfaches einer Potenz von „2" ausgedrückt.

Beispiel: Es soll die **dezimale Zahl 239** durch eine Dualzahl dargestellt werden.

Potenz	2^7		2^6		2^5		2^4		2^3		2^2		2^1		2^0
Wert dezimal	128		64		32		16		8		4		2		1
Duale Darstellung	1		1		1		0		1		1		1		1
Berechnung	128	+	64	+	32	+	0	+	8	+	4	+	2	+	1

9.1.3 Das BCD-Zahlensystem

Bei dieser Art der Darstellung wird jede Dezimalstelle durch vier Bit des Dual-Codes ausgedrückt. Der BCD-Code wird oft bei Vorwahlschaltern und Ziffernanzeigen verwendet.

Beispiel: Darstellung der **dezimalen Zahl 239** im BCD-Code.

Potenz	2^3	2^2	2^1	2^0	2^3	2^2	2^1	2^0	2^3	2^2	2^1	2^0
Wert	100 er				10 er				1 er			
Wert dezimal	8	4	2	1	8	4	2	1	8	4	2	1
BCD-Code	0	0	1	0	0	0	1	1	1	0	0	1

Das Bitmuster 1111 kann nicht als Ziffer angezeigt werden, da es die 9 übersteigt. Eine BCD-Anzeige würde auf „dunkel" schalten.

9.1.4 Das Hexadezimalsystem

Ein weiteres in der digitalen Steuerungstechnik weit verbreitetes Zahlensystem ist das hexadezimale Zahlensystem. Dabei dient die Zahl „16" als Basis, d.h., alle Zahlen werden als Vielfaches von 16er-Potenzen dargestellt.

Beispiel: Im hexadezimalen Zahlensystem werden die Zahlen 0-9 und A-F verwendet.

Dezimal	0	1	2	3	4	5	6	7	8	9	10	11	12	13	14	15
Hexadezimal	0	1	2	3	4	5	6	7	8	9	A	B	C	D	E	F

Beispiel: Es soll die ***Dezimalzahl 303*** durch eine hexadezimale Zahl dargestellt werden.

Potenz	16^2	16^1	16^0
Hexadezimal	256	16	1
hexadezimale Darstellung	1	2	F

Die Zahl $\mathbf{303_{Dez}}$ wird im hexadezimalen System durch die $\mathbf{12F_{Hex}}$ dargestellt.

$1 \cdot 256 + 2 \cdot 16 + 15 \cdot 1 = 303_{Dez}$

9.2 Definitionen

9.2.1 Bit

Das Bit ist die kleinste binäre Informationseinheit. Ein Bit kann den Signalzustand „1" (Spannung vorhanden) oder „0" (Spannung nicht vorhanden) annehmen.

Beispiele für Bit-Anwendungen: a) U E0.0 b) S M0.2 c) = A4.5

9.2.2 Byte

Ein Byte besteht aus 8 Bit. Bei der SIMATIC S7 sind die Eingänge, Ausgänge und Merker byteweise adressiert. Die Adressierung beginnt bei den Bytes und Bits jeweils mit „0".

Das erste Bit des vierten Eingangsbytes heißt:

Byte 3							
E3.7	E3.6	E3.5	E3.4	E3.3	E3.2	E3.1	E3.0

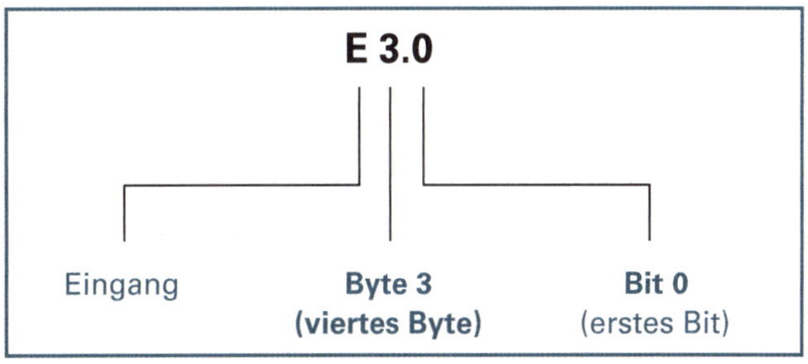

Beispiele für Byte-Anwendungen: a) L EB 4 b) T MB 0 c) T AB 22

9.2.3 Wort

Ein Wort besteht aus 2 Byte bzw. 16 Bit. Die Nummerierung von Wörtern ergibt die Wortadresse. Bei der Verwendung von Wörtern, z.B. EW (Eingangswort), AW (Ausgangswort), MW (Merkerwort), DW (Datenwort) usw. ist die Wortadresse immer die kleinere Byteadresse der 2 dazugehörigen Bytes.

Das Eingangswort EW 0 umfasst die Bytes EB 0 und EB 1. Die nächsten Eingangswörter sind EW 2, EW 4, EW 6 usw.

Wort 0															
Byte 0								Byte 1							
E0.7	E0.6	E0.5	E0.4	E0.3	E0.2	E0.1	E0.0	E1.7	E1.6	E1.5	E1.4	E1.3	E1.2	E1.1	E1.0

Beispiele für Wort-Anwendungen: a) L EW 4 b) T MW 0 c) T AW 22

Bei der Verarbeitung von Worten sollte *nur* auf *geradzahlige Worte* zugegriffen werden, z. B. MW0, MW2, MW4 usw. Dadurch wird verhindert, dass es zu Überschneidungen in den Adressbereichen kommt.

9.2.4 Doppelwort

Ein Doppelwort besteht aus 2 Wörtern bzw. 4 Bytes bzw. 32 Bit. Das Eingangsdoppelwort umfasst die Bytes EB0 bis EB3.

Doppelwort 0			
Wort 0		Wort 2	
Byte 0	Byte 1	Byte 2	Byte 3
E0.7 E0.6 E0.5 E0.4 E0.3 E0.2 E0.1 E0.0	E1.7 E1.6 E1.5 E1.4 E1.3 E1.2 E1.1 E1.0	E2.7 E2.6 E2.5 E2.4 E2.3 E2.2 E2.1 E2.0	E3.7 E3.6 E3.5 E3.4 E3.3 E3.2 E3.1 E3.0

Beispiele für Doppelwort-Anwendungen: a) L ED 4 b) T MD 0 c) T AD 24

9.3 Lade- und Transferoperationen

Mittels der Lade- und Transferoperationen können Daten von einer Datenquelle geladen und zu einem Ziel transferiert werden. Informationen können zwischen Eingängen, Ausgängen, Merkern, Zeiten, Zählern usw. ausgetauscht werden.

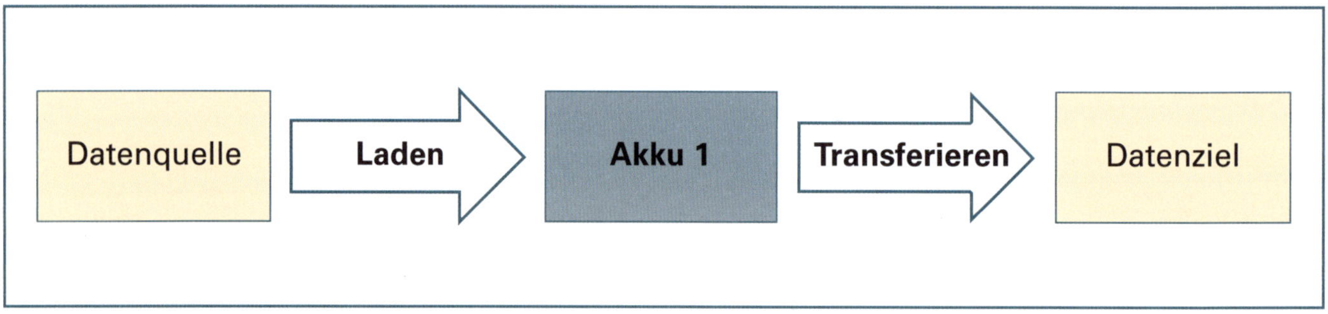

Bild 1: Lade- und Transferoperation

Die Daten werden zunächst in einen Zwischenspeicher (Akku 1) der SPS geladen und von dort aus zum Ziel weiter transferiert. Diese Informationen können byte-, wort- oder doppelwortweise übertragen werden.

Beispiel: Das Eingangswort EW0 soll geladen und in das Merkerwort MW20 transferiert werden.
In AWL lauten die Befehlszeilen:

L EW0
T MW20

9.3.1 Lade- und Transferoperationen in AWL

Die nachfolgende Tabelle zeigt die Grundfunktionen in den einzelnen Programmiersprachen von Step7. Zusätzlich ist auch die Anweisungsliste nach DIN EN 61131-1 angegeben.

Lade-Befehle

Datenziel	Anweisung	Beschreibung	Beispiel
Eingänge	L EB n	Laden des Eingangsbytes	L EB 0
	L EW n	Laden des Eingangsworts	L EW 2
	L ED n	Laden des Eingangsdoppelworts	L ED 4
Ausgänge	L AB n	Laden des Ausgangsbytes	L AB 20
	L AW n	Laden des Ausgangsworts	L AW 22
	L AD n	Laden des Ausgangsdoppelworts	L AD 24
Peripheriebereich	L PEB n	Laden des Peripherieeingangsbytes	L PEB 256
	L PEW n	Laden des Peripherieeingangsworts	L PEW 272
	L PED n	Laden des Peripherieeingangsdoppelworts	L PED 320
Merker	L MB n	Laden des Merkerbytes	L MB 0
	L MW n	Laden des Merkerworts	L MW 2
	L MD n	Laden des Merkerdoppelworts	L MD 4
Daten	L DB x.DBB n	Laden des Datenbytes aus einem Datenbaustein	L DB 20.DBB 0
	L DB x.DBW n	Laden des Datenwortes aus einem Datenbaustein	L DB 20.DBW 2
	L DB x.DBD n	Laden des Datendoppelwortes aus einem Datenbaustein	L DB 20.DBD 4
Variablen	L # xxxx	Laden einer Variablen	L # Parameter
Konstanten	L -10	Laden der Integerzahl -10	L -10
	L L#-350	Laden der Doppelintegerzahl -350	L L#-350
	L 3.8	Laden der Realzahl 3.8	L 3.8
	L 2#11001101	Laden eines Wortes (binär)	L 2#11001101
	L B#16#E7	Laden der zweistelligen Hexadezimalzahl E7	L B#16#E7
	L C#110	Laden des Zählwertes 110	L C#110
	L S5T#50S	Laden der Zeit 50 Sekunden	L S5T#50S
Zeiten	L T n	Laden eines Zeitwertes dualcodiert	L T 1
	LC T n	Laden eines Zeitwertes BCD-codiert	LC T 1
Zähler	L Z n	Laden eines Zählwertes dualcodiert	L Z 20
	LC Z n	Laden eines Zählwertes BCD-codiert	LC Z 20

Transfer-Befehle in AWL

Datenziel	Anweisung	Beschreibung	Beispiel
Ausgänge	T AB n	Transferieren zum Ausgangsbyte	T AB 20
	T AW n	Transferieren zum Ausgangswort	T AW 22
	T AD n	Transferieren zum Ausgangsdoppelwort	T AD 24
Peripheriebereich*	T PEB n	Transferieren zum Peripherieeingangsbyte	T PEB 256
	T PEW n	Transferieren zum Peripherieeingangswort	T PEW 272
	T PED n	Transferieren zum Peripherieeingangsdoppelwort	T PED 320
Merker	T MB n	Transferieren zum Merkerbyte	T MB 0
	T MW n	Transferieren zum Merkerwort	T MW 2
	T MD n	Transferieren zum Merkerdoppelwort	T MD 4
Daten	T DB x.DBB n	Transferieren zum Datenbyte eines Datenbausteins	T DB 20.DBB 0
	T DB x.DBW n	Transferieren zum Datenwort eines Datenbausteins	T DB 20.DBW 2
	T DB x.DBD n	Transferieren zum Datendoppelwort eines Datenbausteins	T DB 20.DBD 4
Variablen	T # xxxx	Transferieren einer Variablen	T # Parameter

* Bei Eingängen wird lediglich das Prozessabbild verändert.

9.3.2 Lade- und Transferoperationen in FUP, KOP und AWL

Im Funktionsplan sowie im Kontaktplan werden Lade- und Transferoperationen durch den Befehl *MOVE* realisiert. An den Eingang *IN* wird der zu ladende Operand geschrieben. Transferiert werden die Daten an den Operanden am Ausgang *OUT*. *EN* ist der Freigabeeingang und *ENO* der Freigabeausgang. Wird *EN* nicht belegt, so wird der *MOVE*-Befehl immer ausgeführt. Über einen Operanden am *EN*-Eingang kann der *MOVE*-Befehl freigeschaltet werden.

Beispiele für Lade- und Transferfehler

FUP	KOP	AWL
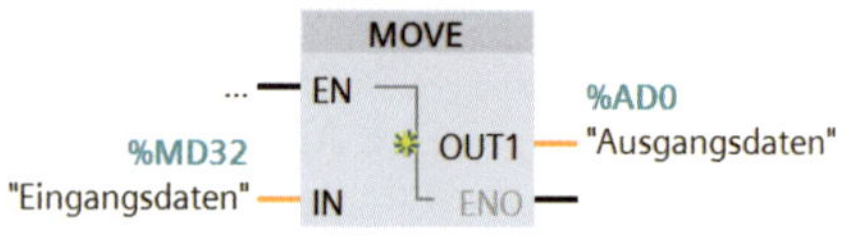	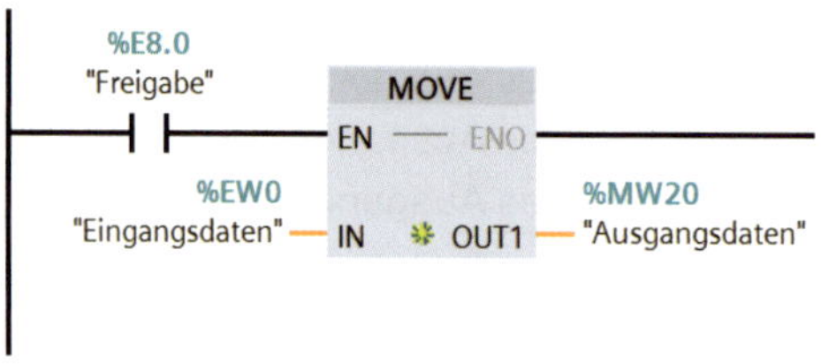	1 L "Eingangsdaten" %EB16 2 T "Ausgangsdaten" %MB60 3 4
Die Daten vom Merkerdoppelwort 32 werden in das Ausgangsdoppelwort 0 verschoben.	Wenn E8.0 ein 1-Signal hat, werden die Daten von Eingangswort 0 in das Merkerwort 20 verschoben.	Die Daten vom Eingangsbyte 16 werden in das Merkerbyte 60 verschoben.

9.4 Wiederholungsfragen

1. Wie wird die Zahl 43 (dezimal) in den folgenden Zahlensystemen dargestellt?

a) Duales Zahlensystem

b) BCD-Zahlensystem

c) Hexadezimalsystem

2. Auf einer BCD-codierten Anzeige wird die Zahl 123 angezeigt. Geben Sie das Bitmuster an, mit dem die Anzeige angesteuert wird.

3. Bei der Programmierung eines Profibussystems wird die Adresse des Profibus-Masters hexadezimal angegeben. Wie lautet die Adresse 110_{HEX} im Dezimalsystem?

4. Welche Bits umfasst das Ausgangsdoppelwort 12?

5. Warum sollte das Merkerwort 1 nicht verwendet werden?

6. Erläutern Sie nachfolgende Programmzeilen.

Netzwerk 1

```
L EW0
T MW20
```

Netzwerk 2

```
L 10
T AW12
```

7. Immer wenn der Eingang E5.3 den Zustand „0" hat, soll das Eingangsbyte 124 geladen und im Merkerbyte 8 gespeichert werden. Geben Sie das Programm in KOP an.

8. Die Bits E0.0 bis E13.7 sollen geladen und zu den Bits M20.0 bis M33.7 transferiert werden. Geben Sie das Programm in AWL an.

9.5 Übung: Wortverarbeitung

Problemstellung:

Short-Link: **vel.plus/SPS12**

Über ein Förderband sollen Flaschen transportiert werden. Wenn der Austaster betätigt wird, läuft das Förderband nach. Über einen BCD-Schalter kann die Nachlaufzeit eingegeben werden. Eine Anzeige zeigt die restliche Zeit bis zur Abschaltung. Verwenden Sie eine IEC-Zeitfunktion.

Technologieschema:

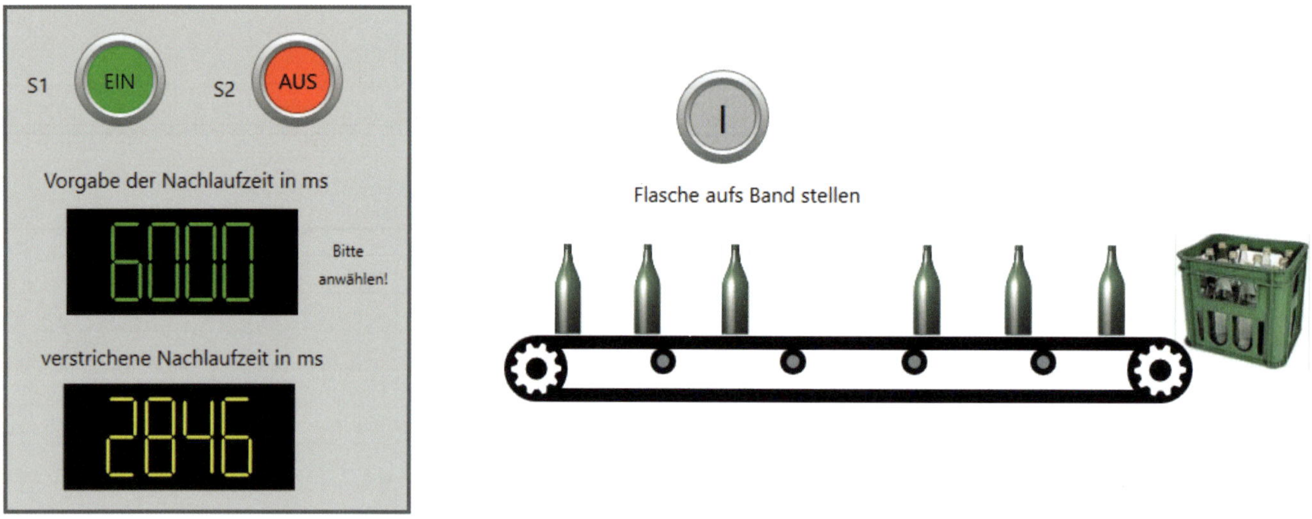

*Visualisierungsdatei: **09_05_Wortverarbeitung** im digitalen Zusatzmaterial*

Zuordnungsliste:

Symbol	Operand	Kommentar	Schaltverhalten
S1	E0.0	Taster Start	Schließer
S2	E0.1	Taster Stopp	Öffner
M1 (Q1)	A0.0	Motorschütz Band 1	–
S3	ED20	Vorgabezeit (Datentyp: DINT)	–
P1	AD20	Restzeit (Datentyp: DINT)	–

Aufgabe:

1. Legen Sie ein SPS-Projekt an und erstellen Sie das Steuerungsprogramm.
2. Testen Sie das Steuerungsprogramm.

10 Zähler und Vergleicher

10.1 IEC-Zähler

Es gibt drei verschiedene Zähler nach IEC 61131-3. Im Gegensatz zu den SIMATIC-Zählern, die nur einen Zählbereich von 0-999 haben, können die IEC-Zähler von –32768 bis 32767 zählen.

Der zu der Zählfunktion gehörige Instanz-Datenbaustein wird über dem Baustein eingetragen.

	FUP	KOP	AWL
Vorwärtszähler	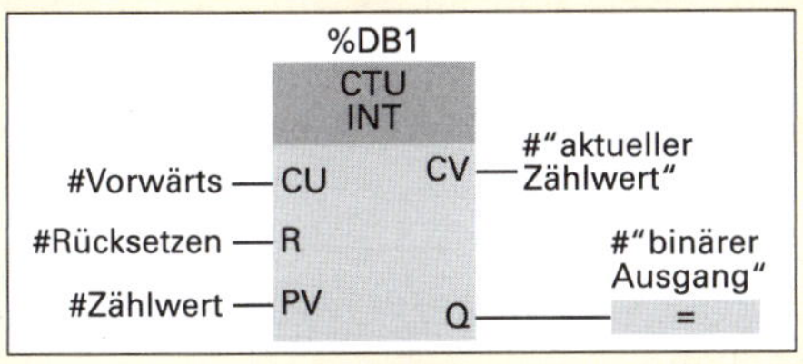	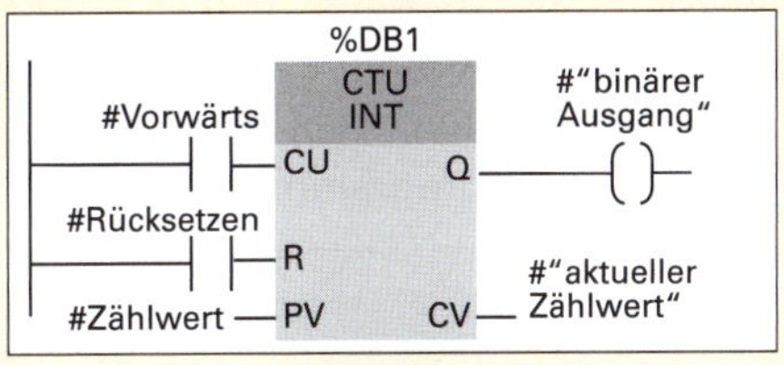	CALL CTU , „DB1" Int CU :=#Vorwärts R :=#Rücksetzen PV :=#Zählwert Q :=#"binärer Ausgang" CV :=#"aktueller Zählwert"
Rückwärtszähler	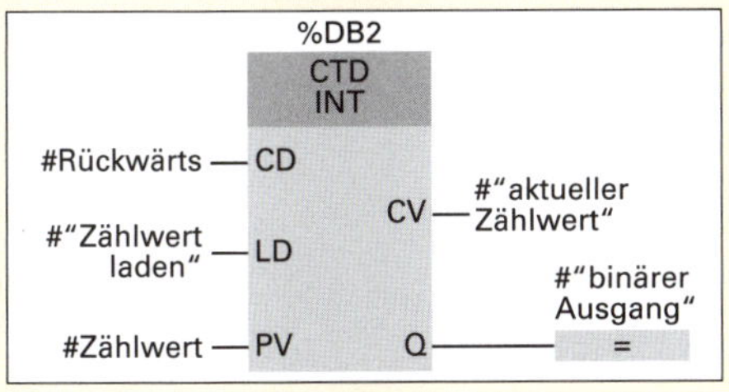	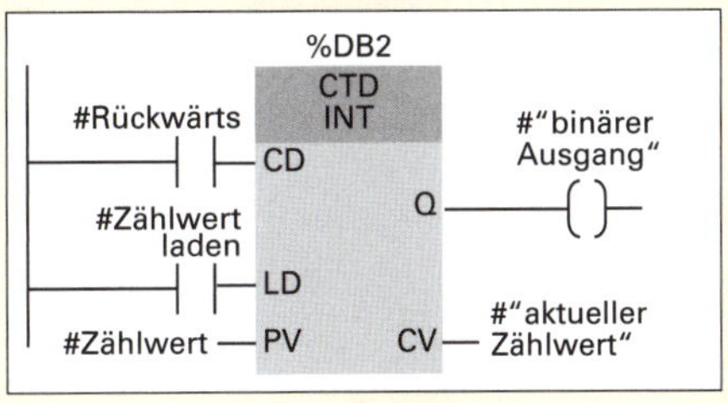	CALL CTD , „DB2" Int CD :=#Rückwärts R :=#Rücksetzen LD :=#"Zählwert laden" PV :=#Zählwert Q :=#"binärer Ausgang" CV :=#"aktueller Zählwert"
Vorwärts- und Rückwärtszähler	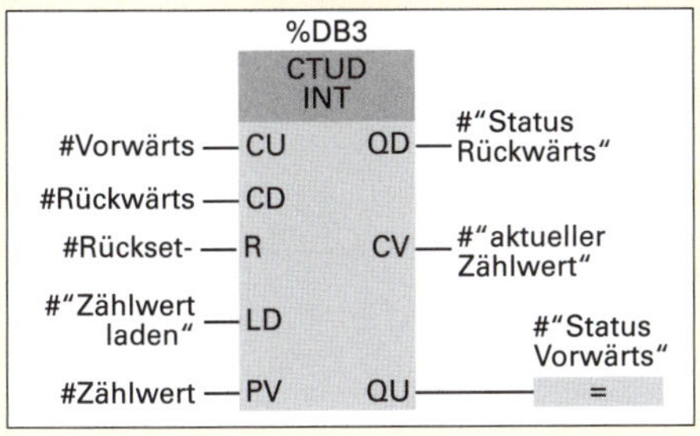	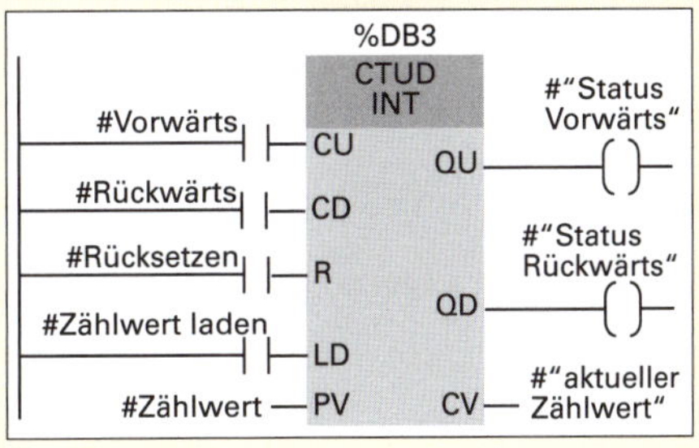	CALL CTUD , „DB3" Int CU := #Vorwärts CD := #Rückwärts R := #Rücksetzen LD : =#"Zählwert laden" PV :=#Zählwert QU :=#"Status Vorwärts" QD :=#"Status Rückwärts CV :=#"aktueller Zählwert"

Folgende Ein-/Ausgänge stehen zur Verfügung:

CU	Vorwärtszahlen *(BOOL)*
CD	Rückwärtszählen *(BOOL)*
R	Zähler auf 0 zurücksetzen *(BOOL)*
LD	Zählwert laden *(BOOL)*
PV	Vorwärtszählen: Wert, bei dem der Ausgang Q/QU gesetzt wird.
PV	Rückwärtszählen: Wert, auf den der Ausgang CV bei LD = 1 gesetzt wird.
Q	binärer Ausgang *(BOOL)*
QU	Status des Vorwärtszahlers *(BOOL)*
QD	Status des Rückwärtszählers *(BOOL)*
CV	aktueller Zählwert *(INT)*

Im nebenstehenden Beispiel sind im FC 1 die Variablen deklariert und ein Rückwärtszähler programmiert worden. Bei positiver Flanke an CD wird der Zählwert ab den an PV geladenen Zählwert heruntergezählt. Q wird auf ein 1-Signal gesetzt, wenn der aktuelle Zählwert ≤ 0 ist. Im OB1 wird die Funktion FC1 aufgerufen. Den Variablen werden dabei die absoluten Adressen zugewiesen.

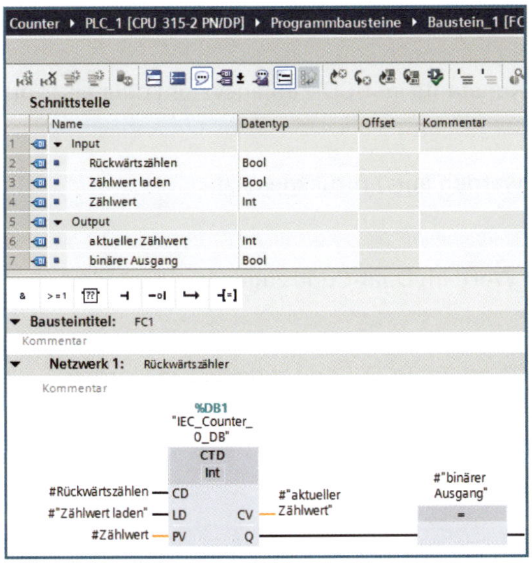

Abb. 1: Programmierung des Rückwärtszählers im FC1

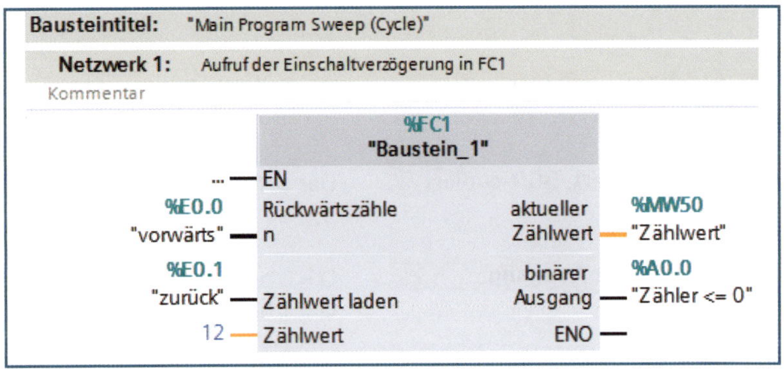

Abb. 2: Aufruf des FC1 im OB1

10.2 SIMATIC-Zähler

In der Steuerungs- und Automatisierungstechnik müssen häufig Stückzahlen ermittelt, Impulse verarbeitet oder andere Zählaufgaben bewältigt werden.

Unter Step7 stehen drei Zählerarten zur Verfügung. Neben einem Nur-Vorwärtszähler und einem Nur-Rückwärtszähler steht auch ein Vorwärts-/Rückwärtszähler zur Verfügung. Der Zählbereich liegt zwischen 0 und 999. Die Zählfrequenz hängt von der Zykluszeit ab, da die Zähler in jedem Zyklusdurchlauf nur einen Vorwärts- und einen Rückwärtsimpuls verarbeiten. Damit ein Zählimpuls sicher erkannt wird, muss das Signal mindestens für die Dauer von zwei Zyklen anliegen.

Wenn Zählimpulse erfasst werden müssen, die schneller als die Zykluszeit sind, muss auf spezielle Baugruppen mit schnellen Zähleingängen zurückgegriffen werden.

Der prinzipielle Aufbau der drei Zähler ist identisch und wird anhand eines Vorwärts-/Rückwärtszählers in der Darstellungsart Funktionsplan mit einem Beispielprogramm erläutert:

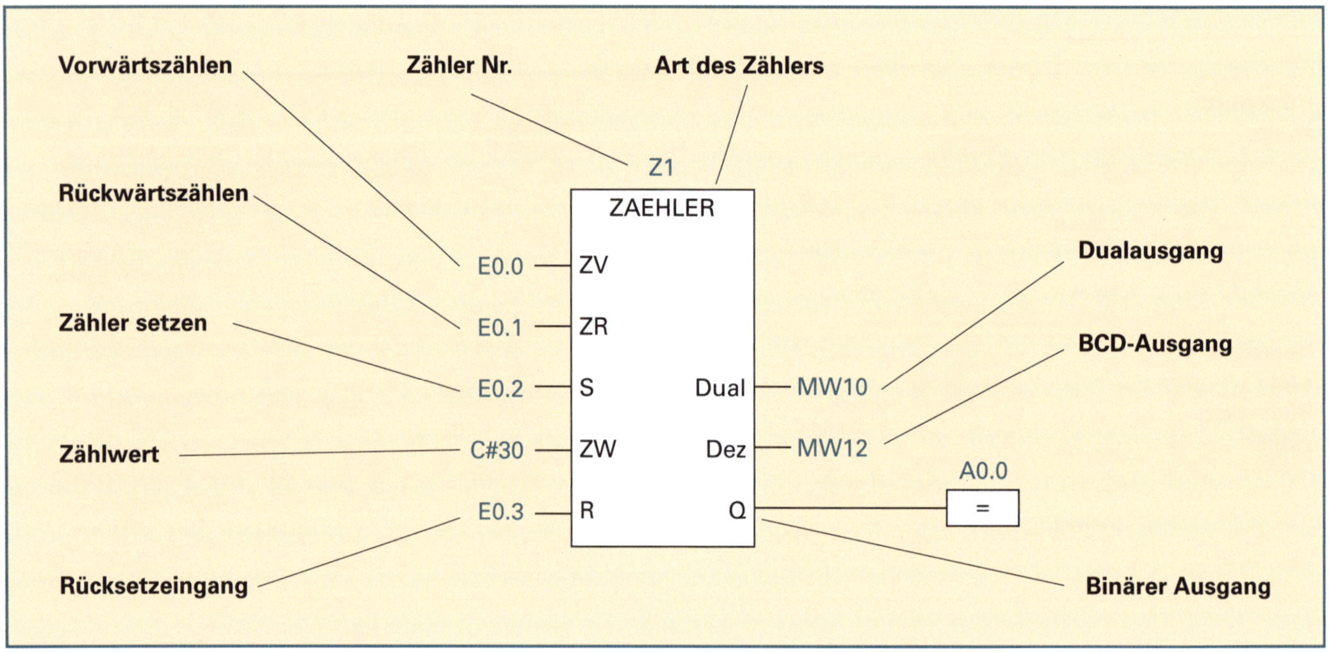

ZV	**Vorwärtszählen**	Bei einer positiven Flanke (Signalwechsel von 0 ⇒ 1) wird der Zählwert um 1 erhöht.
ZR	**Rückwärtszählen**	Bei einer positiven Flanke (Signalwechsel von 0 ⇒ 1) wird der Zählwert um 1 verringert.
S	**Zähler setzen**	Bei pos. Flanke wird der Zählwert ZW übernommen.
ZW	**Zählwert**	Der Zählwert (Startwert) kann als Konstante im BCD-Zahlensystem oder als Wort geladen werden.
R	**Zähler zurücksetzen**	Der Zählwert und der Ausgang Q werden auf 0 zurückgesetzt.
Dual	**Zählwert, dualcodiert**	Der aktuelle Zählwert kann einem Wort im Dual-Code zugewiesen werden.
Dez	**Zählwert, BCD-codiert**	Der aktuelle Zählwert kann einem Wort im BCD-Code zugewiesen werden.
Q	**Binärer Ausgang**	Q = 0 bei Zählwert 0 Q = 1 bei Zählwert > 0

Bei der Programmierung müssen nicht alle Ein- und Ausgänge belegt werden. Wenn z. B. kein Zählwert gesetzt wird, kann auf die Belegung der Eingänge S und ZW verzichtet werden. Lediglich die Zähleingänge müssen belegt sein.

10.3 Vergleicher

Vergleicher werden verwendet, um zwei Zahlen des gleichen Datentyps miteinander zu vergleichen. Vergleicher werden häufig zusammen mit Zählern verwendet.

Beispiel: Beim Zählstand 14 eines Zählers soll ein Ausgang (A0.0) auf 1 gesetzt werden. Hier wird der Zählstand im MW10 (Dualausgang des Zählers) gespeichert und mit der Zahl 14 verglichen. Wenn beide Zahlen gleich sind, wird der Ausgang des Vergleichers und damit auch der Ausgang A0.0 auf 1 gesetzt.

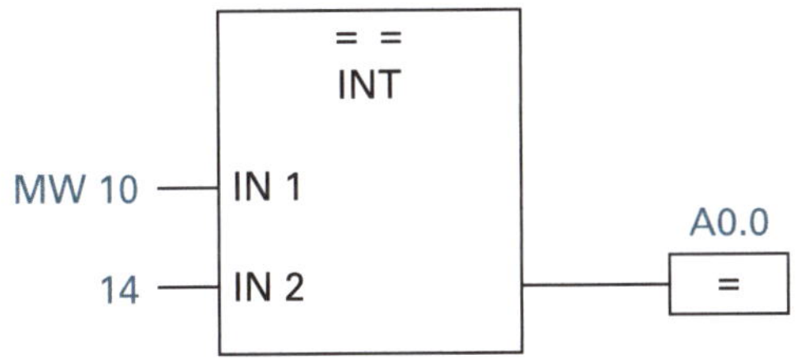

Vergleicher in FUP

```
L  MW10
L  14
==I
=  A0.0
```

Vergleicher in AWL

Bei Step 7 stehen verschiedene Vergleichsoperationen zur Verfügung:

==	**gleich**	Operand 1 ist gleich Operand 2
<>	**ungleich**	Operand 1 ist ungleich Operand 2
>	**größer**	Operand 1 ist größer als Operand 2
<	**kleiner**	Operand 1 ist kleiner als Operand 2
>=	**größer oder gleich**	Operand 1 ist größer oder gleich Operand 2
<=	**kleiner oder gleich**	Operand 1 ist kleiner oder gleich Operand 2
IN_RANGE		Wert ist innerhalb eines Bereichs (S7-1200/S7-1500)
OUT_RANGE		Wert ist außerhalb eines Bereichs (S7-1200/S7-1500)

Vergleichsoperationen können nur mit Operanden des gleichen Typs erfolgen. Neben den folgenden drei Datentypen stehen noch weitere zur Verfügung:

INT	**Ganze Zahlen** (Festpunktzahlen)	16 Bit	−32768 bis +32767	
DINT	**Ganze Zahlen** (Festpunktzahlen)	32 Bit	−2147483648 bis +2147483647	
REAL	**Reelle Zahlen** (Gleitpunktzahlen)	32 Bit	Exponentialdarstellung: oder Dezimaldarstellung:	2.456 E+02 245.6

10.5 Wiederholungsfragen

1. Welchen minimalen und maximalen Zählwert haben SIMATIC- und IEC-Zähler?

2. Wann schaltet ein IEC-Vorwärtszähler am Ausgang Q auf ein 1-Signal?

3. Bei Vergleichern stehen die Datentypen INT, DINT und REAL zur Verfügung. Erklären Sie deren Bedeutung und die notwendige Speichergröße.

4. Erklären Sie die Funktion der nebenstehenden Schaltung.

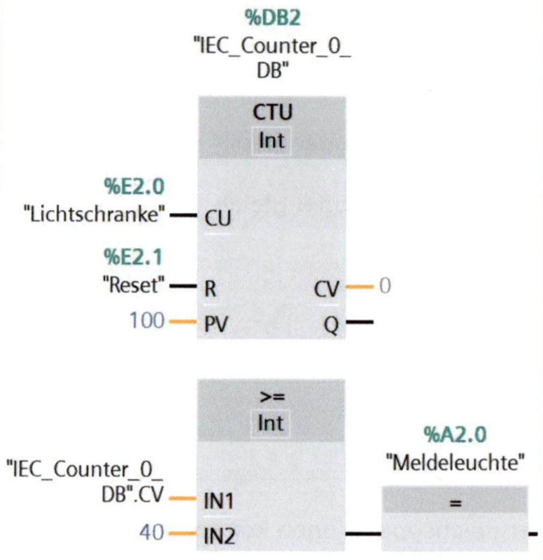

5. Ein Simatic-Zähler hat die Ausgänge DUAL, DEZ und Q. Welche Funktionen haben sie?

10.6 Übung: Parkplatzampel

Problemstellung:

Short-Link: **vel.plus/SPS13**

Auf einem Parkplatz stehen 16 Parkplätze zur Verfügung. Der Parkplatz verfügt über zwei Zufahrten. Jede Zufahrt ist mit einer Ampelanlage ausgestattet. Durch den Wahlschalter „Anlage ein/aus" wird die Ampelanlage aktiviert. Induktionsschleifen erfassen ein- und ausfahrende Fahrzeuge.

Wenn die Anlage eingeschaltet ist, gibt eine Anzeige an, dass 16 freie Plätze zur Verfügung stehen.

Die Ampeln zeigen an, ob noch Parkplätze frei sind (grün) oder ob der Parkplatz belegt ist (rot). Die Anzeige soll die genaue Anzahl der noch freien Plätze angeben.

Technologieschema:

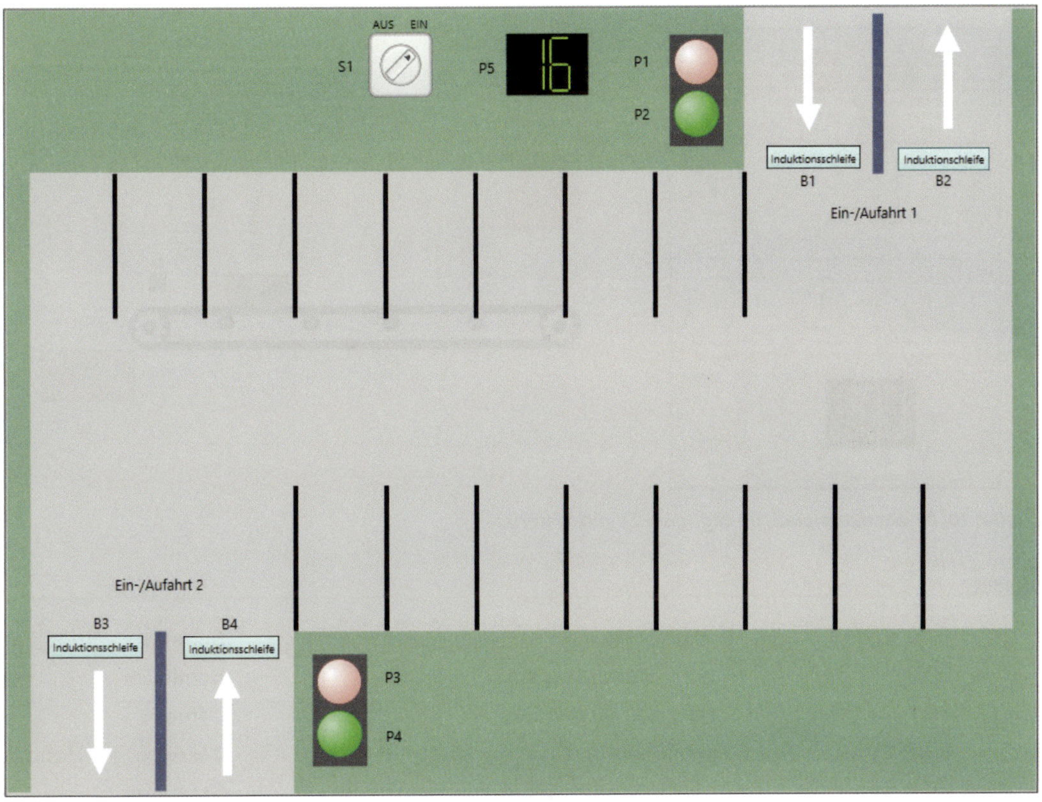

*Visualisierungsdatei: **10_06_Parkplatz.plclab** im digitalen Zusatzmaterial*

Zuordnungsliste:

Symbol	Operand	Kommentar	Schaltverhalten
B1	E0.0	Induktionsschleife Einfahrt 1	Schließer
B2	E0.1	Induktionsschleife Ausfahrt1	Schließer
B3	E0.2	Induktionsschleife Ausfahrt 2	Schließer
B4	E0.3	Induktionsschleife Einfahrt 2	Schließer
S1	E0.4	Ein-/Ausschalter	1 = eingeschaltet
P1	A0.0	Ampel 1 rot	–
P2	A0.1	Ampel 1 grün	–
P3	A0.2	Ampel 2 rot	–
P4	A0.3	Ampel 2 grün	–
P5	AD 32	Anzeige „Freie Parkplätze" (Datentyp: DINT)	–

Aufgabe:

1. Legen Sie ein SPS-Projekt an und erstellen Sie das Steuerungsprogramm.
2. Testen Sie das Steuerungsprogramm.

10.7 Übung: Stanze

Problemstellung:

Short-Link: **vel.plus/SPS14**

Über ein Förderband werden Werkstücke einer Stanze zugeführt und anschließend in eine Kiste transportiert. Dort können maximal 5 Werkstücke aufgenommen werden. Eine Anzeige gibt die Anzahl der Werkstücke an. Im Automatikbetrieb wird das Förderband über den Taster Automatik Start eingeschaltet. Wenn die Endlage B3 erreicht ist, beginnt der Stanzvorgang. B1 und B2 sind die Endlagenschalter der Stanze. B4 ist der Endlagensensor des Förderbandes. Wenn die Kiste voll ist, stoppt die Anlage. Nach dem manuellen Entleeren der Kiste wird die Anlage mit *Automatik Start* wieder neu gestartet. Die Anlage kann auch im Handbetrieb gesteuert werden.

Technologieschema:

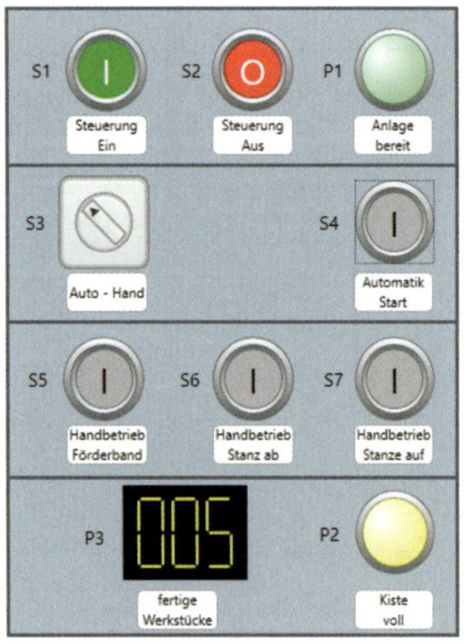

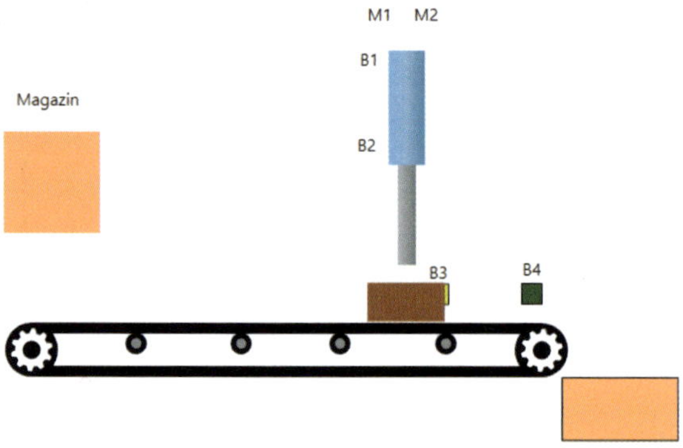

Visualisierungsdatei: ***10_07_Stanze.plclab*** *im digitalen Zusatzmaterial*

Zuordnungsliste:

Symbol	Operand	Kommentar	Schaltverhalten
S1	E0.0	Taster Steuerung ein	Schließer
S2	E0.1	Taster Steuerung aus	Öffner
S3	E0.2	Schalter Automatik/Handbetrieb	0 = Auto, 1 = Hand
S4	E0.3	Automatikbetrieb Start	Schließer
S5	E0.4	Taster Band Handbetrieb/Tippbetrieb	Schließer
S6	E0.5	Taster Stanze abwärts/Handbetrieb	Schließer
S7	E0.6	Taster Stanze aufwärts/Handbetrieb	Schließer
B1	E0.7	Endschalter Stanze oben	Öffner
B2	E1.0	Endschalter Stanze unten	Öffner
B3	E1.1	Endschalter Werkstück unter Stanze	Schließer
B4	E1.2	Endschalter Band Ende	Schließer
P1	A0.0	Meldeleuchte Anlage bereit	–
P2	A0.1	Meldeleuchte Kiste voll	–
Q1	A0.2	Motorschütz Band	–
M1	A0.3	Stanze abwärts	–
M2	A0.4	Stanze aufwärts	–
P3	AD32	Anzeige fertige Werkstücke	–

Aufgabe:

1. Legen Sie ein SPS-Projekt an und erstellen Sie das Steuerungsprogramm.
2. Testen Sie das Steuerungsprogramm.

11 Verschiedene Programmfunktionen und Befehle

11.1 Urlöschen

Um sicherzustellen, dass sich nicht noch alte Bausteine in der CPU befinden, sollte man die CPU urlöschen, bevor ein neues Anwenderprogramm aufgespielt wird. Das Urlöschen kann hardwaremäßig über den Betriebsartenschalter oder softwaremäßig durchgeführt werden.

Im **SIMATIC Manager** muss zuerst die CPU markiert werden. Dann kann über **Zielsystem** ⇒ **Diagnose/Einstellungen** ⇒ **Urlöschen** die CPU gelöscht werden. Der Betriebsartenschalter muss dafür auf STOP geschaltet werden.

Beim TIA-Portal kann über ***Tools*** ⇒ ***MRES*** ein Urlöschen durchgeführt werden.

Beim Urlöschen wird die CPU zurückgesetzt und alle Anwenderdaten werden gelöscht. Der Inhalt des Diagnosepuffers und die Parameter der MPI-Schnittstelle bleiben erhalten. Wenn Daten auf einer Memory Card oder einem EPROM vorhanden sind, kopiert die CPU nach dem Urlöschen den EPROM-Inhalt wieder in den RAM-Bereich des Speichers.

11.2 Systemmerker

Im TIA-Portal können für die S7-1200 und S7-1500 Systemmerkerbits festgelegt werden.

Diese Merkerbits sind global im ganzen Projekt gültig und können an jeder Stelle abgefragt werden, um z.B. eine Ablaufkette zu starten *(Merkerbit: Erster Zyklus)* oder einen Eingang dauerhaft auf high zu legen *(Immer 1 [high])*. Zur Verfügung stehen:

Erster Zyklus:

Diagnosestatus geändert:

Immer 1 (high):

Immer 0 (low):

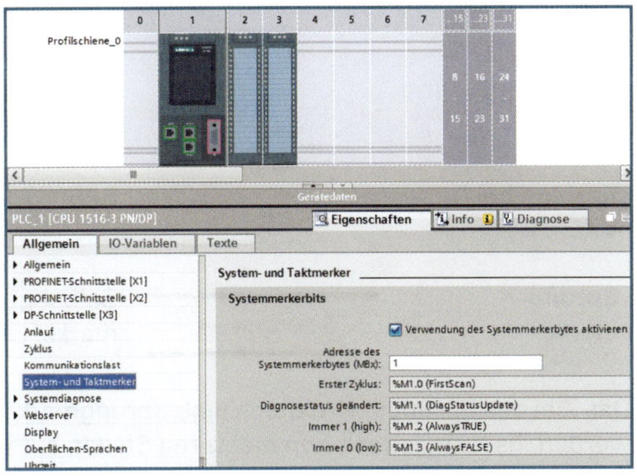

Bild 1: Einstellungen des Systemmerkers

11.3 Archivieren/Dearchivieren

ImTIA-Portal besteht die Möglichkeit, Projekte komprimiert zu speichern, d.h. zu archivieren. Das Projekt wird dazu in eine *.zap-Datei konvertiert. Neben der Datenkomprimierung hat der Anwender den Vorteil, das gesamte Projekt in einer Datei vorliegen zu haben, um es z.B.per E-Mail zu verschicken.

Über **Projekt** bzw. **Datei** ⇒ **Archivieren** und **Projekt** bzw. **Datei** ⇒ **Dearchivieren/Öffnen** können Projekte komprimiert gespeichert bzw. wieder geöffnet werden.

11.4 Flankenauswertung

Um eine positive Flanke (Signalwechsel von „0“ nach „1“) oder eine negative Flanke (Signalwechsel von „1“ nach „0“) zu erkennen, stehen die Befehle P (FP) und N (FN) zur Verfügung.

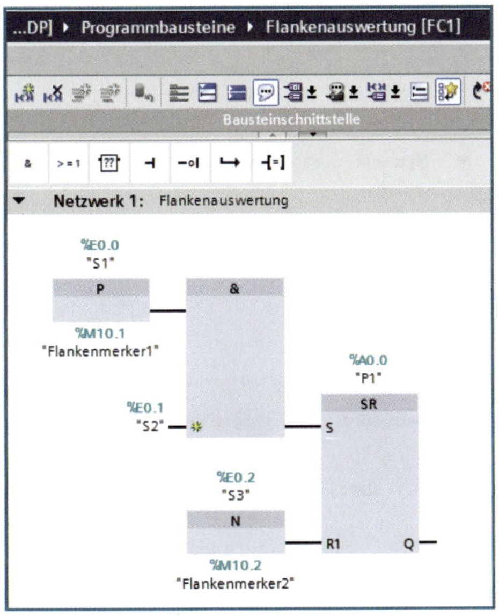

Bild 2: Flankenerkennung in FUP

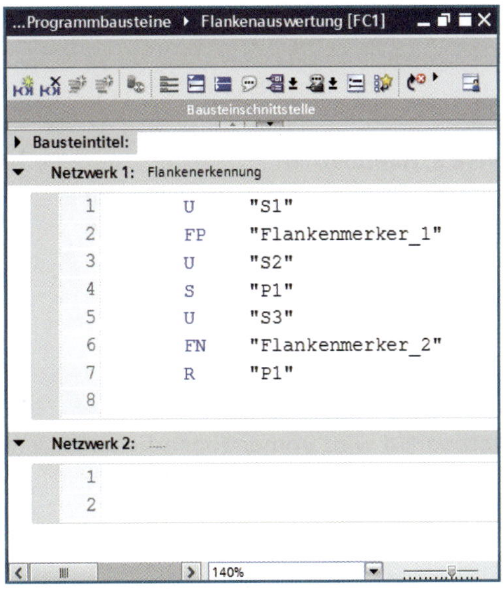

Bild 3: Flankenerkennung in AWL

11.5 Sprungoperationen

Sprungoperationen dienen dazu, Teile eines Programms zu überspringen. Es stehen unbedingte und bedingte Sprünge zur Verfügung. Ein Sprung, der immer ohne Bedingung ausgeführt wird, ist ein unbedingter Sprung (SPA).

Sprungbefehle, die nur ausgeführt werden, wenn das vorherige Verknüpfungsergebnis (VKE) einen bestimmten Wert hat, werden als bedingte Sprünge bezeichnet (SPB und SPBN).

Sprungbefehl und Sprungmarke müssen im gleichen Baustein liegen. Eine Sprungmarke kann das Ziel von mehreren Sprungbefehlen sein. Eine Sprungmarke in einem ansonsten leeren Netzwerk ist nicht erlaubt.

Bei Rücksprüngen ist darauf zu achten, dass keine Endlos-Schleife entsteht.

Sprungoperationen

Operation	Anweisung in FUP	Anweisung in AWL	
Springe immer	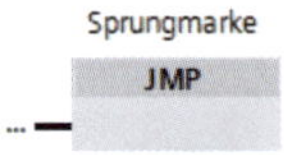	**SPA** *Sprungmarke*	Es erfolgt immer ein Sprung zur Sprungmarke.
Springe bei VKE = 1	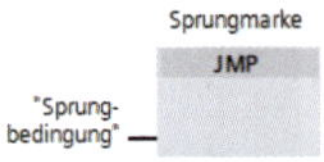	**SPB** *Sprungmarke*	Wenn das Verknüpfungsergebnis eine „1" liefert, erfolgt ein Sprung zur Sprungmarke.
Springe bei VKE = 0	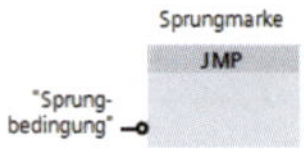	**SPBN** *Sprungmarke*	Wenn das Verknüpfungsergebnis eine „0" liefert, erfolgt ein Sprung zur Sprungmarke.
Sprung-marke	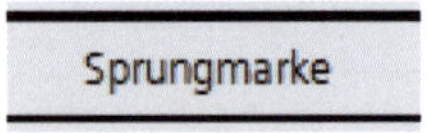	Selbst gewählte Sprung-marke, z.B. MAR1	Nach einem Sprung zur Sprungmarke, wird das Programm ab hier weitergeführt.

Das Ziel des Sprungs wird durch eine Sprungmarke markiert. Jede Sprungmarke darf nur einmal im Programm vergeben werden. Es kann jedoch von mehreren Stellen auf eine Marke hin gesprungen werden.

Beispiel Beschreibung	FUP	AWL
Netzwerk 1 Auswahl Hand-Auto: Wenn der Schalter Hand ein 1-Signal hat, springt das Programm ins Netzwerk 3 zur Sprungmarke MAR1. Ansonsten wird das Programm im Netzwerk 2 fortgeführt.	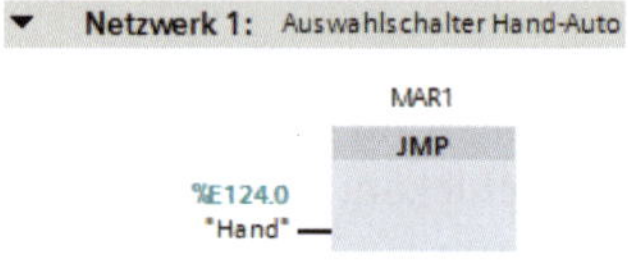	**Netzwerk 1:** Auswahlschalter Hand-Auto Kommentar 1 U "Hand" %E124.0 2 SPB MAR1 3 4
Netzwerk 2: Automatikbetrieb Der Automatikbetrieb (Flipflop) wird ausgeführt. Am Ende des Netzwerkes springt das Programm immer zur Marke MAR2 ins Netzwerk 4.	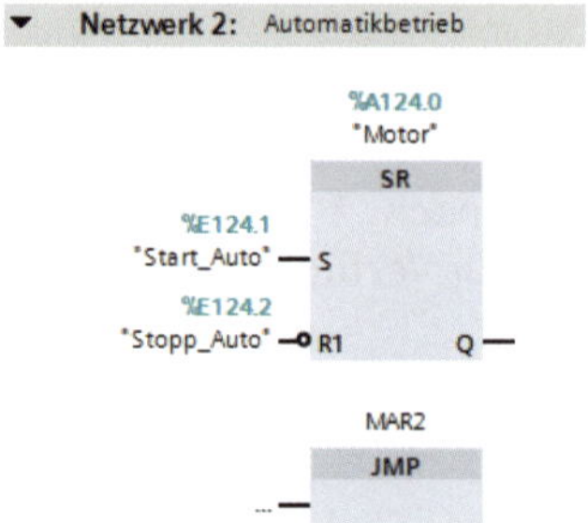	**Netzwerk 2:** Automatikbetrieb Kommentar 1 U "Start_Auto" %E124.1 2 S "Motor" %A124.0 3 UN "Stopp_Auto" %E124.2 4 R "Motor" %A124.0 5 SPA MAR2 6 7
Netzwerk 3: Handbetrieb Nach einem Sprung vom Netzwerk 1 zur Sprungmarke MAR1, kann der Motor im Tippbetrieb angesteuert werden.	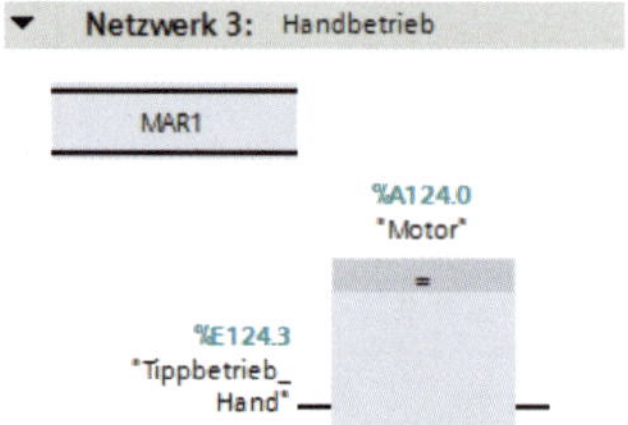	**Netzwerk 3:** Handbetrieb Kommentar 1 MAR1: U "Tippbetrieb_Hand" %E124.3 2 = "Motor" %A124.0 3 4
Netzwerk 4: Ansteuerung Meldeleuchte Das Netzwerk 4 wird immer abgearbeitet. Die Meldeleuchte wird immer dann angesteuert, wenn der Motor läuft.	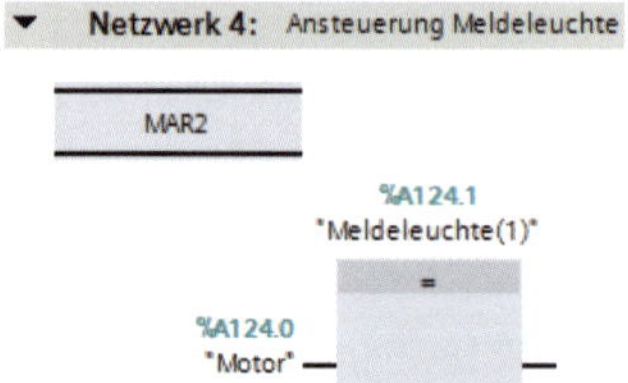	**Netzwerk 4:** Ansteuerung Meldeleuchte Kommentar 1 MAR2: U "Motor" %A124.0 2 = "Meldeleuchte" %A0.1 3 4

11.6 Wiederholungsfragen

1. Wozu dient das Urlöschen?

2. Was ist eine Sprungmarke und wie muss sie aussehen?

3. Stellen Sie folgende Schaltung als Funktionsplan dar und erklären Sie die Funktion.

```
U   E124.0
FP  M0.0
S   A0.0

O   E124.1
FP  M0.1
O   E124.2
FP  M0.2
R   A0.0
```

4. Beschreiben Sie das angegebene Programm.

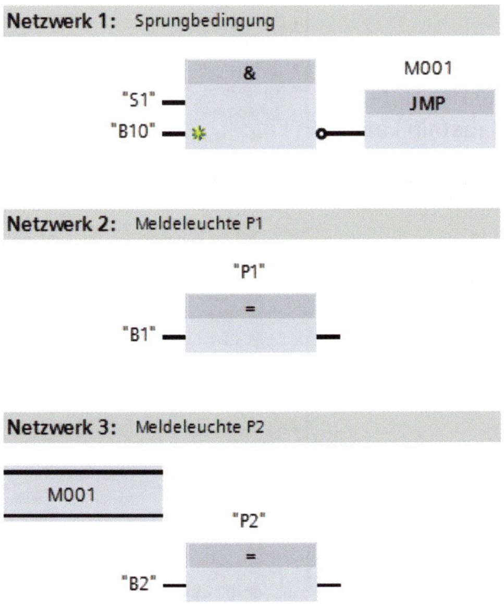

12 Bausteine

12.1 Bausteinarten

12.1.1 Organisationsbausteine (OB)

Organisationsbausteine koppeln das Anwenderprogramm mit dem Betriebssystem des Automatisierungsgerätes. Das Hauptprogramm steht im OB1. Dieser Baustein muss immer vorhanden sein. Daneben können weitere Organisationsbausteine für Anlauf und Alarmbearbeitung programmiert werden.

12.1.2 Funktionen (FC)

Funktionen sind Bausteine, die Programme enthalten, die keinen eigenen Speicher benötigen. In ihnen werden in der Regel Binärverknüpfungen oder mathematische Funktionen programmiert. Ein FC wird abgearbeitet, wenn er von einem anderen Baustein, z. B. OB1, aufgerufen wird. Funktionen können als bibliotheksfähige Bausteine ohne Speicher verwendet werden.

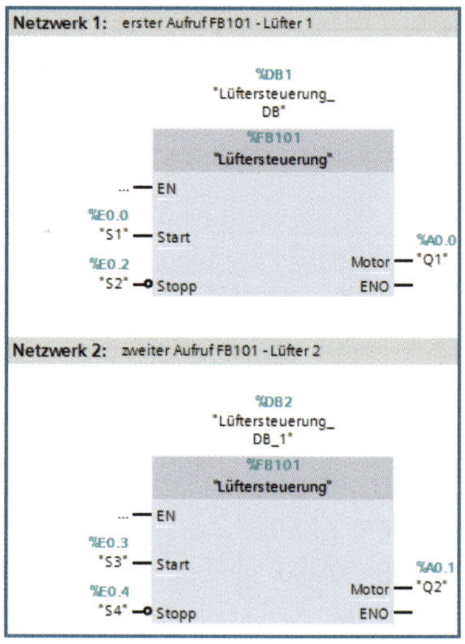

Bild 1: Mehrfacher Aufruf des FB101

12.1.3 Funktionsbaustein (FB)

In Funktionsbausteinen wird das Anwenderprogramm geschrieben. Ein FB hat, im Gegensatz zum FC, einen eigenen Speicher. Statische Variablen, die zu diesem FB gehören, werden in einem zugehörigen Instanz-Datenbaustein gespeichert. Wird ein Funktionsbaustein mehrmals aufgerufen, wird ihm bei jedem Aufruf ein neuer Instanz-Datenbaustein zugeordnet.

So kann ein Baustein, der häufig benötigt wird, in einem FB erstellt werden. Jedes Mal, wenn es aufgerufen wird, wird ihm ein neuer Datenbaustein zugewiesen.

Wenn in einem FB ein anderer FB aufgerufen wird, z. B. eine Zeitfunktion, so kann durch den Einsatz von Multiinstanzen die Anzahl von Datenbausteinen reduziert werden.

12.1.4 Systemfunktionen und Systemfunktionsbausteine

Systemfunktionen und Systemfunktionsbauseine sind fertige Bausteine, die aufgerufen werden können. Unter *Anweisungen* findet man eine Vielzahl von Bausteinen, die sich z. B. auf die Zeitfunktionen oder auf die Analogwertverarbeitung beziehen. Diese Bausteine können nicht verändert werden. Im Bild 2 sind diese Bausteine blau gekennzeichnet.

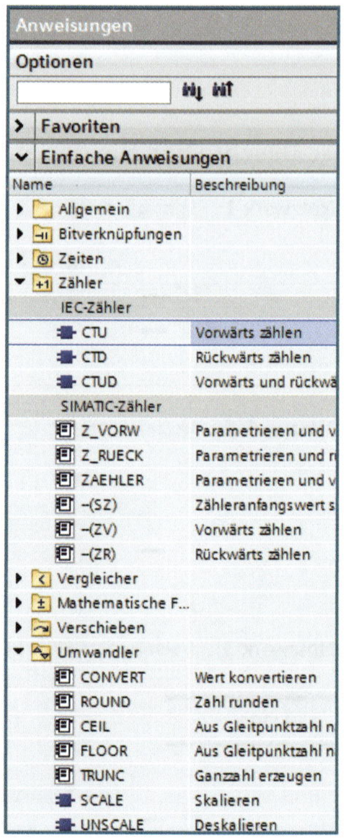

Bild 2: Auswahl SFB's

12.1.5 Datenbausteine (DB)

Datenbausteine enthalten kein Anwenderprogramm, sondern Daten verschiedener Datentypen, die jederzeit aufgerufen werden können. Auf die Daten in einem Datenbaustein kann bit-, byte-, wort- oder doppelwortweise zugegriffen werden.

Man unterscheidet zwei Arten von Datenbausteinen: Instanzdatenbausteine und Globaldatenbausteine.

Instanzdatenbausteine

Instanzdatenbausteine sind einem Funktionsbaustein fest zugeordnet. Die lokalen Daten des FB werden im Datenbaustein gespeichert. Bei jedem Aufruf wird dem FB ein Datenbaustein zugeordnet.

Globaldatenbausteine

Auf die Daten eines Globaldatenbausteins kann von allen OB's, FC's und FB's aus zugegriffen werden.

Dieser Datenbaustein muss parametriert werden.

12.2 Bibliotheksfähige Bausteine

Die DIN EN 61131-3 macht Vorgaben für die Programmierung von Speicherprogrammierbaren Steuerungen. Um entsprechend der DIN-Vorschrift zu programmieren, sollten folgende Forderungen eingehalten werden:

Anforderungen an bibliotheksfähige Bausteine:

- Der Baustein kann im gleichen oder in einem anderen Programm mehrfach wiederverwendet werden.
- Statt globaler Variablen (E0.0, A4.6, Start, Störung, T1, Z1 usw.) werden im Baustein lokale Variablen verwendet.
- Im aufrufenden Baustein (z.B. OB1) werden den lokalen Variablen absolute Adressen (globale Variablen) zugewiesen.
- Allen Variablen wird ein Datentyp (BOOL, INT, TIME, usw.) zugeordnet.

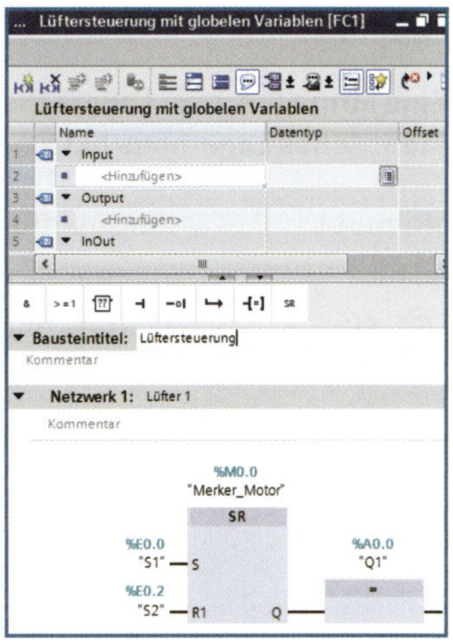

Bild 1: Programmierung mit globalen Variablen (absoluten Adressen)

Die größte Umstellung von der Programmierung mit globalen Variablen zur Programmerstellung nach DIN EN 61131-3 ist die Verwendung von lokalen Variablen, die in der jeweiligen Funktion (FC) oder dem Funktionsbaustein (FB) frei festgelegt werden können.

Lokale Variablen	Globale Variablen
#Variablenname	%Variablenname (ab TIA-Portal mit %)
Beispiel: #Start; #Motor1	Beispiel: "S1" (%E0.0); "Motor" (%A0.0)

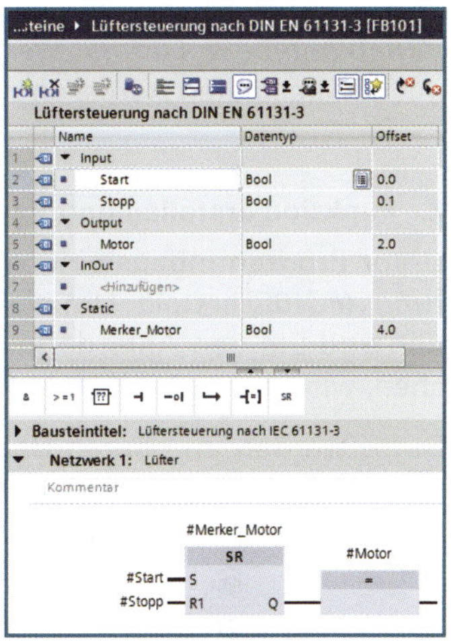

Bild 2: Bibliotheksfähiger Funktionsbaustein mit lokalen Variablen

Der Vorteil der Programmierung nach DIN EN 61131-3 ist, dass die Bausteine mehrfach aufgerufen werden können. Wenn eine Motorsteuerung mit zwei Drehrichtungen in einer Anlage z.B. dreißig Mal vorkommt, so muss nur ein bibliotheksfähiger Funktionsbaustein nach Norm erstellt werden. Dieser wird dann einfach dreißig Mal aufgerufen und mit den entsprechenden Ein- und Ausgängen parametriert. Dieses vereinfacht die Programmierung und reduziert die Fehlerwahrscheinlichkeit.

In der Variablen-Deklarationstabelle im oberen Teil eines Bausteins können lokale Variablen für einen Baustein definiert werden.

Variablen-Deklaration	
IN	Eingangsparameter, der innerhalb des Bausteins nur gelesen werden kann.
OUT	Ausgangsparameter, der innerhalb des Bausteins nur beschrieben werden kann.
IN_OUT	Parameter, der innerhalb des Bausteins gelesen und beschrieben werden kann.
STAT	Interne statische Variable zum Abspeichern von Daten über mehrere Zyklen (nur in FB's).
TEMP	Interne temporäre Variable zum Speichern für einen Zyklus oder zur Übergabe an den OB1.

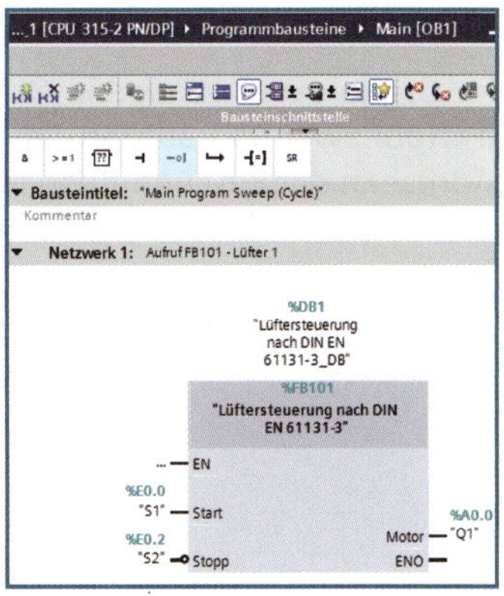

Bild 3: Aufruf des bibliotheksfähigen Funktionsbausteins im OB1

Beispiel für bibliotheksfähige Bausteine

Aufgabe:

Eine Firma hat zwei Lagerhallen mit jeweils einem Lüfter. Diese sollen eine einheitliche automatisierte Steuerung bekommen. Jedes Lagerhaus hat zwei Temperatursensoren.

Symbol	Kommentar	Schaltverhalten
B1-B4	Temperatursensoren	1-Signal, wenn Temperatur zu hoch
Q1, Q2	Motorschütze Ventilatoren	–

a) Erstellen einer bibliotheksfähigen Funktion (FC) nach DIN EN 61131-3

Aufgabe:

Wenn beide Sensoren der Lagerhalle eine zu hohe Temperatur melden, soll der Lüfter eingeschaltet sein.

1. Schritt PLC-Variablen eintragen

In der Projektnavigation wird unter PLC-Variablen eine neue *Variablentabelle Lüftersteuerung* erstellt. Die globalen Variablen mit den absoluten Adressen werden eingetragen.

2. Funktion erstellen und Variablen definieren

Unter Programmbausteine wird eine neue *Funktion Lüftersteuerung (FC100)* erstellt. Um die Funktion mehrfach aufrufen zu können und um den Anforderungen der DIN EN 61131-3 zu entsprechen, wird diese als bibliotheksfähige Funktion erstellt.

Dafür werden im oberen Bereich des Bausteins Input- und Output-Variablen (lokale Variablen) festgelegt. Da es sich um binäre Sensoren und Aktoren handelt, wird der Datentyp BOOL verwendet.

3. Funktion programmieren

Die bibliotheksfähige Funktion besteht nur aus einer UND-Verknüpfung. Wenn beide Sensoren ein 1-Signal haben, wird der Lüfter angesteuert.

4. Funktion aufrufen und parametrieren

Im Organisationsbaustein OB1 wird die Funktion Lüftersteuerung (FC100) zwei Mal aufgerufen. Sie wird jeweils mit den absoluten Adressen der Ein- und Ausgänge (globale Variablen) parametriert.

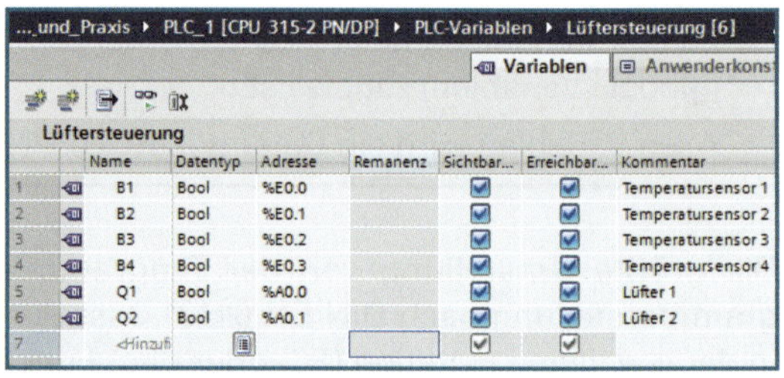

Bild 1: PLC-Variablen (globale Variablen)

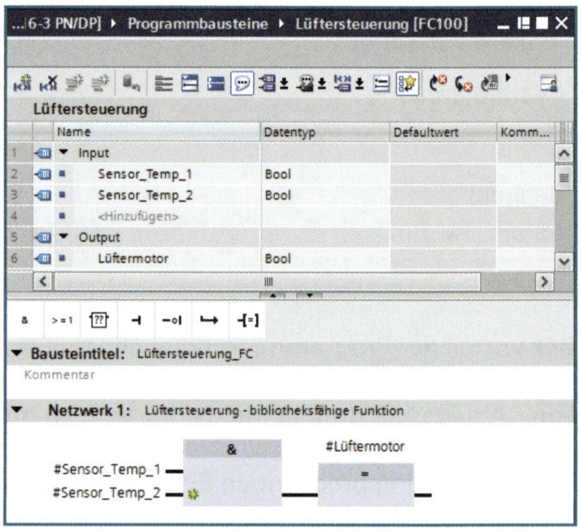

Bild 2: Bibliotheksfähige Funktion (FC100)

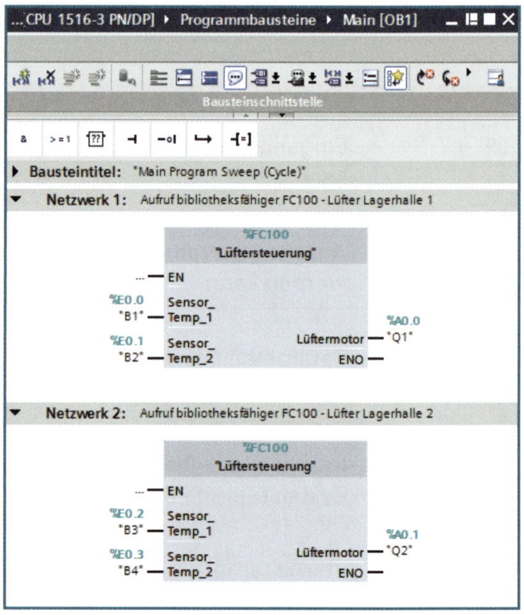

Bild 3: Aufruf des FC100 und Parametrierung mit den globalen Variablen im OB1

b) Erstellen eines bibliotheksfähigen Funktionsbausteines (FB) nach DIN EN 61131-3

Aufgabe:

Wenn beide Sensoren der Lagerhalle eine zu hohe Temperatur melden, soll der Lüfter eingeschaltet werden. Er wird erst wieder ausgeschaltet, wenn kein Sensor mehr eine zu hohe Temperatur meldet.

Wann muss ein Funktionsbaustein bzw. eine Funktion verwendet werden?

Zu jedem Funktionsbaustein (FB) gehört ein *Instanzdatenbaustein*. Dieser bildet das „Gedächtnis" des FB. Wenn ein Baustein mehrfach aufgerufen wird und er Informationen, wie z.B. den Zustand eines Flipflops oder einen Zählstand, speichern muss, so kann dies nur über einen Funktionsbaustein geschehen.

Ein FB hat im Vergleich zum FC zusätzliche *statische Variablen*, um Zustände speichern zu können. Eine Funktion hat kein „Gedächtnis" und kann daher keine Informationen speichern.

Im Beispiel muss ein Funktionsbaustein verwendet werden, da der Zustand der Temperatursensoren über ein Flipflop erfasst werden muss. Würde eine Funktion gewählt und bei dem Flipflop ein Merker, z. B. M0.0, angegeben, so käme es zu einem Fehlverhalten. Bei einem mehrfachen Aufruf der Funktion, würde das Flipflop jedes Mal auf den gleichen Merker zugreifen.

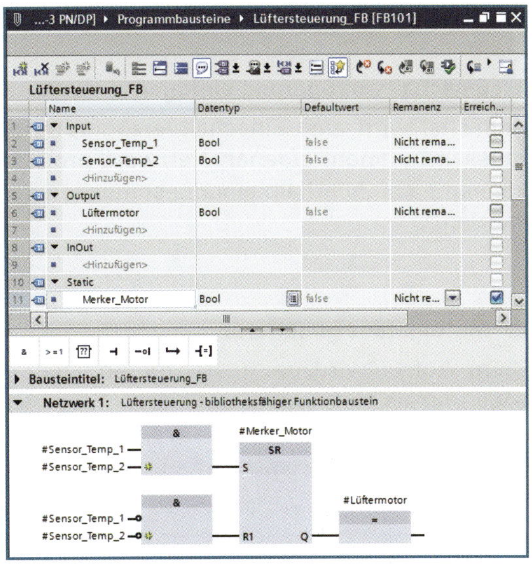

Bild 1: *Bibliotheksfähiger Funktionsbaustein*

1. Funktionsbaustein erstellen und Variablen definieren

Unter Programmbausteine wird ein neuer *Funktionsbaustein Lüftersteuerung (FB101)* erstellt. Die lokalen Variablen werden wie im vorherigen Beispiel bei der Funktion deklariert. Zusätzlich wird eine *statische Variable* definiert, die den Zustand des Flipflops speichert. Die statische Variable speichert den Zustand intern ab. Sie erscheint aber nicht beim Aufruf des Bausteins als Eingangs- oder Ausgangsvariable.

2. Funktionsbaustein programmieren

Das Flipflop im Funktionsbaustein wird gesetzt, wenn beide Sensoren ein 1-Signal haben. Zurückgesetzt wird es, wenn beide Sensoren ein 0-Signal führen.

3. Funktionsbaustein aufrufen und parametrieren

Im Organisationsbaustein OB1 wird der bibliotheksfähige *Funktionsbaustein Lüftersteuerung* aufgerufen. Da jeder Funktionsbaustein einen zugehörigen Instanzdatenbaustein hat, wird dieser oberhalb des Bausteins angegeben. In diesem Beispiel: DB1 und DB2.

In den Datenbausteinen werden Informationen, wie z.B. der Zustand des Flipflops aus dem Funktionsbaustein, gespeichert. Daher wird bei jedem Aufruf des bibliotheksfähigen Funktionsbaustein ein neuer Instanzdatenbaustein zugewiesen.

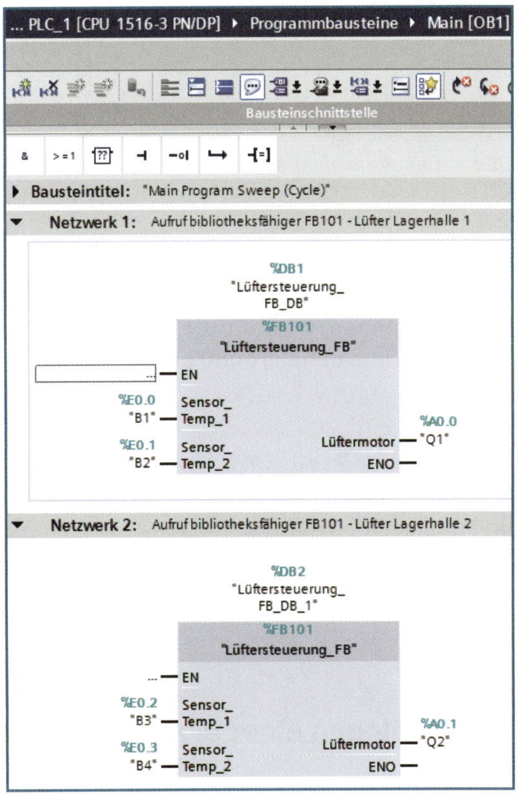

Bild 2: *Aufruf des FB101 und Parametrierung mit den globalen Variablen im OB1*

c) Multiinstanzen

Aufgabe:

Wenn beide Sensoren der Lagerhalle eine zu hohe Temperatur melden, soll der Lüfter eingeschaltet werden. Er wird erst wieder ausgeschaltet, wenn kein Sensor für mehr als 10 s eine zu hohe Temperatur meldet.

Multiinstanzen

Jedem Funktionsbaustein (FB) ist ein Instanzdatenbaustein (DB) zugeordnet. Wenn in einem Funktionsbaustein weitere FB´s aufgerufen werden, muss jeweils ein neuer DB erstellt werden. Bei den aufgerufen FB´s kann es sich neben selbstgeschriebenen auch um fertige FB´s, wie IEC-Zeiten oder IEC-Zähler, handeln.

Um die Anzahl der Datenbausteine zu reduzieren, können die Instanzdatenbausteine, die zu den FB´s gehören, die innerhalb des übergeordneten Funktionsbausteins aufgerufen werden, als Mulitiinstanz angelegt werden. Die Informationen des aufgerufenen FB´s werden dann im Instanzdatenbaustein des übergeordneten aufrufenden FB gespeichert.

1. Einschaltverzögerung einfügen

Zunächst wird eine Einschaltverzögerung eingefügt. IEC-Timer müssen in einem eigenen Netzwerk programmiert werden und können nicht innerhalb einer bestehenden Verknüpfung integriert werden.

2. Multiinstanz generieren

Beim Aufruf wird der Instanzdatenbaustein der Einschaltverzögerung als Multiinstanz definiert.

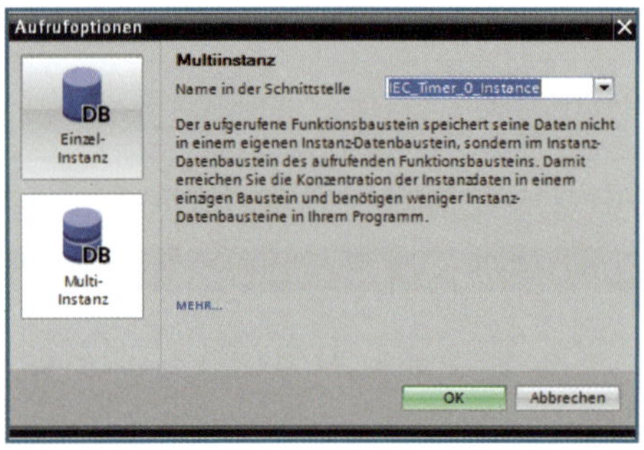

Bild 1: Definition einer Multiinstanz

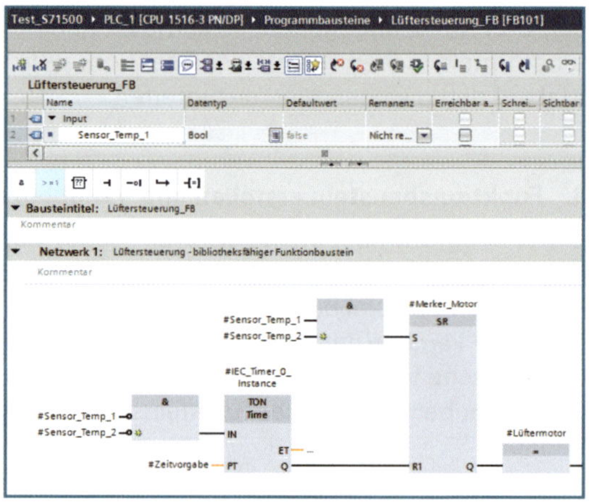

Bild 2: Bibliotheksfähiger Funktionsbaustein (FB101)

3. Variable vom Datentyp Time definieren

Um die Zeit des Timers bei jedem Bausteinaufruf individuell festlegen zu können, wird für die Zeit eine *Variable Zeitvorgabe vom Datentyp Time* definiert und entsprechend im Programm verwendet.

4. Funktionsbaustein aufrufen und parametrieren

Im Organisationsbaustein werden die Funktionsbausteine aktualisiert (rechte Maustaste ⇒ aktualisieren). Der zusätzliche Eingang *Zeitvorgabe* wird mit der Zeit parametriert.

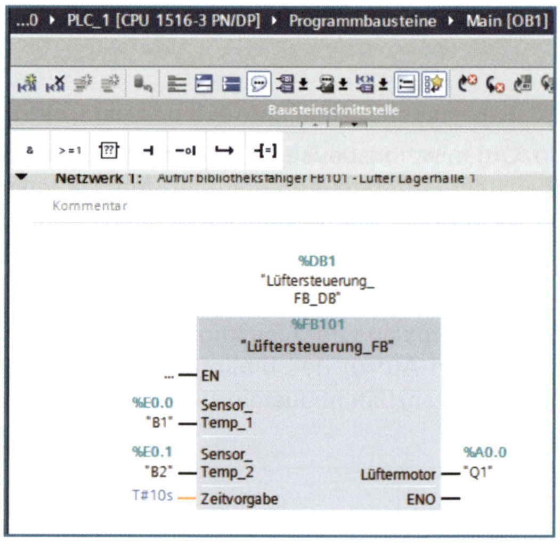

Bild 3: Aufruf des FB101 und Parametrierung mit den globalen Variablen im OB1

12.3 Anlegen einer eigenen Bibliothek

Unter dem Menübereich Bibliotheken am rechten Rand des TIA-Portals können neue Bibliotheken mit eigenen Bausteinen, PLC-Variablentabellen, Beobachtungs- und Force-Tabellen usw. angelegt werden.

12.4 Datenbausteine

Instanzdatenbausteine

Instanzdatenbausteine gehören zu einem Funktionsbaustein und werden von diesem beschrieben und gelesen.

Globaldatenbausteine

Auf Globaldatenbausteine kann von allen Code-Bausteinen (OB,FC und FB) aus zugegriffen werden.

Datenbausteine enthalten kein Anwenderprogramm. Sie dienen als Speicher für Daten. Diese können einen beliebigen Datentyp besitzen. So können zum Beispiel binäre Zustände von Sensoren, Temperaturen, Namen, Sollwerte oder Ähnliches gespeichert werden. Deshalb ist es wichtig, den richtigen Datentyp anzugeben. Häufig werden zusammengehörige Variablen auch strukturiert angegeben. Dafür steht der Datentyp *struct* zur Verfügung.

In dem nebenstehenden Beispiel sind die Variablen von Behälter_1 jeweils einzeln deklariert. Bei Behälter_2 sind die Variablen strukturiert angelegt.

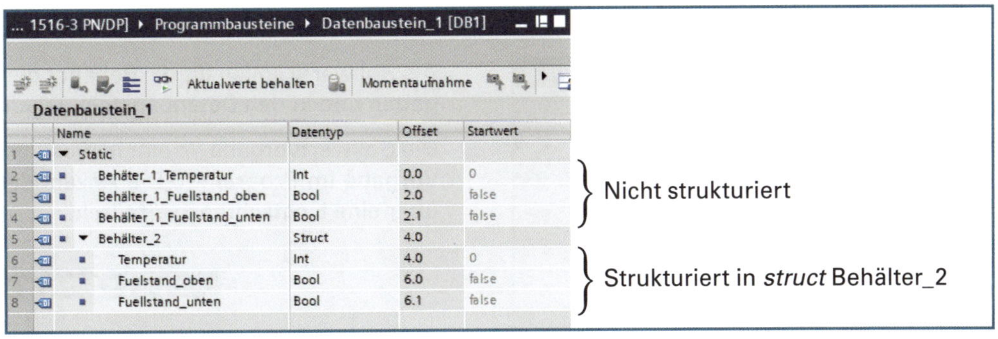

Bild 1: Deklaration eines Datenbausteins

Der Zugriff auf eine Variable im Datenbaustein kann absolut oder symbolisch erfolgen.

Beim **absoluten Zugriff** muss die Adresse der Variablen bekannt sein. Die Adresse wird nur angezeigt, wenn der Baustein „nicht optimiert" ist (Baustein markieren ⇒ rechte Maustaste ⇒ *Eigenschaften* ⇒ *Attribute* ⇒ kein Haken bei *optimierter Bausteinzugriff*). Zudem muss der Baustein übersetzt werden.

Im Bild 2 wird die Adresse der Variablen absolut angegeben:

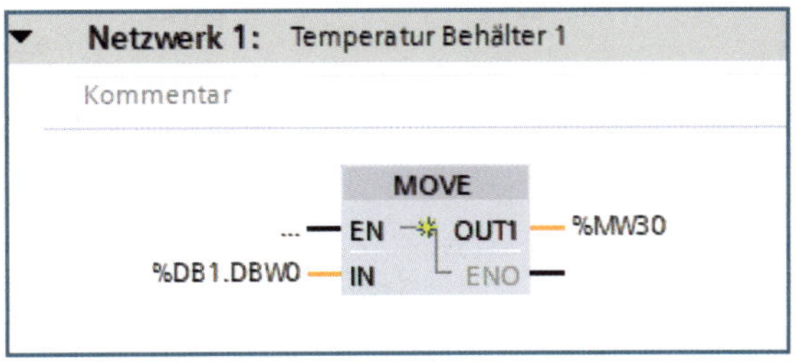

Bild 2: Absolute Angabe der Datenbaustein-Adresse

Beispiel: DB1.DBW0

DB1	DBWO
Name des Datenbausteins hier: *DB1*	Adresse der Variablen hier: *Datenbaustein-Wort 0*

Beispiele für Adressangaben bei absoluter Adressierung	
DB30.DBX1.7	Datenbaustein 30.Datenbaustein-Bit1.7
DB30.DBB3	Datenbaustein 30.Datenbaustein-Byte 3
DB30.DBW4	Datenbaustein 30.Datenbaustein-Wort 4
DB30.DBD8	Datenbaustein 30.Datenbaustein-Doppelwort 8

Empfehlenswert ist der **symbolische Zugriff** auf die Variable. Dafür bedarf es keiner vorherigen Kenntnis der absoluten Adresse.

Die Variable wird über das Auswahlfenster ausgewählt. Im Beispiel in Bild 3 wird auf eine strukturierte Variable zugegriffen:

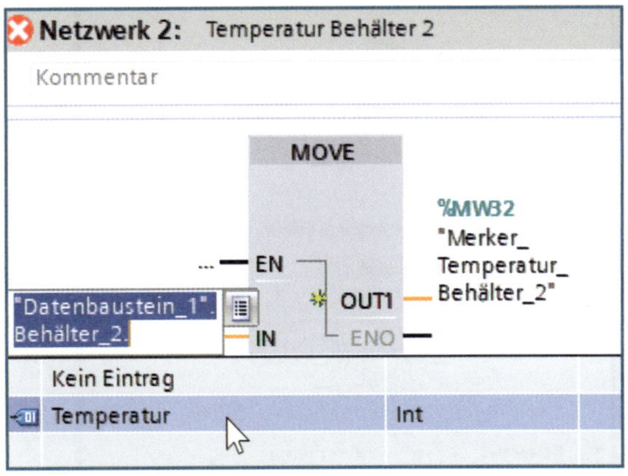

Bild 3: Symbolische Angabe der Datenbaustein-Adresse

Beispiel: Datenbaustein_1.Behälter_2.Temperatur

Datenbaustein_1	Behälter_2	Temperatur
Name des Datenbausteins	Name der Struktur	Name der Variablen

Beispielaufgabe: Erstellen eines Programms mit einem Globaldatenbaustein

Problemstellung

In einer Fabrik werden Behälter mit Bällen gefüllt. Je nach Behälter können jeweils maximale Stückzahlen für die Befüllung vorgegeben werden. Ist die maximale Füllmenge erreicht, soll eine Meldeleuchte angesteuert werden.

Aufruf und Deklaration des Datenbausteins DB10:

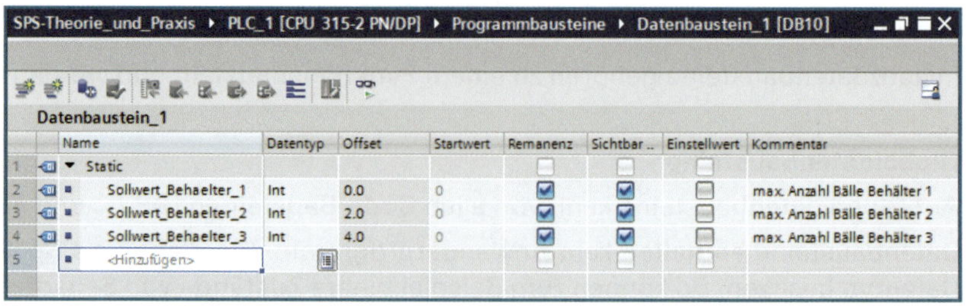

Es werden drei Sollwerte definiert. Als Datentyp wird Integer (INT) mit je 2 Byte gewählt. Der Anfangswert soll vom SPS-Programm aus in den Datenbaustein geschrieben werden. Die Adressen im Datenbaustein (Offset) werden vom Programm automatisch vergeben nachdem der Baustein übersetzt worden ist. (*Bearbeiten ⇒ Übersetzen*).

Als Sollwerte sollen für die Behälter die Werte 60, 70 und 80 Stück vorgeben und in den Datenbaustein geladen werden.

Die Sollwertvorgabe erfolgt in diesem Beispiel vereinfacht als direkte Vorgabe im Programm. Die Anzahl der Bälle wird bei der Befüllung über eine Lichtschranke ermittelt.

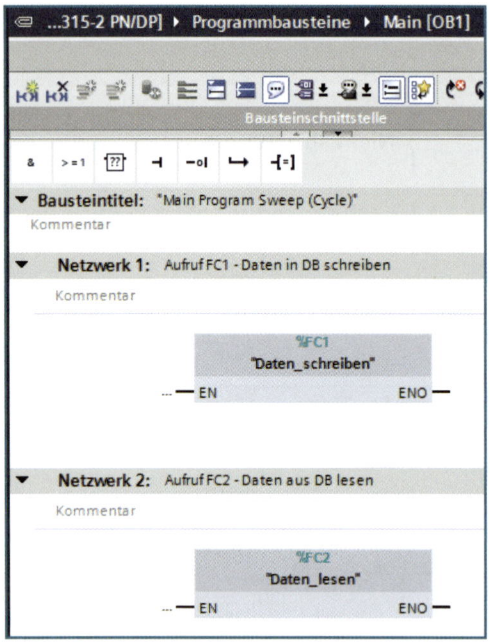

⟸ *OB1: Aufruf von FC1 und FC2*

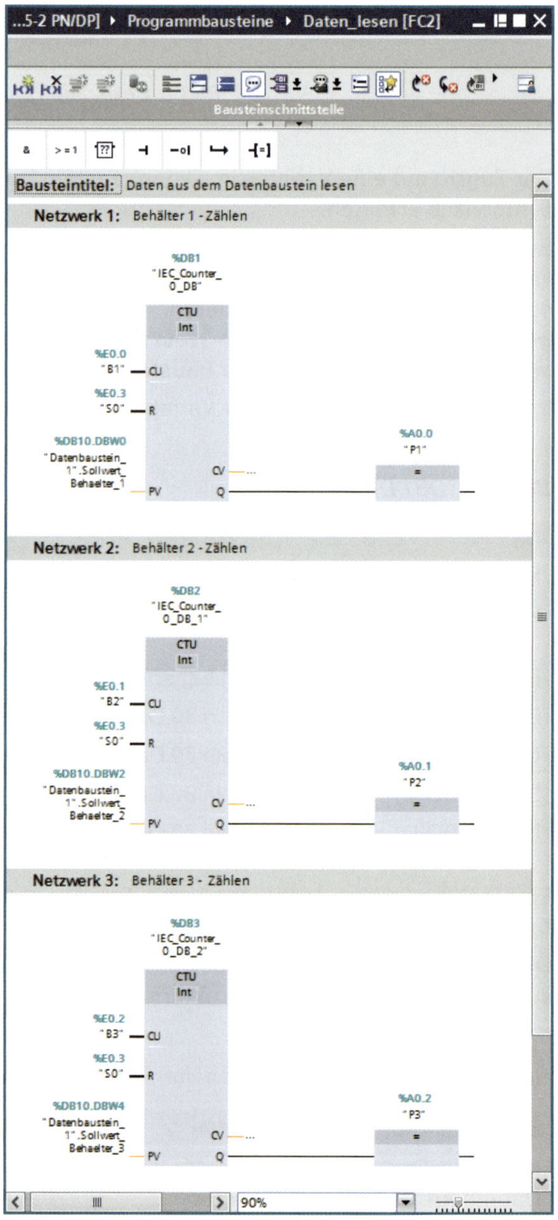

⟹ *FC2: Zählung und Ansteuerung der Meldeleuchten*

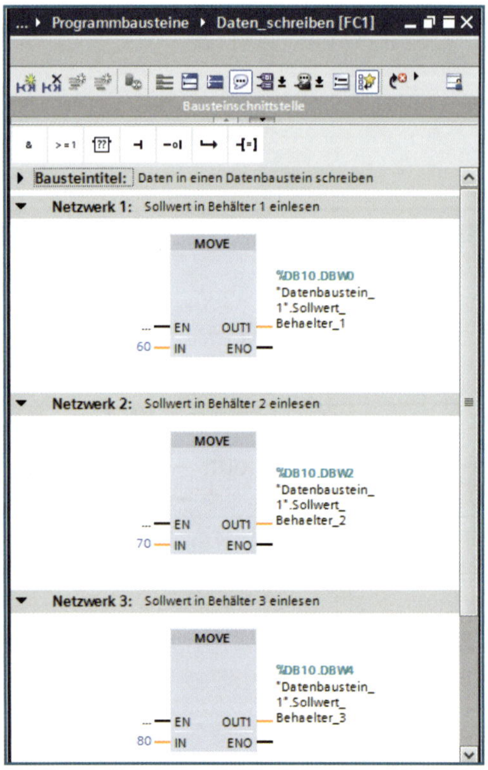

⟸ *FC1: Einlesen und transferieren der Sollwert*

12.5 Wiederholungsfragen

1. Welche Bausteinarten stehen bei Step 7 zur Verfügung?

2. Wodurch unterscheiden sich Funktionen (FC) von Funktionsbausteinen (FB)?

3. Welche Datenbausteine gibt es und wodurch unterscheiden sie sich?

4. Welchen Vorteil haben bibliotheksfähige Bausteine gegenüber nicht bibliotheksfähigen Bausteinen?

5. Wodurch unterscheiden sich die Angaben *"Start" (%E0.0)* und *#Start* ?

12.6 Übung: Motorsteuerung mit bibliotheksfähigen Bausteinen

Problemstellung:

Short-Link: **vel.plus/SPS15**

In einem Unternehmen werden vier Motoren verwendet, die sowohl im Rechtslauf als auch im Linkslauf betrieben werden können. Eine Drehrichtungsumkehr ist nur nach vorherigem Ausschalten möglich.

Es soll ein bibliotheksfähiger Baustein für eine Wendeschützschaltung erstellt und im Steuerungsprogramm verwendet werden.

Technologieschema:

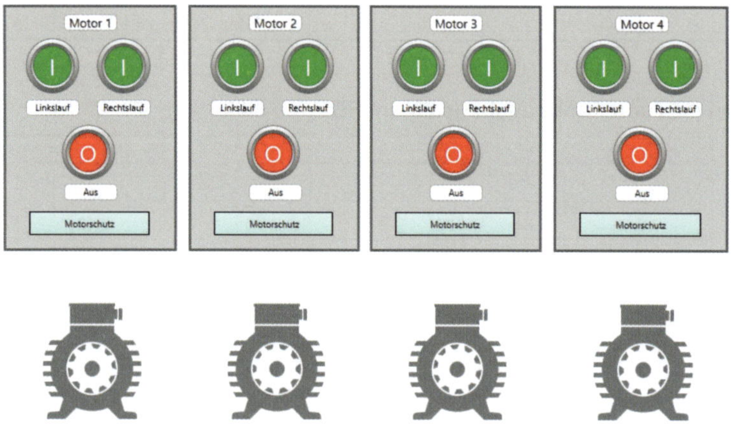

Visualisierungsdatei:
12_06_Motorsteuerung-plclab
im digitalen Zusatzmaterial

Zuordnungsliste:

Symbol	Operand	Kommentar	Schaltverhalten
M1_rechts	E0.0	Taster Motor 1 Rechtslauf ein	Schließer
M1_links	E0.1	Taster Motor 1 Linkslauf ein	Schließer
M1_aus	E0.2	Taster Motor 1 ausschalten	Öffner
M1_Mo_Schutz	E0.3	Motor 1 Motorschutzrelais	Öffner
M2_rechts	E0.4	Taster Motor 2 Rechtslauf ein	Schließer
M2_links	E0.5	Taster Motor 2 Linkslauf ein	Schließer
M2_aus	E0.6	Taster Motor 2 ausschalten	Öffner
M2_Mo_Schutz	E0.7	Motor 2 Motorschutzrelais	Öffner
M3_rechts	E1.0	Taster Motor 3 Rechtslauf ein	Schließer
M3_links	E1.1	Taster Motor 3 Linkslauf ein	Schließer
M3_aus	E1.2	Taster Motor 3 ausschalten	Öffner
M3_Mo_Schutz	E1.3	Motor 3 Motorschutzrelais	Öffner
M4_rechts	E1.4	Taster Motor 4 Rechtslauf ein	Schließer
M4_links	E1.5	Taster Motor 4 Linkslauf ein	Schließer
M4_aus	E1.6	Taster Motor 4 ausschalten	Öffner
M4_Mo_Schutz	E1.7	Motor 4 Motorschutzschalter	Öffner
M1_Rechtslauf	A0.0	Motor 1 Rechtslauf	–
M1_Linkslauf	A0.1	Motor 1 Linkslauf	–
M2_Rechtslauf	A0.2	Motor 2 Rechtslauf	–
M2_Linkslauf	A0.3	Motor 2 Linkslauf	–
M3_Rechtslauf	A0.4	Motor 3 Rechtslauf	–
M3_Linkslauf	A0.5	Motor 3 Linkslauf	–
M4_Rechtslauf	A0.6	Motor 4 Rechtslauf	–
M4_Linkslauf	A0.7	Motor 4 Linkslauf	–

Aufgabe:

1. Ergänzen Sie die Anschlusspläne für Motor 1 und Motor 2.
2. Legen Sie ein SPS-Projekt an und erstellen Sie das Steuerungsprogramm. Verwenden Sie dabei den selbst erstellten bibliotheksfähigen Baustein.
3. Testen Sie das Steuerungsprogramm.

Anschlussplan:

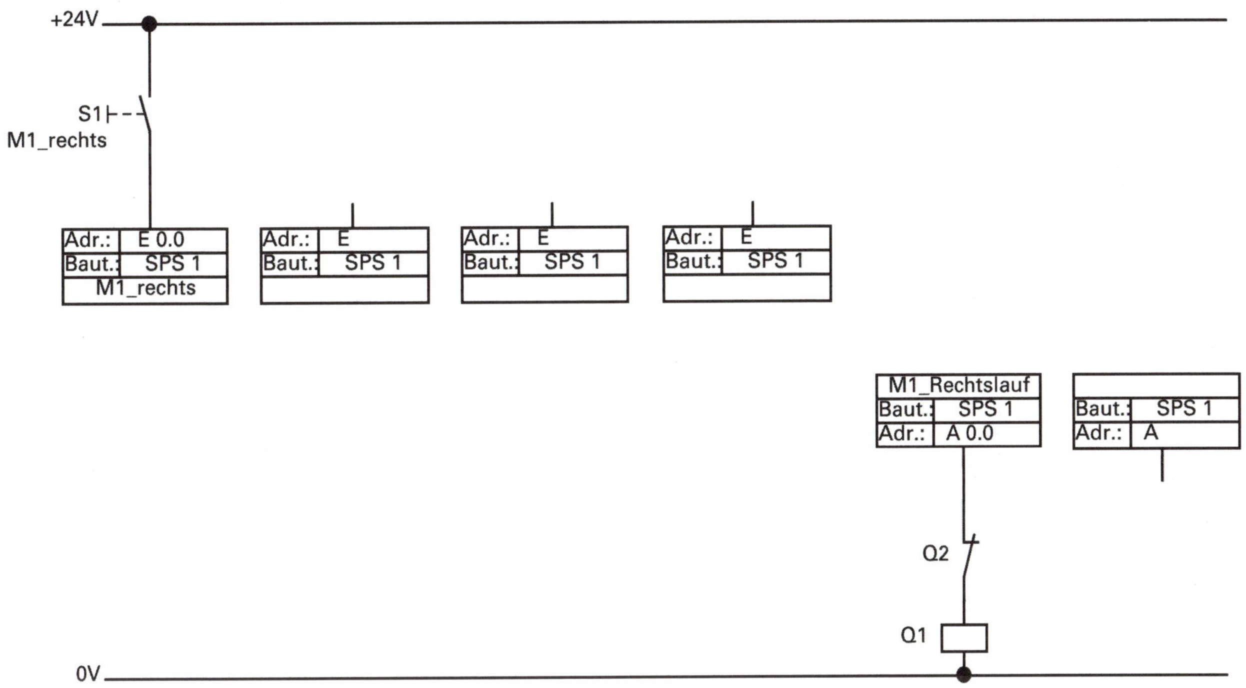

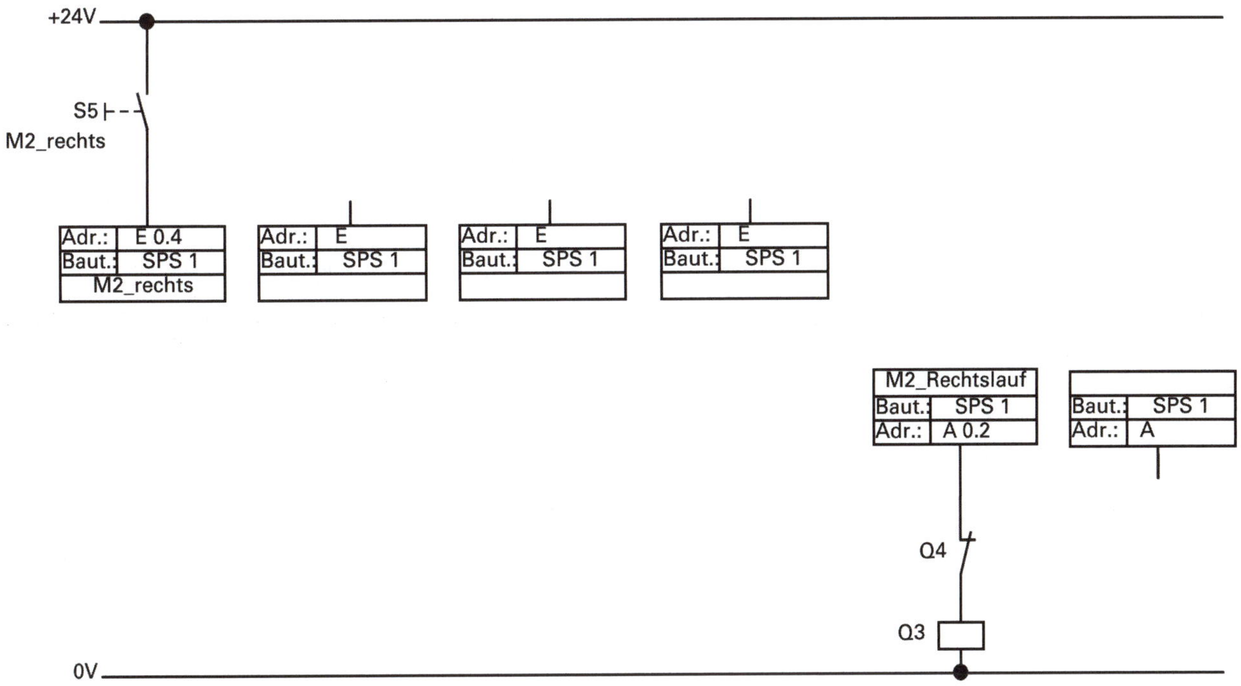

13 Ablaufsteuerungen

13.1 Grundlagen zu Ablaufsteuerungen

Viele Steuerungsprozesse bestehen aus einem festen Ablauf. Eine Ampelsteuerung arbeitet z.B. immer in der gleichen Reihenfolge die einzelnen Programmschritte ab. Steuerungen mit einem wiederkehrenden definierten Ablauf nennt man Ablaufsteuerungen.

Ablaufsteuerungen können nach einem festen Schema programmiert werden (Ablaufkette). Dadurch wird die Programmerstellung vereinfacht und Programmierfehler werden vermieden.

Ablaufsteuerungen werden in einzelne Programmschritte unterteilt. Bei einer Ampelsteuerung wären solche Programmschritte z.B. Rotphase, Grünphase usw. Der Übergang von einem Schritt zum nächsten erfolgt durch Weiterschaltbedingungen (Transitionen). Sie können zeitgesteuert oder prozessgesteuert sein.

Regeln für Ablaufketten

- Eine Ablaufkette besteht aus Schritten und Weiterschaltbedingungen (Transitionen).
- Zwischen zwei Schritten steht immer eine Transition.
- Der Anfangsschritt ist zu Beginn einer Ablaufkette ohne Bedingung aktiv.
- In linearen Ablaufketten ist immer nur ein Schritt aktiv.
- Man gelangt von einem Schritt in den nächsten, wenn der vorherige Schritt aktiv ist und die Transition erfüllt ist.
- Der nachfolgende Schritt setzt den vorherigen Schritt zurück.
- Den Schritten sind Aktionen zugeordnet, die vom jeweiligen Schritt ausgelöst werden.

Beispiel Rührbehälter:

In einen Behälter werden nacheinander Flüssigkeiten eingefüllt. Anschließend werden die Flüssigkeiten gerührt und dann aus dem Behälter abgepumpt. B1, B2 und B3 geben eine „1“ aus, wenn sie mit Wasser bedeckt sind.

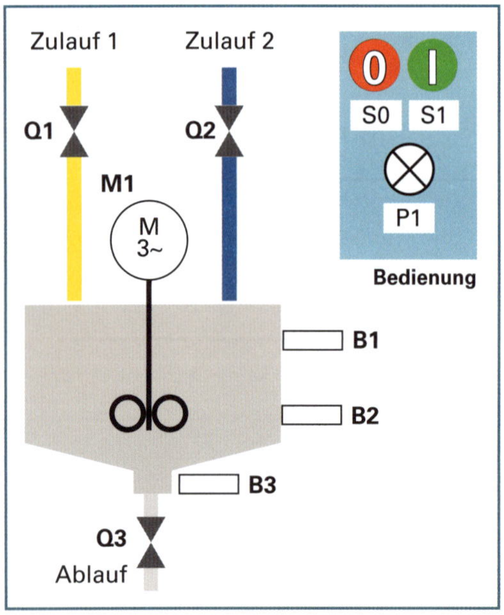

Bild 1: Rührbehälter

Zeichenerklärung:

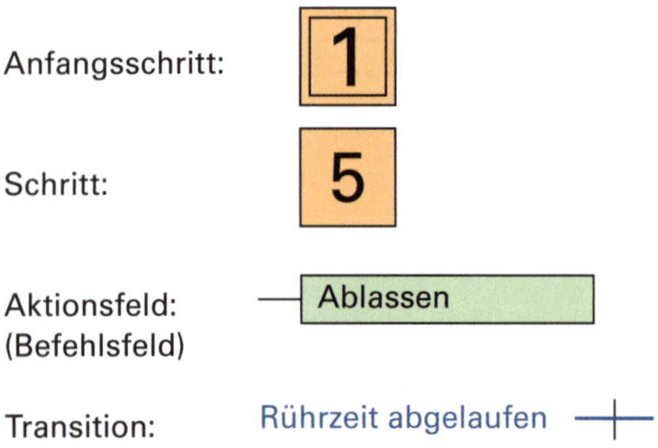

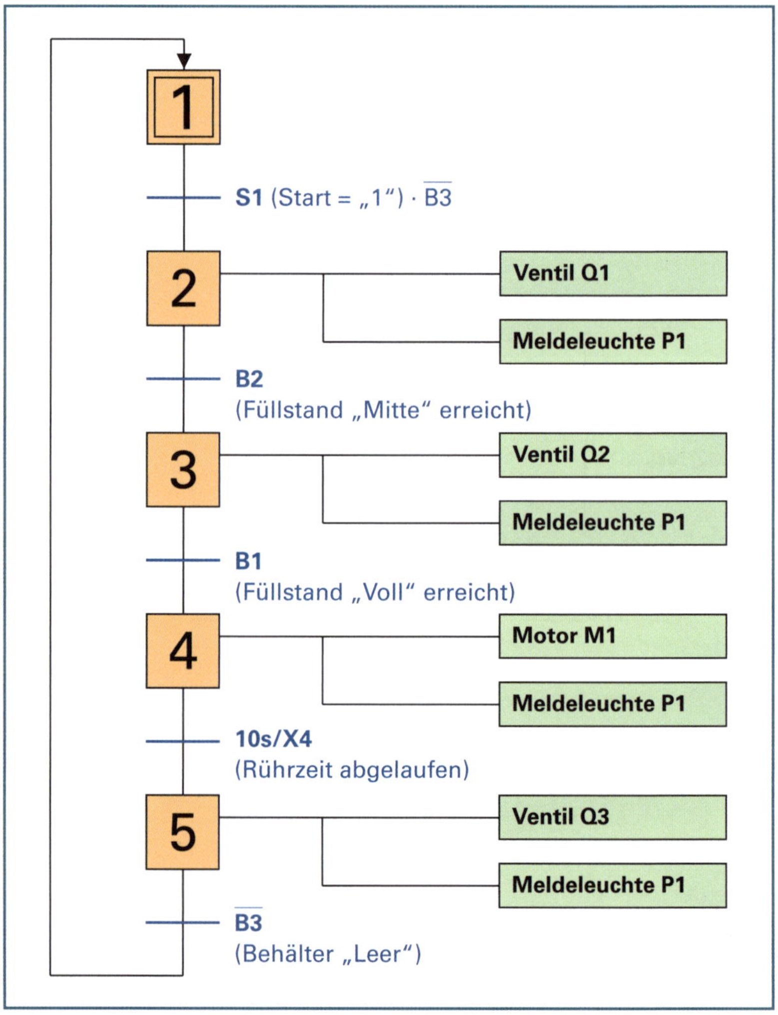

Bild 2: Ablaufkette

Ablaufsteuerung zum Beispiel Rührbehälter

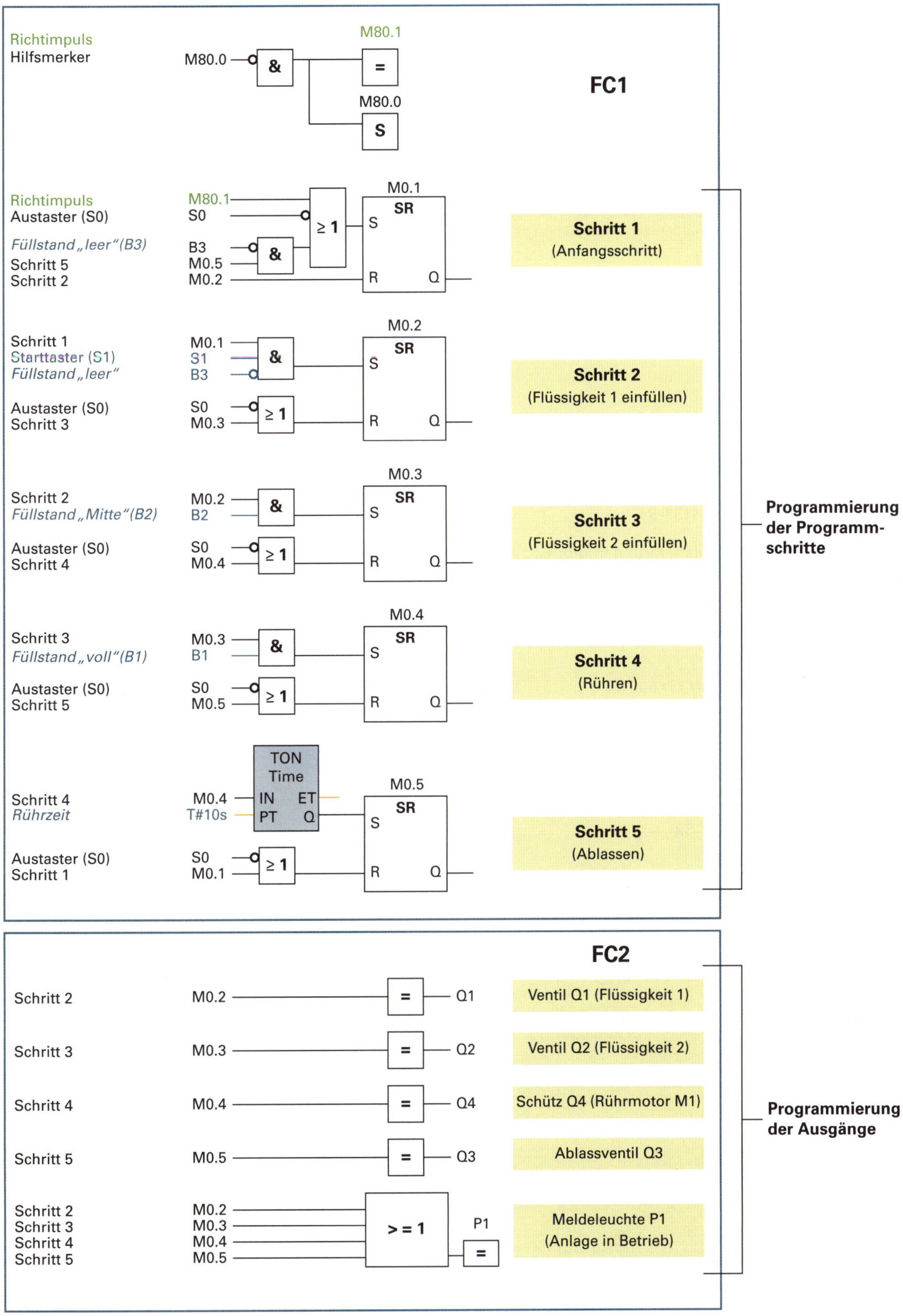

Der Anfangsschritt (Schritt 1) muss beim Einschalten der Steuerung automatisch aktiv sein. Um dieses zu gewährleisten, wird ein Richtimpuls erzeugt. Im ersten Bearbeitungszyklus hat M80.1 den Zustand „1“, danach wird er automatisch zurückgesetzt. Alle anderen Merker haben beim Einschalten den Zustand „0“. Bei der Steuerung des Rührbehälters gelangt man außerdem in den Schritt 1, wenn man die Ablaufkette durchlaufen hat (Füllstandsmelder B3) oder wenn der Austaster betätigt wurde.

Je nach Anlagentyp kann es sinnvoll sein, beim Betätigen des Austasters nicht in den ersten Schritt zurückzuspringen, sondern im aktuellen Schritt zu bleiben und nur die Ausgänge zu deaktivieren.

Nachdem alle Schritte programmiert worden sind, werden die Zeiten festgelegt. Anschließend können die Ausgänge programmiert werden, wobei ggf. auf erforderliche Verriegelungen zu achten ist.

Arten von Ablaufsteuerungen:	Betriebsarten:
• Zeitgesteuert	• Handbetrieb
• Prozessgesteuert	• Automatikbetrieb
• Zeit- und prozessgesteuert	• Einzelschrittbetrieb

Bei Step7 steht mit S7-Graph ein Programmierwerkzeug zur Verfügung, um vereinfacht Ablaufsteuerungen zu erstellen.

13.2 Darstellung von Schrittketten

13.2.1 Grafcet und Din En 61131-3

Für die Darstellung von Ablaufsteuerungen gibt es zwei Darstellungsweisen. In der **DIN EN 60848 GRAFCET** wird die Schrittkette unabhängig von der Umsetzung (elektromechanische, pneumatisch, elektronisch oder gemischt) beschrieben. Die DIN EN 60848 hat die DIN 40719-6 ersetzt. Daneben beschreibt die **DIN EN 61131-3** die Umsetzung der Ablaufkette mittels Ablaufsprachen. Bei Siemens wird dies mit der Programmiersprache Graph umgesetzt. Beide Normen haben nebeneinander Bestand.

GRAFCET (DIN EN 60848)	DIN EN 61131-3

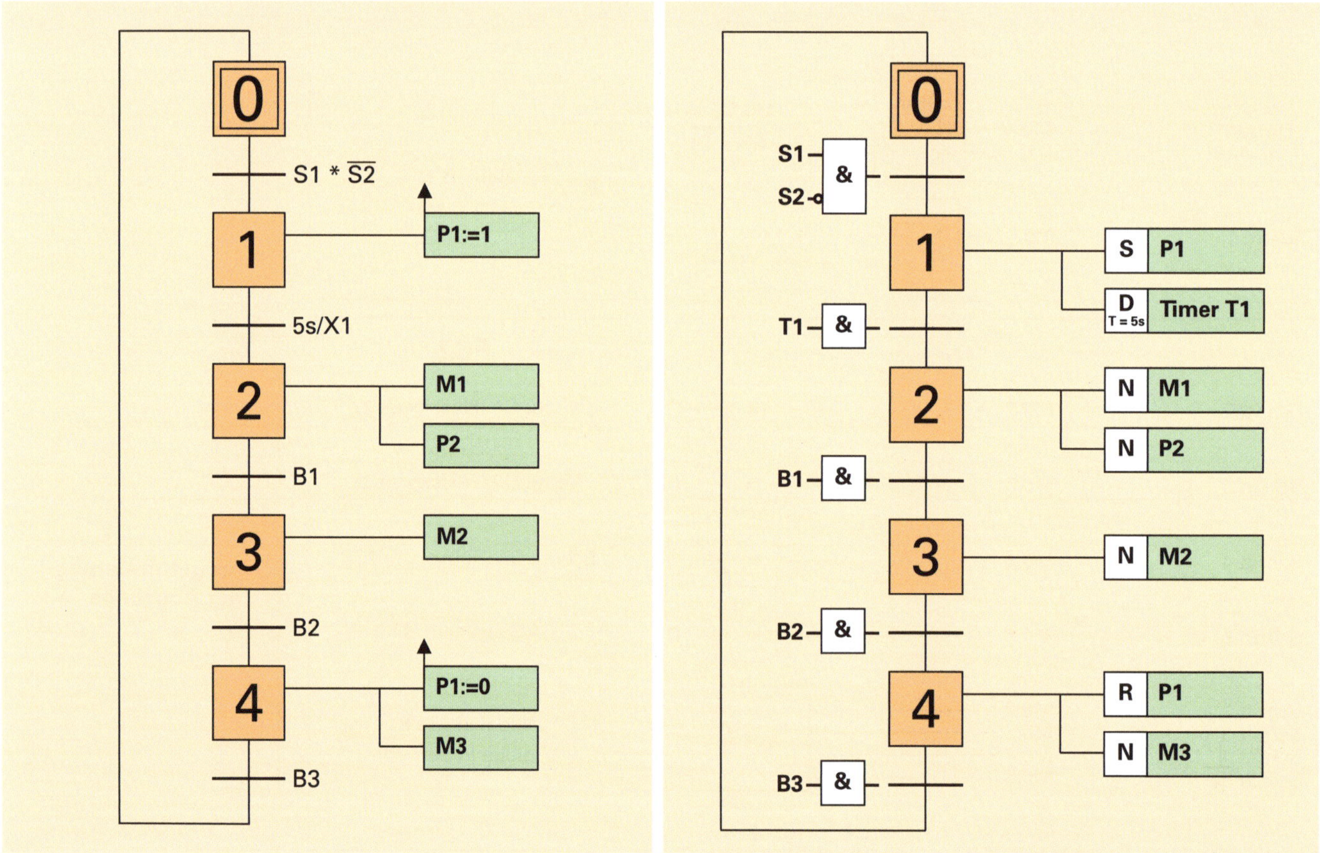

GRAFCET DIN EN 60848	Erklärung	DIN EN 61131-3

GRAFCET DIN EN 60848:

Schritt

- Abläufe werden in Schritte unterteilt.
- Ein Schritt ist aktiv, d.h. er wird ausgeführt, oder ist inaktiv.

DIN EN 61131-3:

GRAFCET DIN EN 60848: X2

Schrittvariable

- Der Zustand eines Schritts kann über eine Schrittvariable abgefragt werden.

Beispiel: *Ist der Schritt 2 aktiv, ist X2 = 1*

GRAFCET DIN EN 60848:

Startschritt

- Den Beginn einer Schrittkette bildet der Startschritt.
- Unmittelbar nach dem Einschalten ist der Startschritt aktiv.

DIN EN 61131-3:

GRAFCET DIN EN 60848:

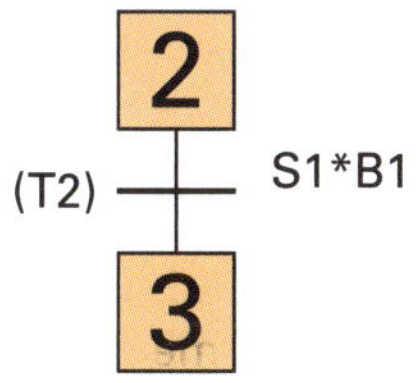

Transition (Weiterschaltbedingung)

- Zwischen zwei Schritten befindet sich immer eine Transition. Sie gibt an, unter welchen Bedingungen man vom vorherigen in den nächsten Schritt gelangt.
- Transitionen können mit einer Bezeichnung versehen werden (in Klammern links neben der Transition).

Transitionsbedingungen:

- Transitionsbedingungen können als Textform oder als mathematischer Ausdruck geschrieben werden.
- Mathematische Ausdrücke werden wie folgt dargestellt:

* bzw. •	⇒	UND-Verknüpfung
+	⇒	ODER-Verknüpfung

DIN EN 61131-3:

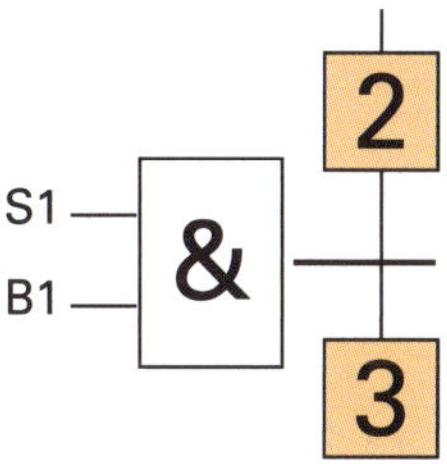

GRAFCET DIN EN 60848:

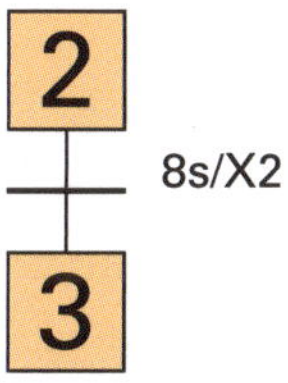

Zeitlich begrenzte Ausführung eines Schrittes

- Nach einer festgelegten Zeit wird in den nächsten Schritt geschaltet.
- X2 ist die Schrittvariable von Schritt 2.

⇒ *Schritt 2 ist für 8 s aktiv, dann wird in den Schritt 3 geschaltet.*

DIN EN 61131-3:

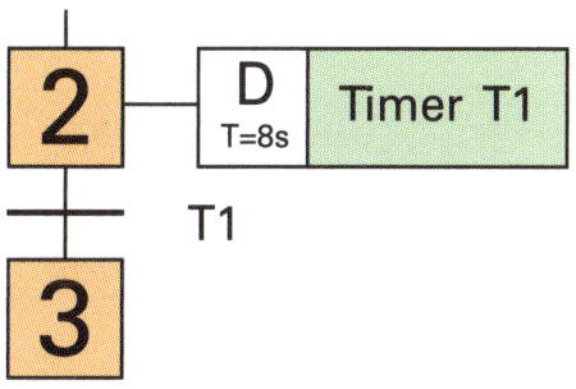

GRAFCET DIN EN 60848:

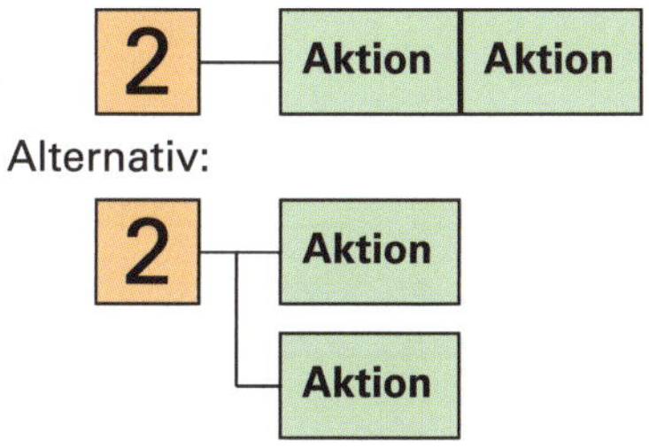

Aktion (allgemein)

- Jedem Schritt können eine oder mehrere Aktionen zugeordnet werden.
- Aktionen werden ausgeführt, wenn der Schritt aktiv ist.
- Aktionen können unterschiedliches Verhalten haben. Durch zusätzliche Angaben wird das Verhalten genauer angezeigt.

DIN EN 61131-3:

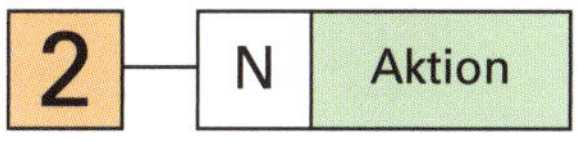

GRAFCET DIN EN 60848:

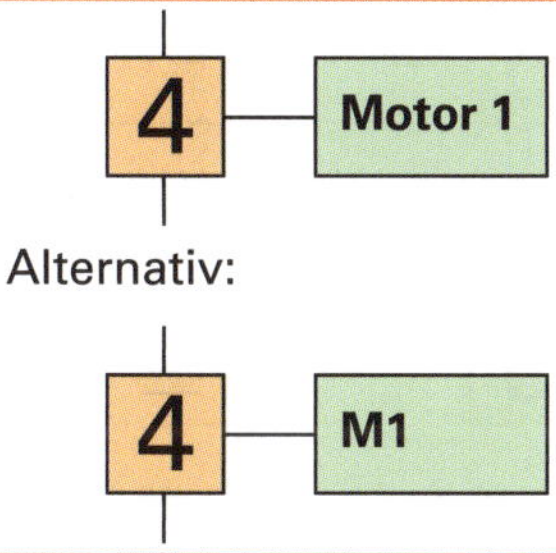

Kontinuierlich wirkende Aktion (nicht speichernd)

- So lange der Schritt aktiv ist, wird der Befehl im Aktionsfeld ausgeführt.
- Im Aktionsfeld kann ein vollständiger Text oder nur das Betriebsmittelkennzeichen angegeben werden.

⇒ *Motor 1 ist eingeschaltet, so lange Schritt 4 aktiv ist.*

DIN EN 61131-3:

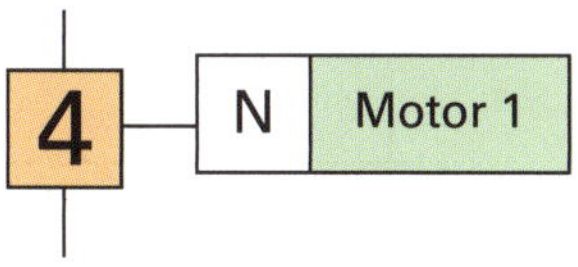

GRAFCET DIN EN 60848	Erklärung	DIN EN 61131-3

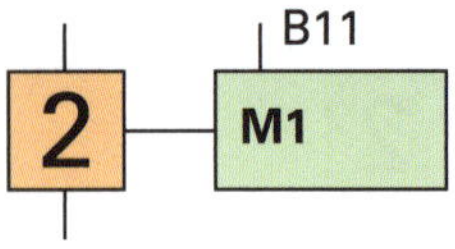

Abfrage auf „0“

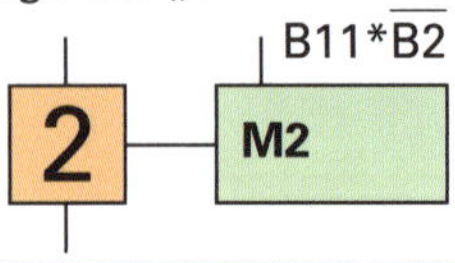

Aktion mit Zuweisungsbedingung

- Die Aktion wird ausgeführt, wenn der Schritt aktiv ist und die Zuweisungsbedingung erfüllt ist.

⇒ *Motor 1 ist eingeschaltet, wenn Schritt 2 aktiv und B11 = „1“ ist.*

⇒ *Motor 2 ist eingeschaltet, wenn Schritt 2 aktiv ist und B11 „1“und B2 nicht „1“ ist.*

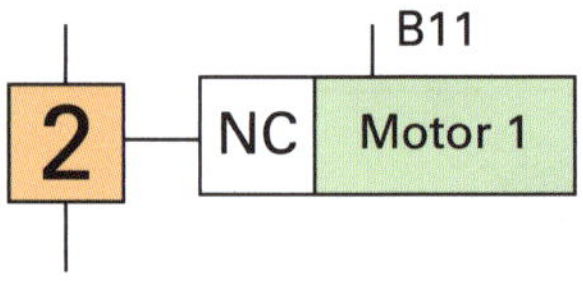

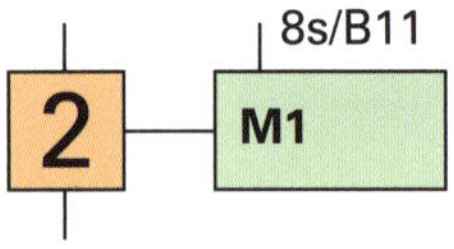

Aktion mit zeitabhängiger Zuweisung

Einschaltverzögerung

- Die Zeit, die links neben der Variablen angegeben ist, wird bei steigender Flanke der Variablen gestartet.
- Nach Ablauf der Zeit wird die Aktion ausgeführt.

⇒ *Wenn Schritt 2 aktiv ist und B11 eine steigende Flanke gibt, dann wird nach 8 s der Motor 1 eingeschaltet.*

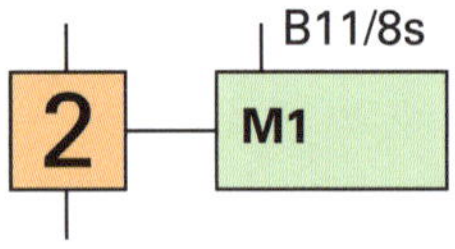

Aktion mit zeitabhängiger Zuweisung

Ausschaltverzögerung

- Die Zeit, die rechts neben der Variablen angegeben ist, wird bei fallender Flanke der Variablen gestartet und verlängert die Aktionsdauer.
- Voraussetzung: der Schritt muss noch aktiv sein.

⇒ *Wenn Schritt 2 und B11 aktiv sind, wird der Motor 1 eingeschaltet. Bei einer fallenden Flanke von B11 bleibt der Motor noch für 8 s eingeschaltet.*

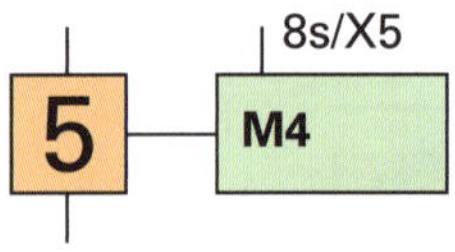

Verzögerte Aktion

- Die Aktion wird zeitverzögert ausgeführt.
- Als Zuweisungsbedingung wird die Schrittvariable angegeben.

⇒ *Ist Schritt 5 aktiv, wird nach 8 s der Motor 4 eingeschaltet.*

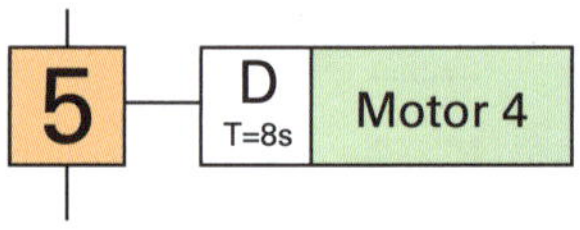

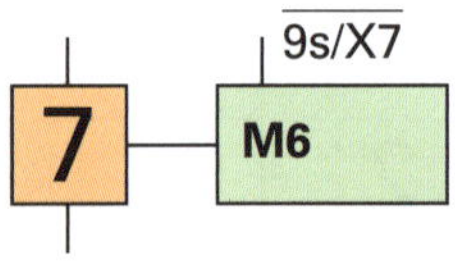

Zeitbegrenzte Aktion

- Durch die Negation der Bedingung wird eine zeitlich begrenzte Aktion angegeben.

⇒ *Ist Schritt 7 aktiv, wird der Motor 6 für 9 s eingeschaltet.*

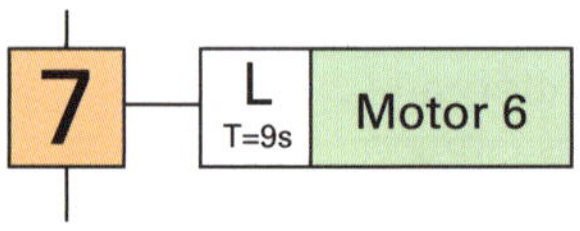

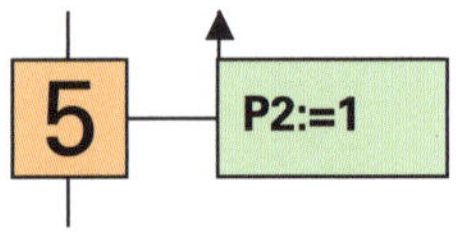

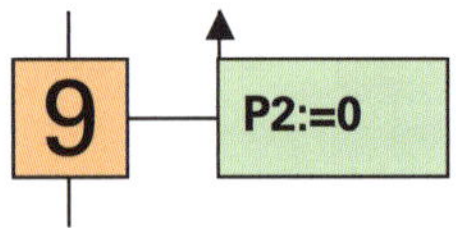

Speichernd wirkende Aktion bei Aktivierung des Schritts

- Ist der Schritt aktiv, wird der Variablen im Aktionsfeld der Wert zugewiesen (Setzen).
- Der Wert bleibt so lange gespeichert, bis er von einer anderen Aktion überschrieben wird (Rücksetzen).

⇒ *Im Schritt 5 wird die Meldeleuchte P2 eingeschaltet (gesetzt) und im Schritt 9 ausgeschaltet (zurückgesetzt).*

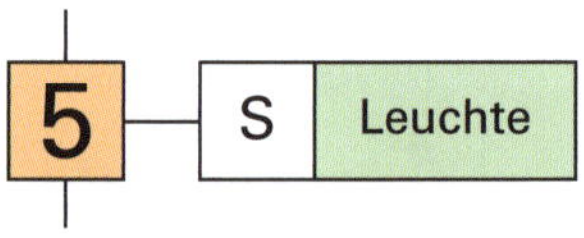

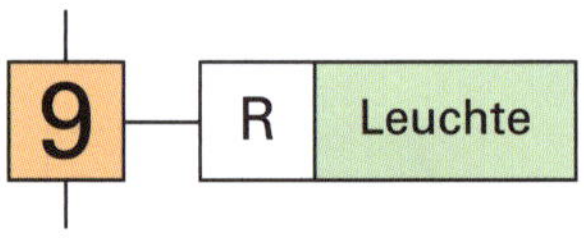

GRAFCET DIN EN 60848	Erklärung	DIN EN 61131-3
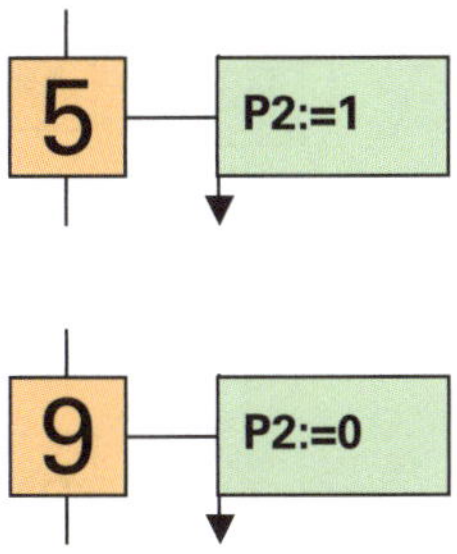	**Speichernd wirkende Aktion bei Deaktivierung des Schritts** • Wird der <u>Schritt verlassen</u>, wird der Variablen im Aktionsfeld der Wert zugewiesen (Setzen). • Der Wert bleibt so lange gespeichert, bis er von einer anderen Aktion überschrieben wird (Rücksetzen). ⇒ *Beim Verlassen von Schritt 5 wird die Meldeleuchte P2 eingeschaltet und beim Verlassen von Schritt 9 ausgeschaltet.*	
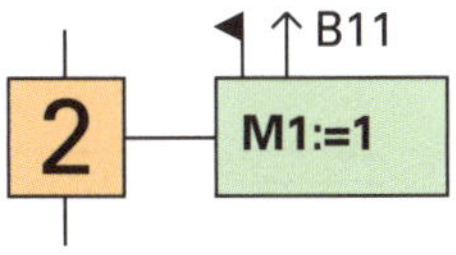	**Speichernd wirkende Aktion bei Ergebnis** • Die Aktion wird nur dann <u>speichernd</u> ausgeführt, wenn der Schritt aktiv ist und für die Zuweisungsbedingung eine <u>positive Flanke</u> auftritt. • Fähnchensymbol: Aktion wird erst bei einem zusätzlichen Ereignis speichernd ausgeführt. • Pfeil nach oben: steigende Flanke ⇒ *Wenn Schritt 2 aktiv ist und B11 eine steigende Flanke gibt, dann wird der Motor 1 eingeschaltet. Der Zustand wird gespeichert.*	
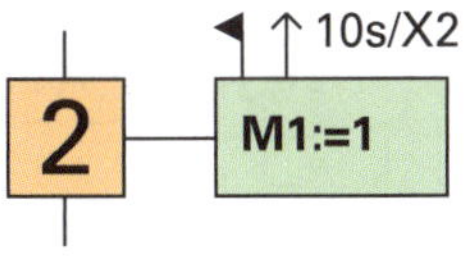	**Verzögert speichernde Aktion** • Die Aktion wird nur dann <u>verzögert speichernd</u> ausgeführt, wenn der Schritt aktiv ist und die Zeit abgelaufen ist (<u>positive Flanke</u> der Zeit). ⇒ *Wenn der Schritt 2 aktiv ist, wird der Motor 1 nach 10 Sekunden eingeschaltet. Der Zustand wird gespeichert.*	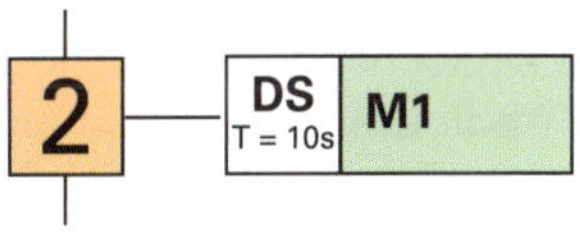

Verzweigungen in GRAFCET

Alternative Verzweigung

Bei einer alternativen Verzweigung wird entweder der eine oder der andere Teilablauf ausgeführt. Entscheidend ist, welche Weiterschaltbedingung als erste erfüllt ist.

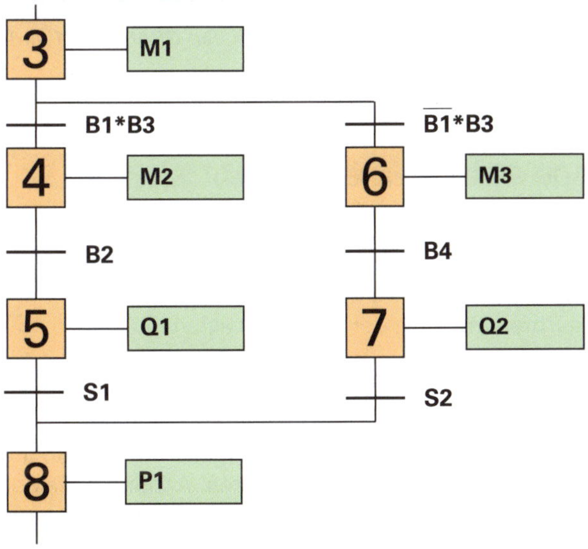

Parallele Verzweigung

Bei einer parallelen Verzweigung werden zwei Teilabläufe gleichzeitig ausgeführt. Sie werden aber unabhängig voneinander bearbeitet. Erst wenn beide Teilabläufe abgearbeitet worden sind, kann in den nächsten Schritt weitergeschaltet werden.

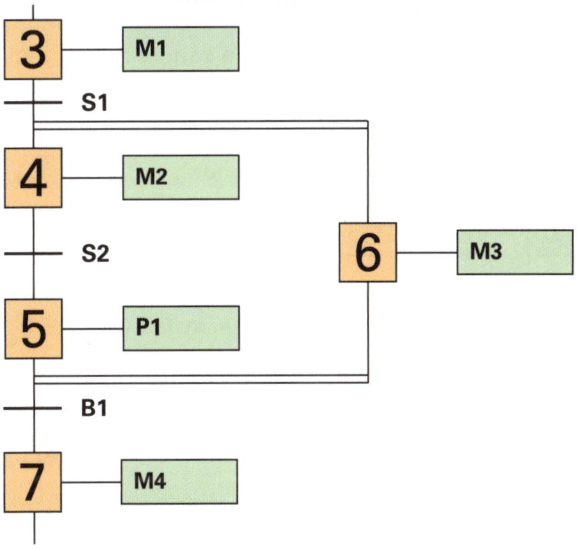

13.2.2 Strukturierung von GRAFCETs

Um größere Schrittketten nach GRAFCET übersichtlicher zu gestalten, ist es möglich, diese durch nachfolgende Elemente zu strukturieren.

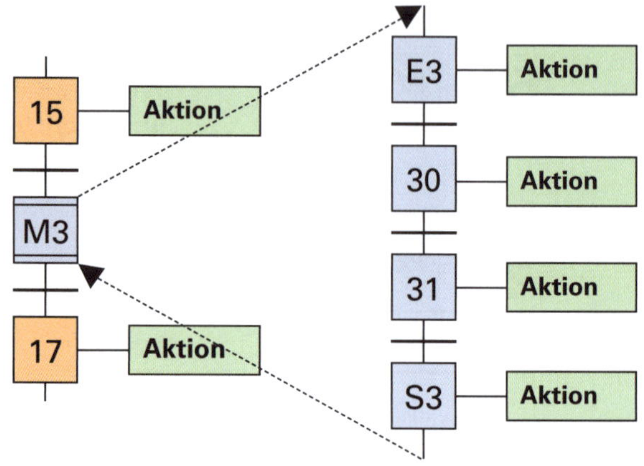

Bild 1: GRAFCET mit Makroschritt M3

Bild 2: Makroschritt M3

13.2.2.1 Makroschritt

Symbol: M3

Bei einem Makroschritt werden mehrere Schritte zu einem Makroschritt zusammengefasst. Ein Makroschritt wird erst verlassen, wenn die Schritte im Makro komplett durchlaufen wurden. Der erste Schritt eines Makros wird mit E („Entrée") und der letzte mit einem S („Sortie") bezeichnet.

Wird im nebenstehenden Beispiel der Makroschritt M3 aktiv, so wird im Makro der Eingangsschritt E3 aktiviert. Wenn alle Schritte des Makros durchlaufen wurden und die Weiterschaltbedingung vor Schritt 17 erfüllt ist, wird das Makro verlassen und in den Schritt 17 weitergeschaltet.

13.2.2.2 Einschließender Schritt

Symbol: 26

Ein einschließender Schritt ruft einen oder mehrere Teil-GRAFCET auf. Diese werden abgearbeitet sobald der einschließende Schritt aktiviert wird. Ein Teil-GRAFCET wird mit der Nummer des einschließenden Schrittes am oberen Rand und mit seinem Namen am unteren Rand gekennzeichnet. Der Schritt, in dem der Teil-GRAFCET beginnt, wird mit einem „*" gekennzeichnet.

Wird der einschließende Schritt verlassen, weil die nächste Transitionsbedingung erfüllt ist, so werden die Teil-GRAFCET verlassen und deaktiviert. Anders als beim Makro, müssen die Teil-GRAFCETs nicht komplett durchlaufen werden, damit der aufrufende Schritt weiterschalten kann. Im nebenstehenden Beispiel ruft der einschließende Schritt 26 zwei Teil-GRAFCET auf.

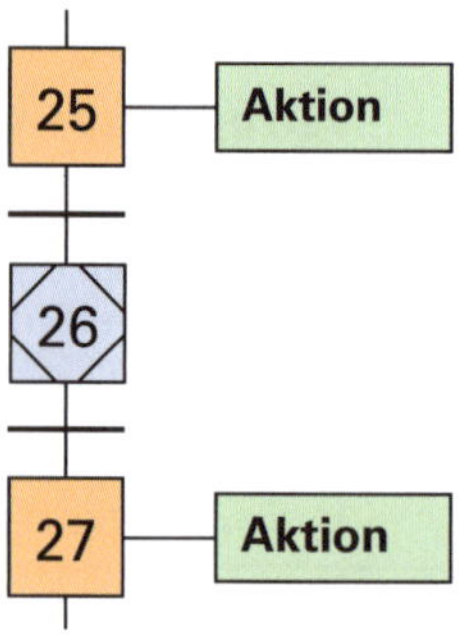

Bild 3: GRAFCET mit einschließendem Schritt

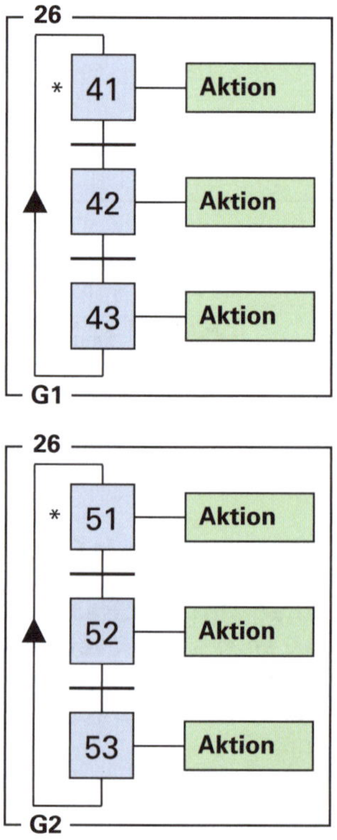

Bild 4: Teil-GRAFCET G1 und G2

13.2.2.3 Zwangssteuernde Befehle

Durch zwangsgesteuerte Befehle kann ein übergeordneter zwangsteuernder Befehl einen Teil-GRAFCET aufrufen. Durch die Angabe von Zusatzbefehlen, die in Klammern angegeben werden, können im Teil-GRAFCET bestimmte Funktionen aktiviert werden.

Symbol	Bezeichnung	Bedeutung des Beispiels
4 — **G8** {INIT}	Initialisierung eines Teil-GRAFCET	Ist Schritt 4 aktiviert, wird der Teil-GRAFCET G8 aufgerufen und dort der Anfangsschritt aktiviert.
4 — **G8** {30}	Aktivierung eines bestimmten Schrittes im Teil-GRAFCET	Ist Schritt 4 aktiv, wird der Teil-GRAFCET G8 aufgerufen und dort der Schritt 30 aktiviert.
4 — **G8** {}	Deaktivierung eines Teil-GRAFCET	Ist Schritt 4 aktiv, wird der Teil-GRAFCET G8 aufgerufen und dort alle Schritte deaktiviert.
4 — **G8** {*}	Einfrieren eines Teil-GRAFCET	Ist Schritt 4 aktiv, wird der Teil-GRAFCET aufgerufen und dort der aktuelle Zustand eingefroren. Aktionen, die dort zum Zeitpunkt des Einfrierens aktiv waren, bleiben aktiv.

13.3 S7-Graph

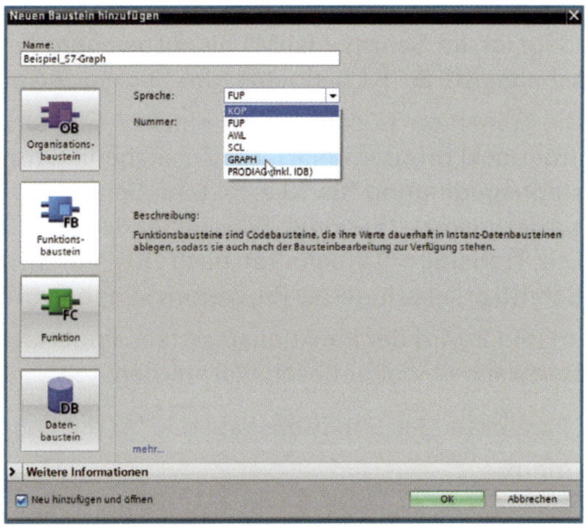

Für eine schnelle und übersichtliche Programmierung von Ablaufketten steht bei Step7 die Programmiersprache S7-Graph zur Verfügung. Durch die grafische Darstellung ist eine direkte und schnelle Erstellung eines Programms möglich.

In der Programmiersprache S7-Graph muss lediglich die Ablaufkette erstellt werden. Eine gesonderte Programmierung der einzelnen Schritte entfällt.

Zur Verwendung von S7-Graph wird zunächst ein Funktionsbaustein hinzugefügt. Dabei wird die Sprache GRAPH ausgewählt. Bei der Programmierung der Transitionsbedingungen kann zwischen Kontaktplan und Funktionsplan gewählt werden.

Im Funktionsbaustein werden die einzelnen Schritte und Transitionen programmiert. Dabei können auch Alternativ- oder Parallelverzweigungen verwendet werden.

S7-Graph-Bedienoberfläche

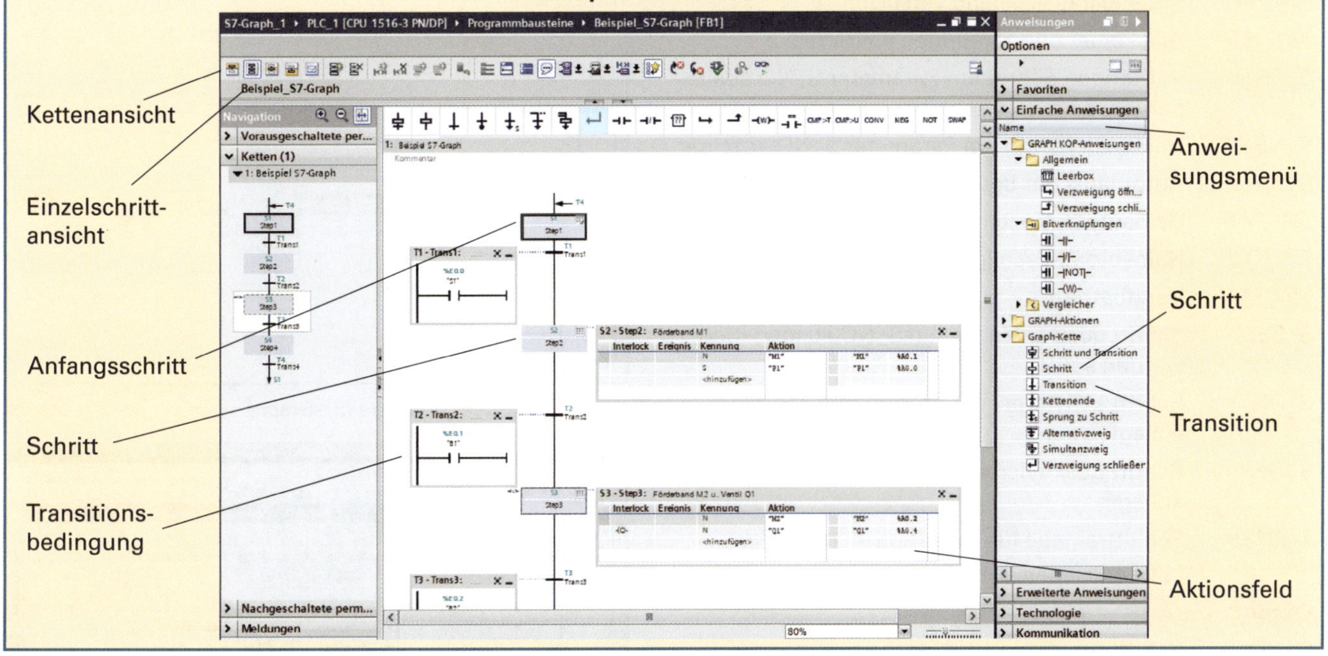

In der Kettenansicht wird die ganze Schrittkette als Übersicht dargestellt. In der Einzelschrittansicht wird nur ein Schritt mit den zugehörigen Aktionen, Interlock und Supervision dargestellt.

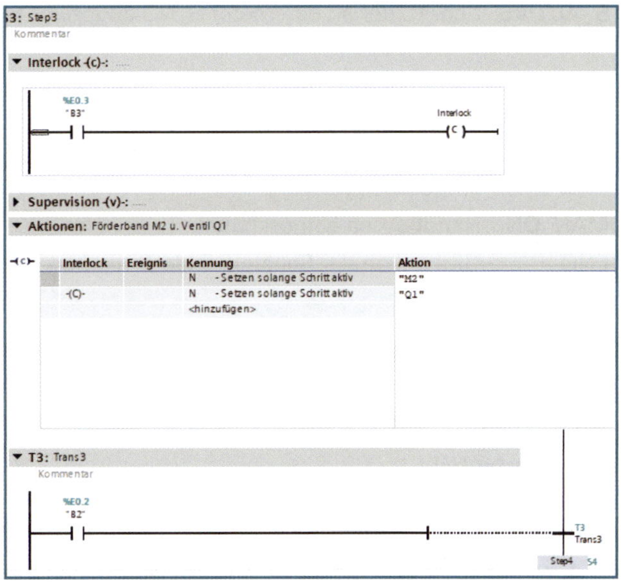

Interlock

Ein Interlock ist eine Verriegelung einzelnen Aktionen, die frei programmiert werden können. Im nebenstehenden Beispiel wird M2 immer nicht speichern (N) eingeschaltet, wenn das Programm im Schritt drei ist. Q1 wird nur nicht speichernd (N) eingeschaltet, wenn der Schritt drei erreicht ist und die Interlockbedingung (C) B3 ein 1-Signal hat. Um die Interlockbedingung zu aktivieren, muss ein „C" bei der Spalte Interlock eingetragen werden.

Supervision

Eine Supervision ist eine frei programmierbare Schrittüberwachung, die das Weiterschalten in den nächsten Schritt beeinflusst. Ist die programmierte Bedingung erfüllt, liegt eine Störung vor. Dadurch schaltet das Programm nicht in den nächsten Schritt. Der aktuelle Schritt bleibt jedoch aktiv.

Bespielprogramm:

In nebenstehendem Funktionsbaustein (Bild 1) schaltet die Transition (Weiterschaltbedingung) T1 durch, wenn S1 betätigt ist. Im Schritt 2 ist M1 nicht speichernd (N) und P1 speichernd (S) ausgelegt. Wenn der Schritt zwei verlassen wird, schaltet M1 ab. P1 bleibt bis zum Rücksetzen an.

Die Transition T2 schaltet bei einem 1-Signal von B1 durch. Im Schritt 3 ist M1 ohne und Q1 mit einer Zusatzbedingung (Interlock) programmiert. Die Zusatzbedingung ist nur in der Einzelschrittansicht zu sehen. Wenn B2 schaltet, ist die Transitionsbedingung für T3 erfüllt. Im Schritt 4 wird M3 nicht speichernd geschaltet. P1 wird beim Verlassen des Schrittes zurückgesetzt. (Ereignis: S0 = gehender Schritt, Kennung: R)

Die Transition T4 schaltet nach 10s durch. Am Ende der Schrittkette springt das Programm in den Schritt 1 zurück.

Im Bild 2 wird der Funktionsbaustein aufgerufen. Dort kann er weiter beschaltet werden.

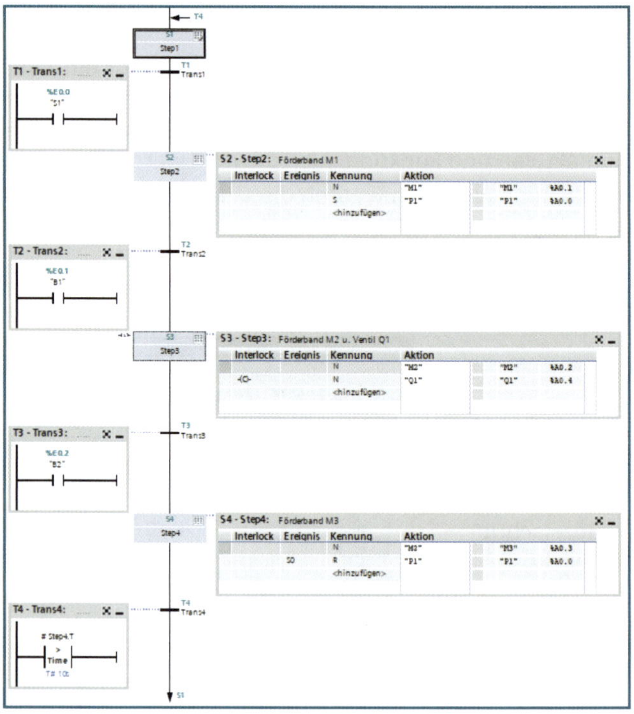
Bild 1: Beispiel-Schrittkette (S7-Graph)

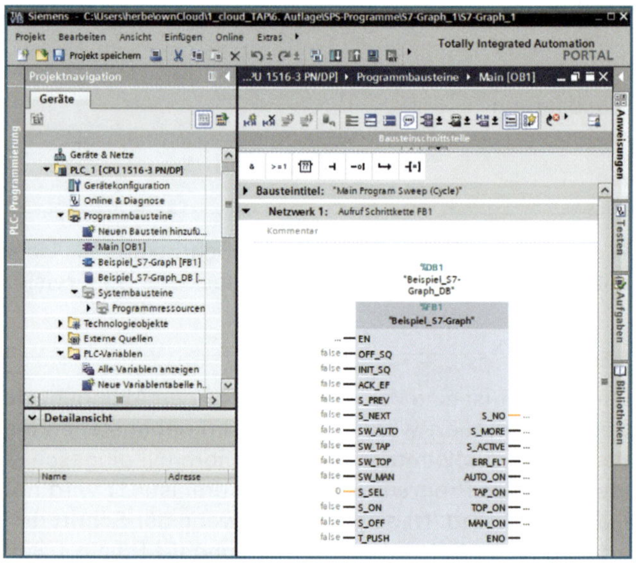
Bild 2: Aufruf des OB1

Parameter des Funktionsbaustein für die Schrittkette	
Input	
En	Freigabe des Bausteins (Enable)
OFF_SQ	Kette ausschalten
INIT_SQ	Kette in Initialzustand versetzen
ACK_EF	Alle Fehler und Störungen quittieren
S_PREV	Vorherigen Schritt am Parameter S_NO ausgeben
S_NEXT	Nächsten Schritt am Parameter S_NO anzeigen
SW_AUTO	Automatischer Betrieb
SW_TAP	Halbautom /Weiterschalten mit Transition
SW_TOP	Halbautomatisch/Ignoriere Transition
SW_MAN	Handbetrieb
S_SEL	Schritt auswählen, der an S_NO ausgegeben werden soll
S_ON	Schritt aktivieren, der an Parameter S_NO anliegt
S_OFF	Schritt deaktivieren, der an Parameter S_NO anliegt
T_PUSH	Schaltfreigabe für Transition im halbautomatischen Betrieb
Output	
S_NO	Schrittnummer
S_MORE	Weitere Schritte sind vorhanden und können in S_NO angezeigt werden.
S_ACTIVE	Schritt, der an Parameter S_NO angezeigt wird, ist aktiv
ERR_FLT	Sammelfehler Interlock oder Supervision
AUTO_ON	Automatischer Betrieb eingeschaltet
TAP_ON	Halbautomatischer Betrieb/Schritt mit Transition eingeschaltet
MAN_ON	Handbetrieb eingeschaltet
ENO	Gibt an, ob der Baustein fehlerfrei arbeitet.

13.4 Betriebsarten

Ablaufketten werden häufig in drei Teilprogramme unterteilt:

Betriebsartenteil

Im Betriebsartenteil wird entschieden, wie das Steuerungsprogramm arbeitet. Dabei kann der Automatik-, Hand- oder Einzelschrittbetrieb angewählt werden.

Im ***Automatikbetrieb*** läuft die Ablaufkette automatisch ab. Dieser ist für den normalen Dauerbetriebeinsatz vorgesehen.

Im ***Handbetrieb*** (Einrichtbetrieb) werden die Aktoren direkt vom Bediener, ohne Berücksichtigung der Ablaufkette, angesteuert. Im ***Einzelschrittbetrieb*** wird vom Bediener immer nur ein Schritt weitergeschaltet. Dieses kann bei der Inbetriebnahme und Fehlersuche hilfreich sein.

Ablaufkette

In einem zweiten Teilprogramm wird die eigentliche Ablaufkette programmiert. Dieses kann z. B. mit S7-Graph erfolgen. Dabei werden die einzelnen Schritte und Transitionen festgelegt.

Befehlsausgabe

In einem dritten Teil werden die Ausgänge programmiert. Dieses geschieht separat, um die Betriebsart, Verriegelungen und sicherheitsrelevante Verknüpfungen berücksichtigen zu können.

13.5 Wiederholungsfragen

1. Worin unterscheiden sich Ablaufsteuerungen von „normalen" Steuerungen?

2. Nennen Sie vier Beispiele für Ablaufsteuerungen.

3. Erklären Sie anhand einer Ampelsteuerung die Steuerungsarten

a) zeitgesteuert

b) prozessgesteuert

c) zeit- und prozessgesteuert

4. Welche Betriebsarten gibt es und worin unterscheiden sie sich?

5. Nennen Sie die Regeln für Ablaufketten nach DIN EN 60848.

6. Geben Sie folgende Befehlsfelder nach GRAFCET an:

a) Aktion (nicht speichernd)

b) verzögerte Aktion

c) zeitlich begrenzte Ausführung einer Aktion

d) speichernd wirkende Aktion bei Aktivierung eines Schritts

7. Wie wird ein Startschritt gekennzeichnet?

8. a) Warum wird in Ablaufsteuerungen ein Richtimpuls verwendet?

b) Wie kann ein Richtimpuls in FUP aussehen?

9. Wie wird im Programm sichergestellt, dass immer nur ein Schritt aktiv ist?

10. Kann eine Ablaufkette auch vorzeitig verlassen werden? (Erklärung)

11. Wodurch unterscheiden sich Alternativ-Verzweigungen von Parallel-Verzweigungen?

13.6 Übung: Leuchtreklame

Problemstellung:

Die Firma *MÜLLER* installiert den Firmennamen als Leuchtschrift an die Fassade des Firmengebäudes. Die Buchstaben sollen einzeln und nacheinander für jeweils drei Sekunden eingeschaltet werden.

Wenn alle Buchstaben einmal geleuchtet haben, soll der gesamte Schriftzug für zehn Sekunden eingeschaltet werden. Anschließend beginnt die Schaltung erneut von vorne.

Über einen Ein-/Ausschalter (Schließer) wird die Anlage gestartet.

Aufgabe:

1. Legen Sie ein SPS-Projekt an.
2. Legen Sie eine PLC-Variablentabelle an.
3. Skizzieren Sie die Ablaufkette.
4. Erstellen Sie das Steuerungsprogramm.
5. Testen Sie das Steuerungsprogramm.

13.7 Übung: Schwimmbad

Problemstellung:

In einem Schwimmbad sind verschiedene Wasserdüsen bzw. Wasserspiele installiert.
Die einzelnen Komponenten werden jeweils über eine eigene Pumpe angesteuert.
Die Pumpen des Wasserspiels werden in einer festen Reihenfolge nacheinander eingeschaltet.

Reihenfolge im Automatikbetrieb:

4 min	Wasserdusche
4 min	Wasserdüsen in der Beckenmitte
5 min	Wasserdüsen rechts und Wasserdusche
5 min	Wasserdüsen links
10 min	Pause

Danach beginnt der Ablauf von vorne.

Betriebsmittel:

S1	Ein-Aus-Schalter	Schließer
Q1	Schütz für Pumpe	Wasserdusche
Q2	Schütz für Pumpe	Wasserdüsen in der Beckenmitte
Q3	Schütz für Pumpe	Wasserdüsen rechts
Q4	Schütz für Pumpe	Wasserdüsen links
P1	Meldeleuchte	Anlage in Betrieb

Zum Test können die Zeiten in Sekunden eingegeben werden.

Aufgabe:

1. Legen Sie ein SPS-Projekt an.
2. Legen Sie eine PLC-Variablentabelle an.
3. Skizzieren Sie die Ablaufkette.
4. Erstellen Sie das Steuerungsprogramm.
5. Testen Sie das Steuerungsprogramm.

13.8 Übung: Bohranlage

Problemstellung: Short-Link: **vel.plus/SPS16**

In einer Großtischlerei werden Holzbretter automatisch gebohrt. Wenn die Steuerung eingeschaltet wird, transportiert das Förderband ein Brett, bis der Endschalter betätigt wird. Die Bohrmaschine fährt die Position für das Loch 1 an. Dann wird sie eingeschaltet und fährt nach unten, bis der Endschalter das Brett berührt. Anschließend fährt sie wieder hoch, bis der obere Endschalter an der Bohrmaschine schaltet.

Danach werden die Positionen für die Löcher 2 und 3 angefahren. Wenn die Bohrmaschine die obere Endlage erreicht hat, fährt sie zurück zur Grundposition. Gleichzeitig kann das Brett abtransportiert werden.

So lange die Steuerung eingeschaltet ist, werden nacheinander neue Bretter gebohrt.

Technologieschema:

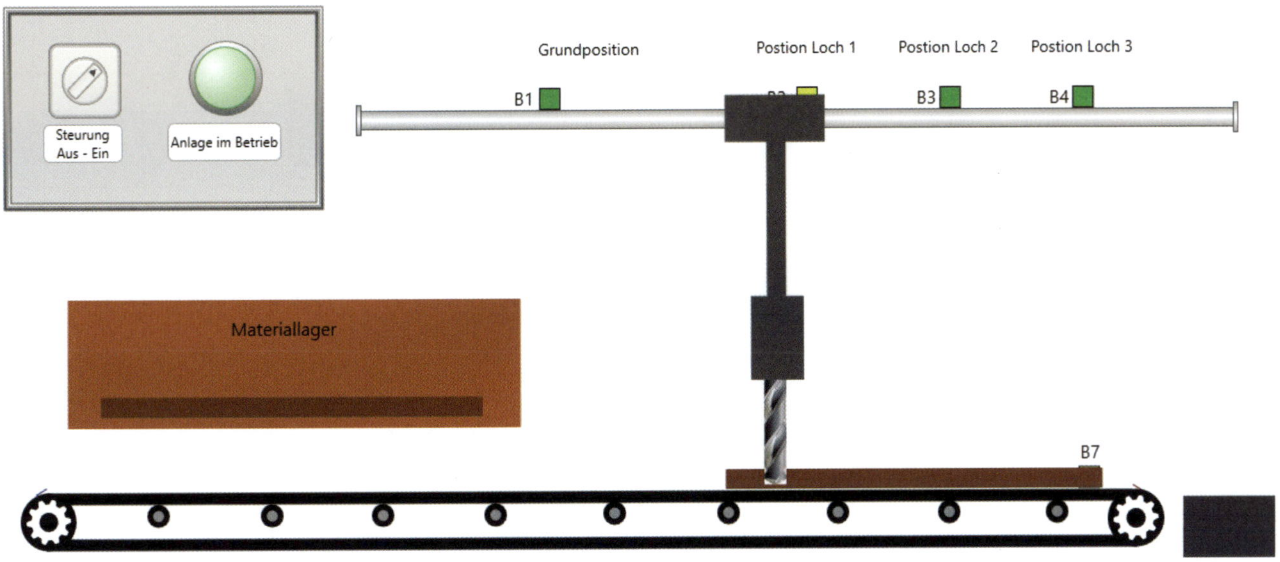

Visualisierungsdatei: **13_08_Bohranlage.plclab** *im digitalen Zusatzmaterial*

Zuordnungsliste:

Symbol	Operand	Kommentar	Schaltverhalten
S1	E0.0	Wahlschalter Anlage ein	Schließer
B1	E0.1	Endschalter Grundposition	Schließer
B2	E0.2	Endschalter Position Loch 1	Schließer
B3	E0.3	Endschalter Position Loch 2	Schließer
B4	E0.4	Endschalter Position Loch 3	Schließer
B5	E0.5	Endschalter Bohrmaschine oben	Schließer
B6	E0.6	Endschalter Bohrmaschine unten	Schließer
B7	E0.7	Endschalter Werkstück in Position	Schließer
M1 (Q1)	A0.0	Motorschütz Transportband	–
M2 (Q2)	A0.1	Motorschütz Bohrmaschine nach rechts fahren	–
M2 (Q3)	A0.2	Motorschütz Bohrmaschine nach links fahren	–
M3 (Q4)	A0.3	Motorschütz Bohrmaschine hochfahren	–
M3 (Q5)	A0.4	Motorschütz Bohrmaschine runterfahren	–
M4 (Q6)	A0.5	Motorschütz Bohrmaschine ein	–
P1	A0.6	Meldeleuchte Anlage in Betrieb	–

Aufgabe:

1. Skizzieren Sie die Ablaufkette nach GRAFCET zu der Steuerung.
2. Legen Sie ein SPS-Projekt an und erstellen Sie das Steuerungsprogramm.
3. Testen Sie das Steuerungsprogramm.

Ablaufkette (GRAFCET):

13.9 Übung: Ampelsteuerung

Short-Link: **vel.plus/SPS17**

Problemstellung:

An der Kreuzung einer Bundesstraße mit einer Landstraße wird eine Verkehrsampel installiert. Die Landstraße ist zur Erkennung des Straßenverkehrs mit zwei Induktionsschleifen (B1 und B2) ausgestattet.

Wenn kein Verkehr auf der Straße ist, sollen die Ampeln der Bundesstraße Grün und die Ampeln der Landstraße Rot signalisieren. Erst wenn die Induktionsschleifen ein Fahrzeug erkennen, schalten die Ampeln der Bundesstraße auf Rot und die der Landstraße auf Grün. Nach 30 s schalten die Ampeln wieder zurück, sodass die Landstraße wieder ein Rotsignal und die Bundesstraße ein Grünsignal haben. Dieser Zustand bleibt wieder erhalten, bis die Induktionsschleifen das nächste Auto erkennen, mindestens jedoch für 15 s. Bei allen Übergängen von Rot nach Grün und von Grün nach Rot werden die gelben Signale entsprechend mitgeschaltet.

Die Ampelanlage kann über einen Wahlschalter ein- bzw. ausgeschaltet werden.

Im Fall einer Störung oder bei Bauarbeiten sollen die Ampeln so geschaltet werden können, dass die gelben Signale der Landstraße im Sekundentakt blinken und alle anderen Signale aus sind.

Technologieschema:

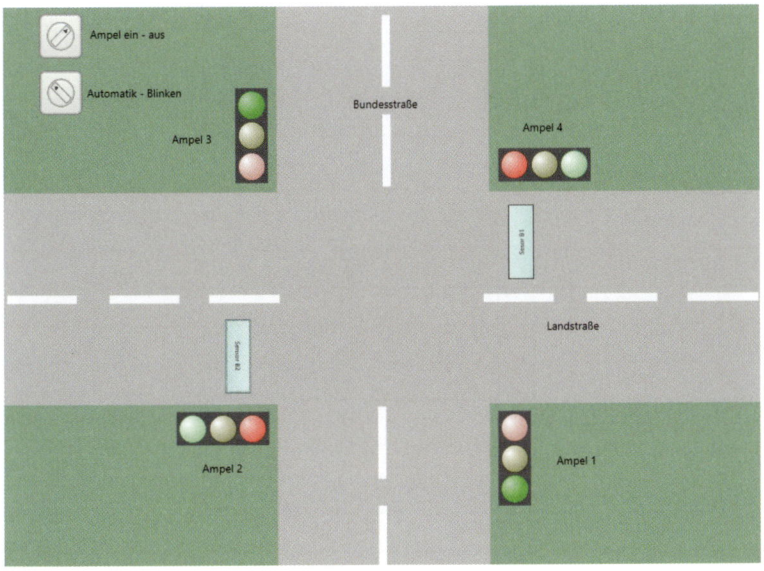

Visualisierungsdatei:
13_09_Ampelsteuerung.plclab
im digitalen Zusatzmaterial

Zuordnungsliste:

Symbol	Operand	Kommentar	Schaltverhalten
S1	E0.0	Wahlschalter Anlage ein	Schließer
S2	E0.1	Wahlschalter Automatik-Blinken	0 = Automatik, 1 = Blinken
B1	E0.2	Sensor 1 (Induktionsschleife)	Schließer
B2	E0.3	Sensor 2 (Induktionsschleife)	Schließer
P1.1	A0.0	Signal Ampel 1 (Bundesstraße) rot	–
P1.2	A0.1	Signal Ampel 1 (Bundesstraße) gelb	–
P1.3	A0.2	Signal Ampel 1 (Bundesstraße) grün	–
P2.1	A0.3	Signal Ampel 2 (Landstraße) rot	–
P2.2	A0.4	Signal Ampel 2 (Landstraße) gelb	–
P2.3	A0.5	Signal Ampel 2 (Landstraße) grün	–
P3.1	A0.6	Signal Ampel 3 (Bundesstraße) rot	–
P3.2	A0.7	Signal Ampel 3 (Bundesstraße) gelb	–
P3.3	A1.0	Signal Ampel 3 (Bundesstraße) grün	–
P4.1	A1.1	Signal Ampel 4 (Landstraße) rot	–
P4.2	A1.2	Signal Ampel 4 (Landstraße) gelb	–
P4.3	A1.3	Signal Ampel 4 (Landstraße) grün	–

Aufgabe:

1. Skizzieren Sie die Ablaufkette nach GRAFCET zu der Steuerung.
2. Legen Sie ein SPS-Projekt an und erstellen Sie das Steuerungsprogramm.
3. Testen Sie das Steuerungsprogramm. Zum Testen des Blinksignals muss auch die Hardwarekonfiguration in SPS-VISU geladen werden.

Ablaufkette (GRAFCET):

14 Fehlersuche

14.1 Fehlerarten

In jeder elektrischen Anlage können Fehler auftreten. Wichtig für den Techniker ist es, Fehler möglichst bei der Erstellung zu vermeiden und auftretende Fehler schnell zu lokalisieren und zu beheben. Eine schnelle Fehlerbehebung trägt dazu bei, dass nur geringe Anlagenausfallzeiten auftreten. Typische Fehler in der Steuerungstechnik sind:

Hardwarefehler
• defekte Steckmodule
• falsche Steckmodule
• falscher Anschluss der Ein- und Ausgangskarten
• lockere Klemmen
• defekte Betriebsmittel (Sensoren oder Aktoren)
• falscher Anschluss der Betriebsmittel
• defekte Leitung zu den Betriebsmitteln
• falsche Drehrichtung von angeschlossenen Motoren
• falsche oder fehlerhafte Versorgungsspannung

Softwarefehler
• logische Programmfehler
• Verwendung falscher Ein-/Ausgänge
• falsche Bezeichnung der Ein-/Ausgänge
• doppelte Programmierung von Ausgängen oder Merkern
• doppelte Verwendung von Merkern, Timern oder Zählern
• fehlender Aufruf von Bausteinen
• keine oder nur teilweise Übertragung des Programms in die SPS

14.2 Fehlersuche bei Hardwarefehlern

Um einen Hardwarefehler zu erkennen und zu beheben, muss zuerst sichergestellt werden, dass die Ausgangskarte das entsprechende Signal herausgibt bzw. dass die Eingangskarte das erwartete Signal auch erhält. Dementsprechend kann ermittelt werden, ob der Hardwarefehler in der SPS-Hardware zu suchen ist oder ob ein externer Fehler vorliegt. Liegt ein interner Fehler vor, ist die Spannungsversorgung der Ein-/Ausgangskarten zu überprüfen. Ggf. muss ein Steckmodul ausgetauscht werden.

Wenn ein externer Fehler vorliegt, müssen die Leitung zum Sensor oder Aktor bzw. das Betriebsmittel selber kontrolliert werden.

Fehler in der Ausgabebaugruppe oder den angeschlossenen Betriebsmitteln können durch eine Rückführung auf den Eingang erkannt werden. So kann z.B. ein Schützkontakt an einen Eingang angeschlossen werden, um zu überwachen, ob das Schütz auch angezogen hat.

14.3 Fehlersuche bei Softwarefehlern

Um Softwarefehler zu erkennen, gibt es einige Hilfen, mit denen die Fehlererkennung vereinfacht werden kann.

14.3.1 Diagnosepuffer

Im Diagnosepuffer werden Diagnoseinformationen zu Ereignissen der CPU aufgezeichnet. Es wird beispielsweise protokolliert, wenn die CPU in den Betriebszustand STOP übergeht oder wenn ein Fehler auftritt. Der Diagnosepuffer ist ein sehr gutes Mittel, um eine erste Fehlerdiagnose durchzuführen. Über **„Hilfe zum Ereignis"** werden dem Benutzer auch Lösungsvorschläge zur Behebung des Fehlers angeboten.

Der Diagnosepuffer wird geöffnet über:
Auswahl der SPS ⇒ Online und Diagnose ⇒ Diagnose ⇒ Diagnosepuffer.

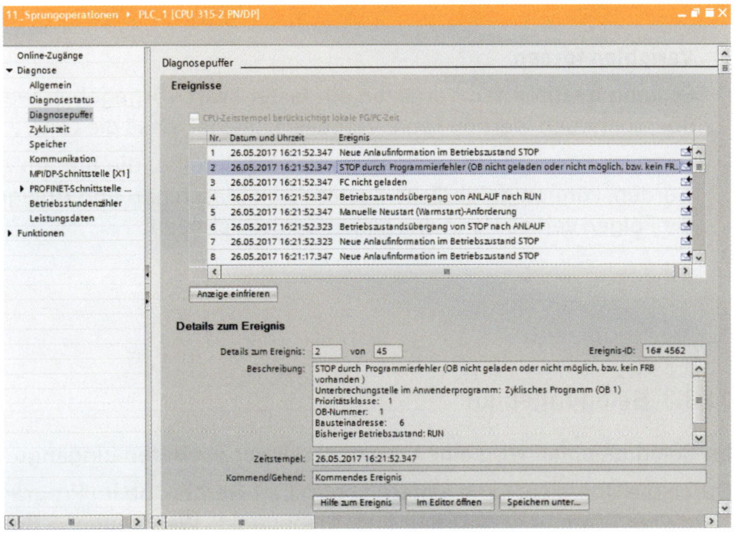

14.3.2 Variablen beobachten und steuern

Über die Funktion ***Variablen beobachten/steuern*** können Variablen, wie Eingänge, Ausgänge, Merker, Datenworte, Zähler, Zeiten usw. überwacht und verändert werden. Diese Funktion ist sehr hilfreich bei Programmtests und bei der Fehlersuche, da das Verhalten eines Bits, Bytes oder Wortes genau überprüft werden kann.

Der Anwender trägt in eine Variablentabelle die Operanden oder Variablen ein, die überwacht werden sollen. Dort wird dann der Zustand angezeigt. Außerdem können die Variablen von dort aus gesteuert werden.

Grundsätzlich sind drei verschiedene Bedienmodi wählbar.

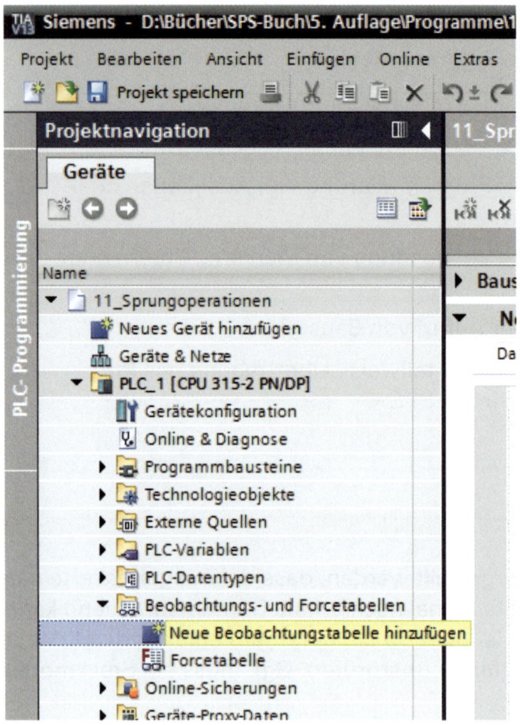

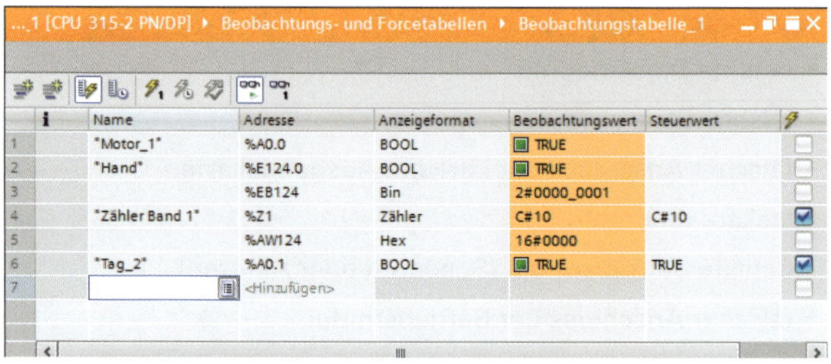

a) Variablen beobachten

Der Zustand der Variablen wird in der Variablentabelle unter ***Statuswert*** angezeigt. Die Variablen können mit der absoluten Adresse, z.B. ***E124.0***, oder mit der symbolischen Adresse, z. B. ***Eintaster***, eingegeben werden.

b) Variablen steuern

In der Variablentabelle können einzelne Operanden mit einem vorgegebenen Wert angesteuert werden. In der Spalte ***Steuerwert*** wird der Wert eingetragen. Der Wert wird jedoch vom Prozessabbild wieder überschrieben.

c) Variablen forcen

Es kann bestimmten Variablen ein fester Wert vorgegeben werden, der nicht mehr durch das Anwenderprogramm überschrieben werden kann. Voraussetzung ist, dass die CPU, z. B. S7-400, das Forcen unterstützt.

Da beim Forcen softwaremäßige Verriegelungen, die ggf. im Anwenderprogramm vorgesehen wurden, umgangen werden, können gefährliche Zustände an Maschinen und Anlagen auftreten. Der Anwender muss beim Forcen vorher die Folgen seines Handelns genau berücksichtigen.

14.3.3 Belegungsplan

Im Belegungsplan wird eine Übersicht der verwendeten Eingänge, Ausgänge, Merker, Zeiten und Zähler angegeben.

Durch die Übersicht kann einfach kontrolliert werden, ob im Programm nur Operanden verwendet werden, die auch in der Hardware konfiguriert worden sind. Menüpunkt: **Werkzeuge ⇒ Belegungsplan**.

14.3.4 BEA – Bausteinende absolut

Der AWL-Befehl ***BEA*** (Bausteinende absolut) bewirkt, dass der Baustein verlassen wird, ohne die Anweisungen nach der Zeile BEA noch auszuführen. Bei der Fehlersuche und beim Programmtest kann der Befehl genutzt werden, um nur Teile eines Programms zu testen.

Wenn in einem Baustein nach dem ersten Netzwerk der Befehl BEA eingefügt wird, wird nur das erste Netzwerk berücksichtigt. Ist das erste Netzwerk überprüft, kann der Befehl BEA hinter dem zweiten Netzwerk eingefügt werden. Auf diese Weise kann ein Programm schrittweise überprüft werden.

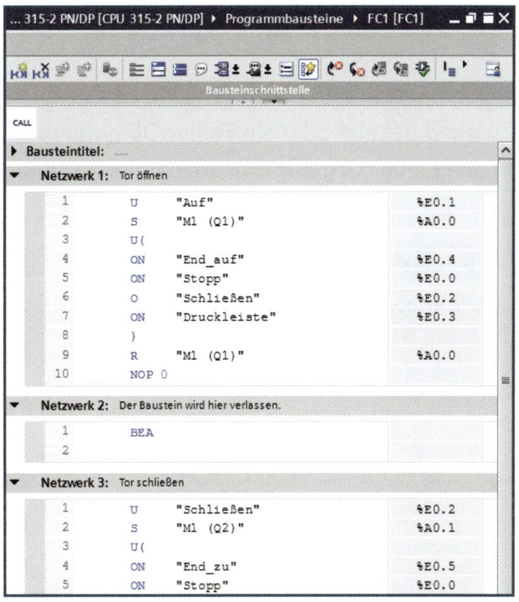

14.3.5 //-Kommentar

Wenn in einer Programmzeile der Befehl **//** eingefügt wird, werden alle Angaben der Zeile hinter // als Kommentar interpretiert. Sie werden nicht wie eine Befehlsanweisung behandelt.

Zur Fehlersuche kann diese Funktion genutzt werden, um eine oder mehrere Befehlszeilen eines Programms unberücksichtigt zu lassen. So kann ein Baustein auch teilweise überprüft werden.

Im nebenstehenden Programm werden die Befehlszeilen ***O "Schließen"*** und ***ON "Druckleiste"*** nicht berücksichtigt.

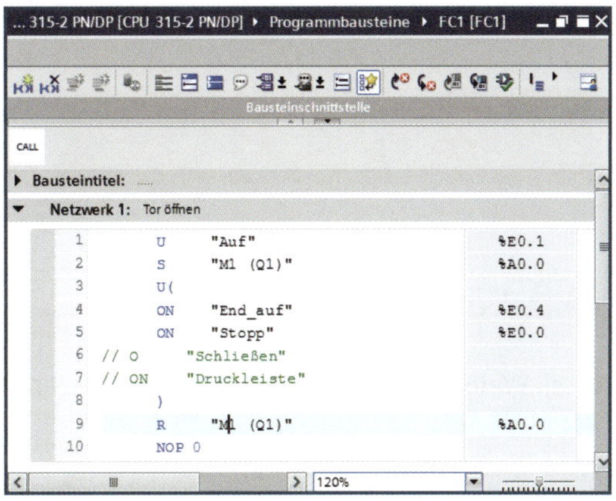

14.3.6 Gehe zu ⇒ Verwendungsstelle

Häufig werden Operanden in einem Programm mehrfach verwendet. Für den Programmierer ist es wichtig zu wissen, wo und wie ein Operand schon verwendet worden ist. Wenn in einem Baustein ein Operand markiert wird, kann über die rechte Maustaste und ***Gehe zu ⇒ nächste Verwendungsstelle*** nach weiteren Operanden im gleichen Baustein gesucht werden.

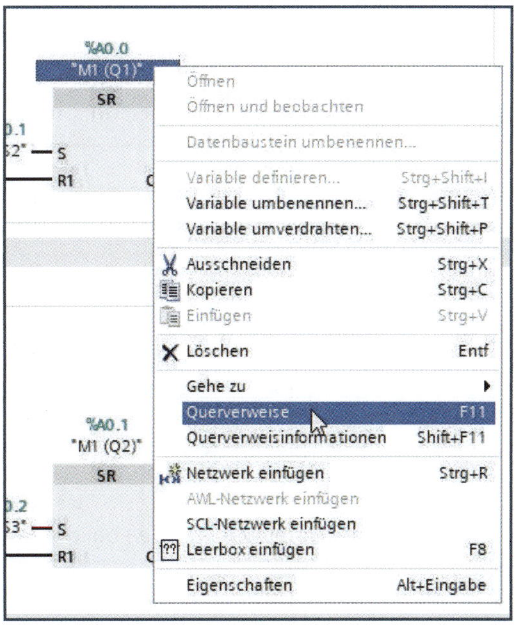

14.3.7 Querverweise

Die Querverweisliste gibt einen Überblick, welche Objekte (Bausteine oder Operanden) wo und an welcher Stelle im Programm verwendet wurden. Menüpunkt: ***Werkzeuge ⇒ Querverweise***

14.3.8 Übersetzen

Wenn Bausteine fertig gestellt worden sind, können Sie übersetzt werden (Bearbeiten ⇒ Übersetzen).
Dabei werden Fehler und Warnungen ausgegeben, die auf unkorrekte Programmteile hinweisen.
Durch einen Doppelklick auf die Fehlerbeschreibung springt das Programm automatisch zur Fehlerstelle im Programm.

14.4 Fehler-Organisationsbausteine

Wenn Systemfehler auftreten, können diese von der SPS erkannt werden. Je nach Fehlerart wird die CPU in den STOP-Zustand gesetzt oder ein Fehler-OB aufgerufen.
In den Fehler-Organisationsbausteinen können Programme hinterlegt werden, die dann abgearbeitet werden.

Fehlertyp	Fehlerart	OB
Redundanz	Peripherie-Redundanzfehler (nur in H-CPUs)	OB 70
	CPU-Redundanzfehler (nur in H-CPUs)	OB 72
Asynchron	Zeitfehler	OB 80
	Stromversorgungsfehler	OB 81
	Diagnosealarm	OB 82
	Ziehen-/Stecken-Alarm	OB 83
	CPU-Hardwarefehler	OB 84
	Programmablauffehler	OB 85
	Baugruppenträgerausfall	OB 86
	Kommunikationsfehler	OB 87
Synchron	Programmierfehler	OB 121
	Zugriffsfehler	OB 122

14.5 Wiederholungsfragen

1. a) Welche Angaben stehen im Diagnosepuffer?

b) Wie kann der Diagnosepuffer zur Fehlersuche eingesetzt werden?

2. Wie kann der Befehl *Übersetzen* bei der Fehlersuche hilfreich sein?

3. Wie kann bei einem umfangreichen Programm schnell festgestellt werden, ob ein Ausgang doppelt programmiert wurde?

4. Variablen beobachten und steuern:
Legen Sie ein neues Projekt an. Geben Sie unter ***Zielsystem ⇒ Variablen beobachten*** die nebenstehenden Werte in die Variablentabelle ein.

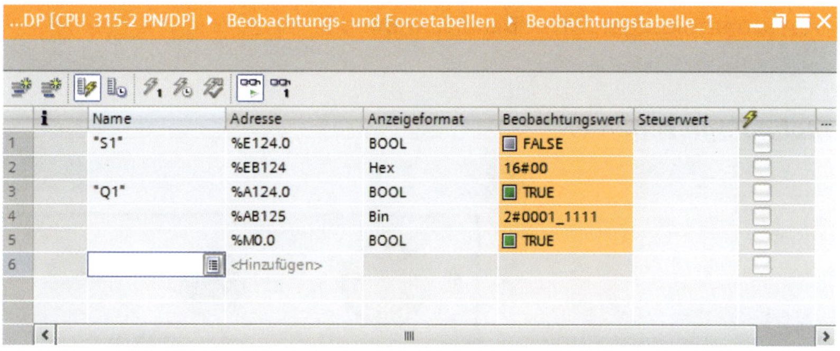
...DP [CPU 315-2 PN/DP] ▸ Beobachtungs- und Forcetabellen ▸ Beobachtungstabelle_1

	i	Name	Adresse	Anzeigeformat	Beobachtungswert	Steuerwert	...
1		"S1"	%E124.0	BOOL	FALSE		
2			%EB124	Hex	16#00		
3		"Q1"	%A124.0	BOOL	TRUE		
4			%AB125	Bin	2#0001_1111		
5			%M0.0	BOOL	TRUE		
6			<Hinzufügen>				

a) Betätigen Sie die Schaltfläche . Was ist zu beobachten, wenn an der SPS der Eingang E124.0 betätigt wird?

b) Betätigen Sie den Button . Was ist an den Ausgängen der SPS zu beobachten?

c) Welche Anzeigeformate können gewählt werden?

d) Wie kann der Befehl „Variablen beobachten und steuern“ bei der Fehlersuche eingesetzt werden?

5. Welcher Fehler-OB wird bei einem CPU-Hardwarefehler aktiviert?

14.6 Übung: Förderbandanlage (Fehlersuche)

Problemstellung:

Short-Link: **vel.plus/SPS18**

Über drei Förderbänder sollen Pakete transportiert werden.
Bei Betätigung des NOT-AUS-Schalters müssen alle Antriebe sofort stillgesetzt werden.
Die Meldeleuchte Anlage in Betrieb leuchtet, sobald eines der Förderbänder läuft.

Einschaltfolge: Band 3 ⇨ Band 2 ⇨ Band 1

Ausschaltfolge:Band 1 ⇨ Band 2 ⇨ Band 3

Technologieschema:

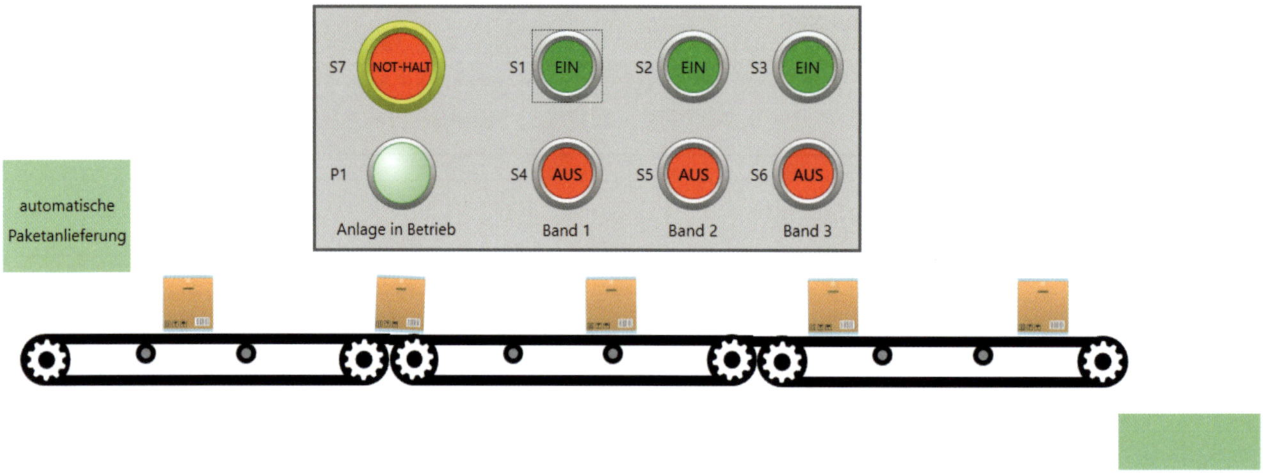

Visualisierungsdatei: ***14_06_Förderbandanlage_Fehlersuche.plclab*** *im digitalen Zusatzmaterial*

Zuordnungsliste:

Symbol	Operand	Kommentar	Schaltverhalten
S1	E0.0	Taster Band 1 ein	Schließer
S2	E0.1	Taster Band 2 ein	Schließer
S3	E0.2	Taster Band 3 ein	Schließer
S4	E0.3	Taster Band 1 aus	Öffner
S5	E0.4	Taster Band 2 aus	Öffner
S6	E0.5	Taster Band 3 aus	Öffner
S7	E0.6	Taster NOT-Halt	Öffner
M1 (Q1)	A0.0	Motorschütz Band 1	–
M2 (Q2)	A0.1	Motorschütz Band 2	–
M3 (Q3)	A0.2	Motorschütz Band 3	–
P1	A0.3	Meldeleuchte Anlage in Betrieb	

Aufgabe:

1. Laden Sie das fehlerhafte Step7-Projekt ***14_Föl_mF*** aus dem digitalen Zusatzmaterial.
2. Suchen Sie die Fehler.
3. Notieren Sie sie in der Fehlerliste.
4. Korrigieren Sie das Programm.

Fehlerhaftes SPS-Programm:

▼ Bausteintitel: Fehlerhafters Programm!!!!!!

Kommentar

▼ Netzwerk 1: Band 1

Kommentar

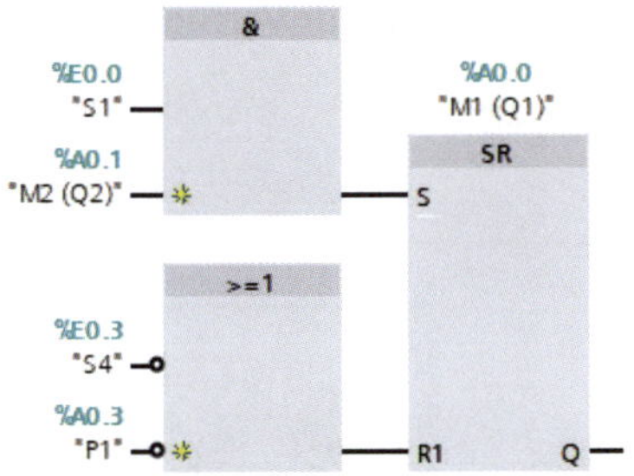

▼ Netzwerk 2: Band 2

Kommentar

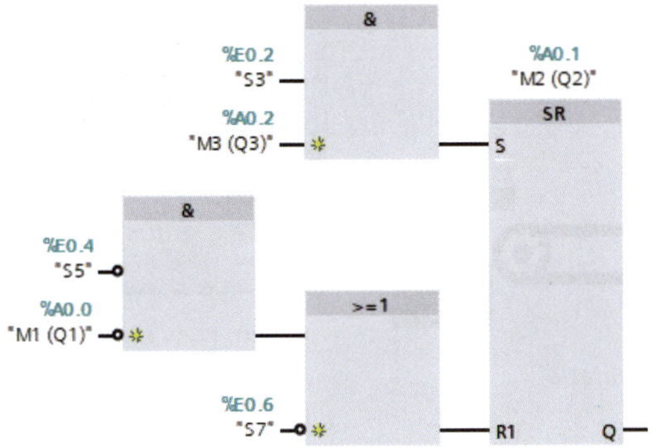

Fehlerliste:

Netzwerk Nr.	Fehlerbeschreibung

▼ Netzwerk 3: Band 3

Kommentar

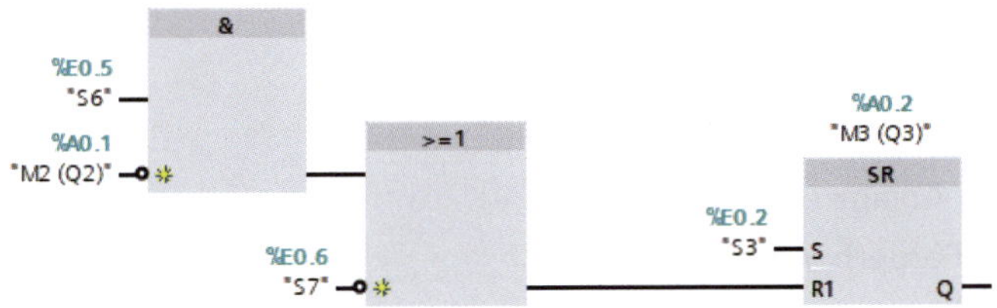

▼ Netzwerk 4: Meldeleuchte "Anlage in Betrieb"

Kommentar

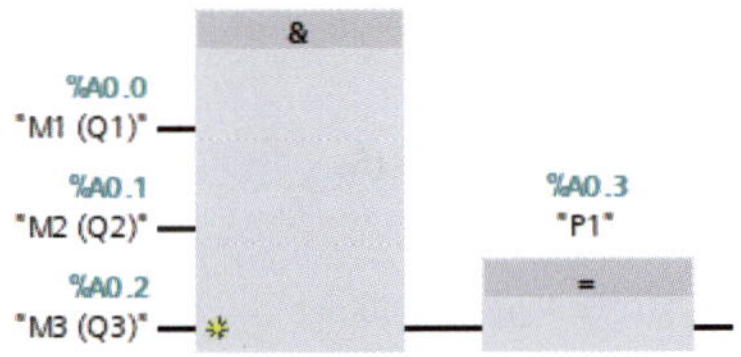

14.7 Verpackungsanlage (Fehlersuche)

Problemstellung:

Short-Link: **vel.plus/SPS19**

Ein Unternehmen produziert Metallbehälter. Sie sollen in Kisten verpackt werden. Dafür müssen sie von einem Förderband auf ein anderes übergesetzt werden. Dafür steht ein Greifer mit einem Elektromagnet zur Verfügung. Die Anzahl der zu verpackenden Kisten kann vorgewählt werden.

Technologieschema:

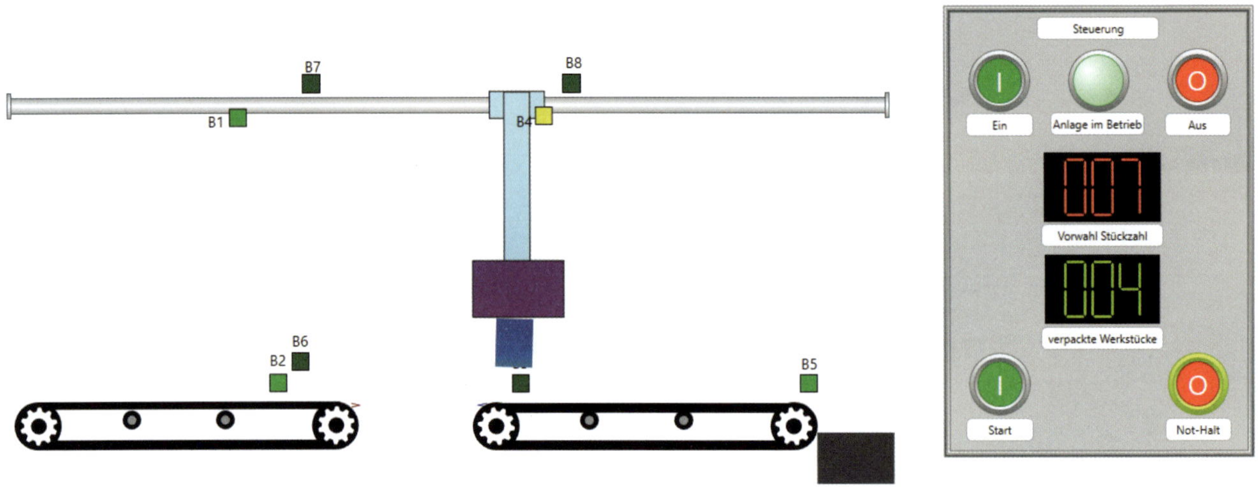

*Visualisierungsdatei: **14_01_Verpackungsanlage.plclab** im digitalen Zusatzmaterial*

Zuordnungsliste:

Symbol	Operand	Kommentar	Schaltverhalten
S1	E 0.0	Taster Steuerung ein	Schließer
S2	E 0.1	Taster Steuerung aus	Öffner
S3	E 0.2	Taster Start	Schließer
S4	E 0.3	Taster NOT_HALT	Öffner
B1	E 0.4	Endschalter Position Band 1	Schließer
B2	E 0.5	Endschalter Band 1 Ende	Schließer
B3	E 0.6	Endschalter Band 2 Anfang	Schließer
B4	E 0.7	Endschalter Position Band 2	Schließer
B5	E 1.0	Endschalter Band 2 Ende	Schließer
B6	E 1.1	Endschalter Greifer unten	Schließer
B7	E 1.2	Endschalter Greifer oben Pos. 1	Schließer
B8	E 1.3	Endschalter oben Pos. 2	Schließer
P1	A 0.0	Meldeleuchte Anlage eingeschaltet	–
M1 (Q1)	A 0.1	Motorschütz Förderband 1	–
M2 (Q2)	A 0.2	Motorschütz Förderband 2	–
M3 (Q3)	A 0.3	Antrieb Greifer nach rechts	–
M3 (Q4)	A 0.4	Antrieb Greifer nach links	–
M4 (Q5)	A 0.5	Antrieb Greifer nach oben	–
M4 (Q6)	A 0.6	Antrieb Greifer nach unten	–
M5 (Q7)	A 0.7	Elektromagnet	1 = ein, 0 = aus
S5	EW20	Soll-Stückzahl	BCD-Format
P2	AW20	Ist-Stückzahl	BCD-Format

Aufgaben:

1. Laden Sie das fehlerhafte Step7-Projekt ***14_Verpa*** aus dem digitalen Zusatzmaterial.
2. Suchen Sie die Fehler.
3. Notieren Sie sie in der Fehlerliste.
4. Korrigieren Sie das Programm.

Ablaufkette (Funktionsplan):

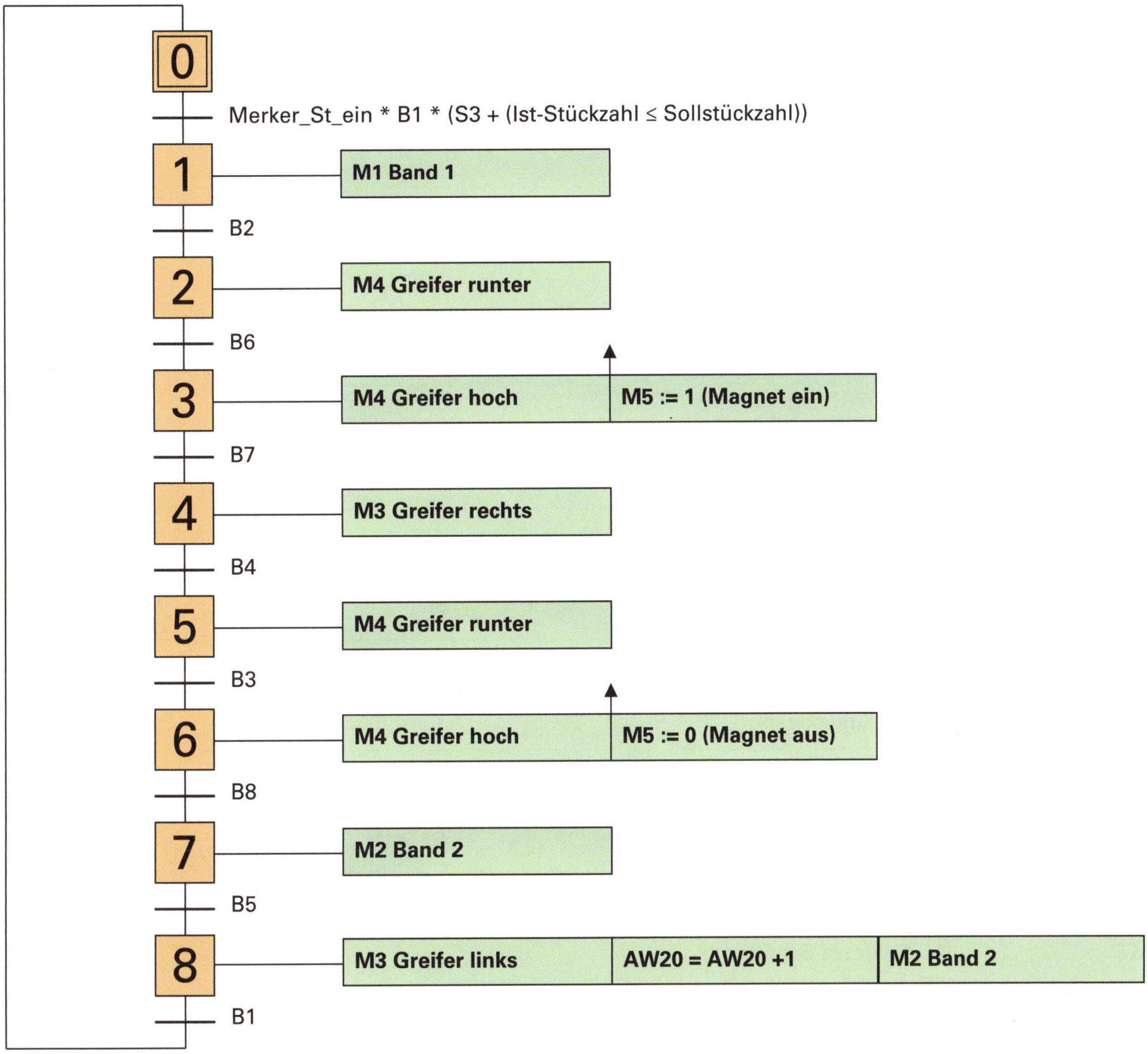

Fehlerliste:

Baustein, z. B. FC1	Netzwerk Nr.	Fehlerbeschreibung

15 Mathematische Funktionen

15.1 Datentypen

Es stehen verschiedene Datentypen mit unterschiedlichen Größen und Formaten zur Verfügung. Im Folgenden sind die grundlegenden Datentypen aufgeführt. Neben den aufgeführten Datentypen gibt es noch weitere.

Datentyp	Bedeutung	Größe (in Bit)	Beispiel
BOOL	ein Bit	1	TRUE
BYTE	Dualzahl	8	2#0011_0100
	Hexadezimale Zahl		B#16#1F
WORD (Wort)	Dualzahl	16	2#0011_1010_0010_0001
	Dezimalzahl ohne Vorz.		B#(13,38)
	Hexadezimalzahl		W#16#1F3B
	BCD		C#907
DWORD (Doppelwort)	Dualzahl	32	2#0001_0011_1001_1111_1000_1111_0001_1000
	Dezimalzahl ohne Vorz.		B#(2,10,99,112)
	Hexadezimalzahl		DW#16#003F_123D
INT	Ganzzahl	16	523
DINT	Ganzzahl	32	L#12365
REAL	IEEE Gleitpunktzahl	32	1.862795e+8
CHAR (Zeichen)	ASCII-Zeichen	8	'B'
S5TIME	Simatic-Zeit (Schritte von 10ms)	16	S5T#1M_2S
TIME	IEC-Zeit (Schritte von 1ms)	32	T#1D_10H_16M_5S_111MS
DATE	IEC-Datum in Schritten von 1 Tag	16	DATE#2010-2-15
TIME_OF_DAY	Uhrzeit (Schritte von 1ms)	32	TIME_OF_DAY#1:10:3.3

Beispiel: Verschiedene Datentypen bei einem Zähler

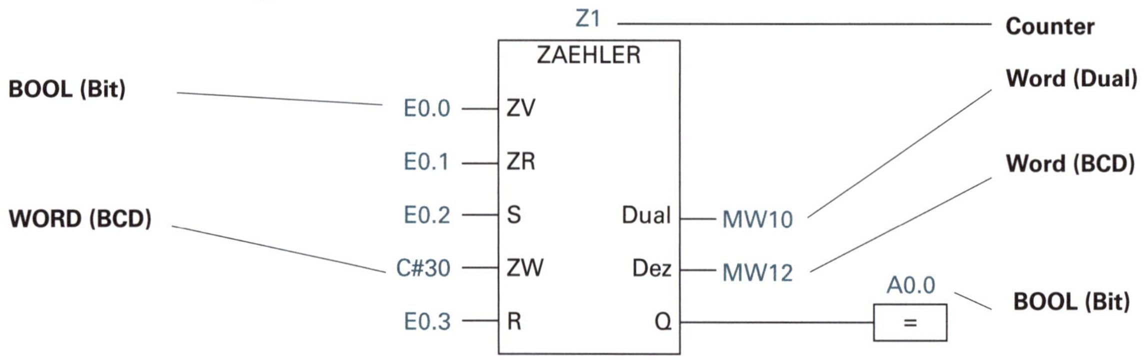

15.2 Umwandlungsfunktionen

Häufig müssen Daten von einem in einen anderen Datentyp umgewandelt werden, um sie weiter verwenden zu können. Dafür stehen verschiedene Umwandlungsfunktionen zur Verfügung.

Umwandlungsfunktionen beim TIA-Portal

Bezeichnung	Symbol	Bedeutung
CONVERT	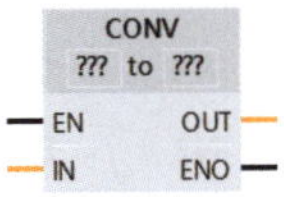	Wert konvertieren Wählbarer Eingangsdatentyp: INT, DINT, BCD16; BCD32 Wählbarer Ausgangdatentyp: INT, DINT, Real, BCD16; BCD32
ROUND	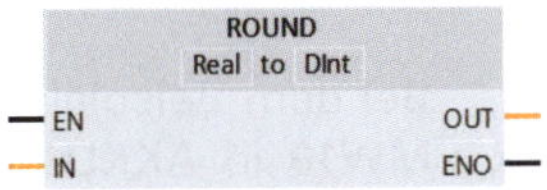	Zahl runden
CEIL	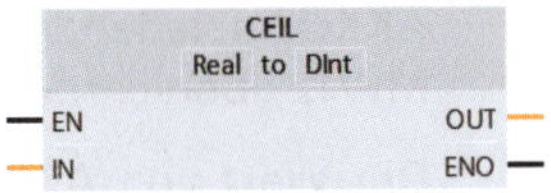	Aus Gleitpunktzahl nächst höhere Ganzzahl erzeugen
FLOOR	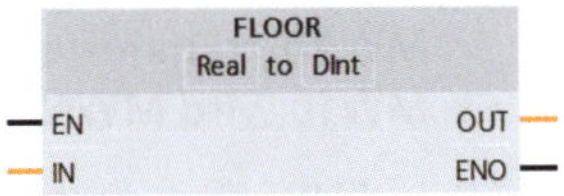	Aus Gleitpunktzahl nächst niedrigere Ganzzahl erzeugen
TRUNC	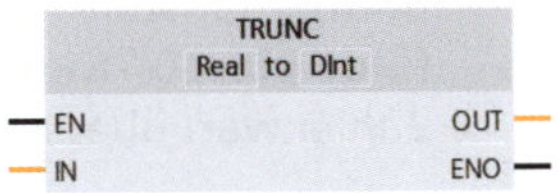	Ganzzahl erzeugen

Übersicht über häufig verwendete Umwandlungsfunktionen

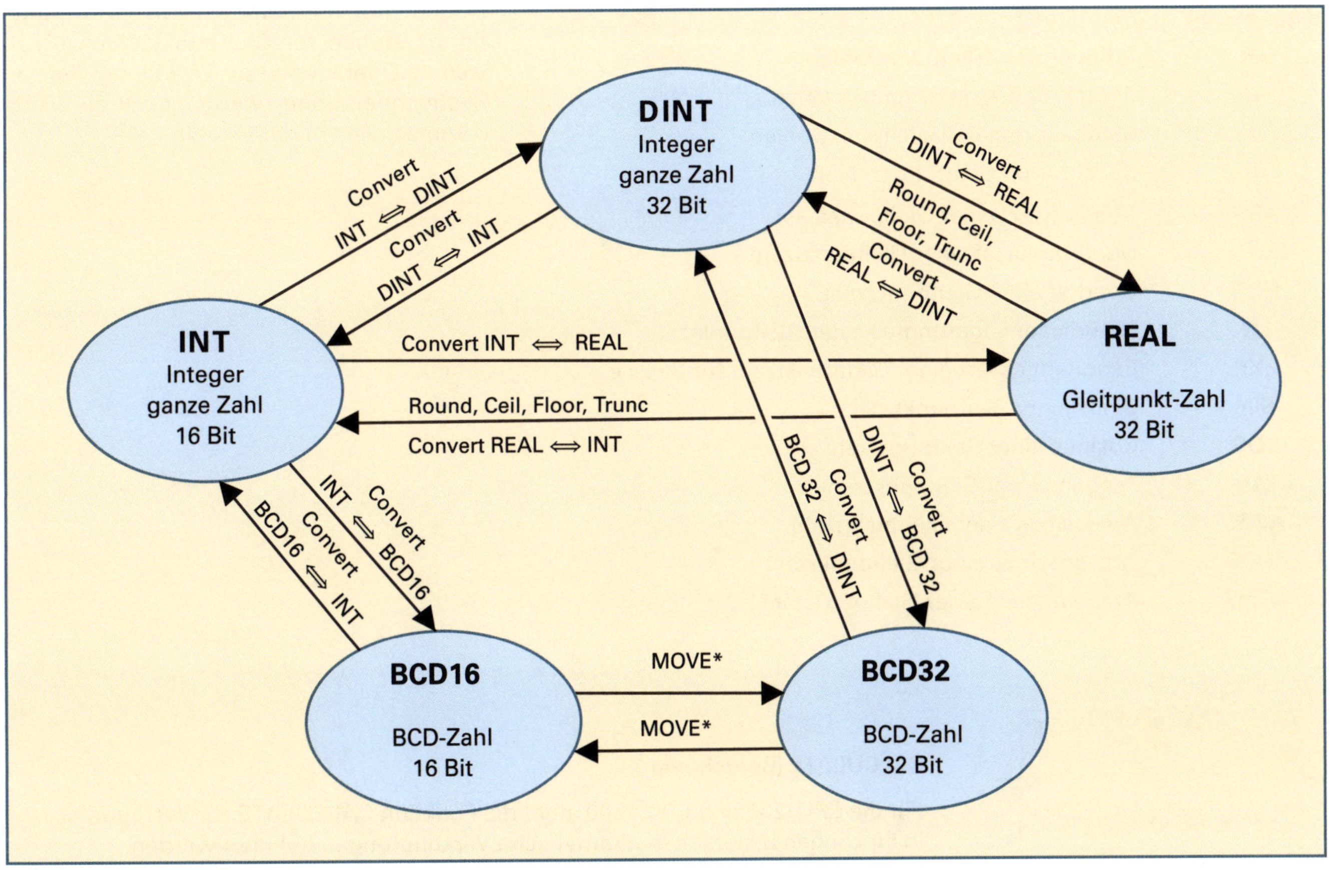

** Bei einer Umwandlung einer 32-Bit-Zahl in einer 16-Bit-Zahl gehen 16 Bit verloren.*

15.3 Rechnen mit Ganzzahlen (INT und DINT)

Für die Ganzzahlen INT und DINT stehen die mathematischen Grundrechenarten zur Verfügung. Die Stelle hinter dem Komma bleibt jedoch unberücksichtigt, sodass es zu Rundungsfehlern bei Divisionen kommen kann.

Beispiel: Subtraktion der Ganzzahlen (INT) in MW10 und MW12. Das Ergebnis wird ins MW20 transferiert.

AWL:

```
L   MW 10
L   MW 12
-I
T   MW20
```

FUP:

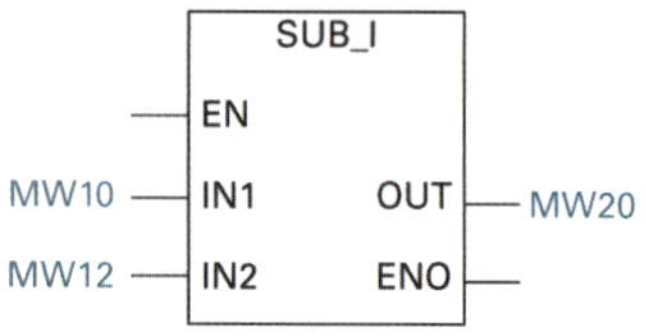

Operation	Bedeutung
+I	Addition ganzer Zahlen (16 Bit)
-I	Subtraktion ganzer Zahlen (16 Bit)
***I**	Multiplikation ganzer Zahlen (16 Bit)
/I	Division ganzer Zahlen (16 Bit)
+D	Addition ganzer Zahlen (32 Bit)
-D	Subtraktion ganzer Zahlen (32 Bit)
***D**	Multiplikation ganzer Zahlen (32 Bit)
/D	Division ganzer Zahlen (32 Bit)
MOD	Divisionsrest gewinnen

Bei dem Beispiel wird zuerst der Wert von MW10 in AKKU1 geschrieben. Im nächsten Schritt wird der Wert von AKKU1 nach AKKU2 geladen. AKKU1 wird vom Wert von MW12 überschrieben.

Der Wert von AKKU1 wird nun vom Wert AKKU2 abgezogen und zum Merkerwort MW20 transferiert. D.h. vom Merkerwort MW10 wird MW12 subtrahiert.

In FUP wird durch ein „1“-Signal an EN die mathematische Operation aktiviert. EN0 führt ein „0“-Signal, wenn der maximale Zahlenwert überschritten wird.

15.4 Rechnen mit Gleitpunktzahlen (REAL)

Operation	Bedeutung
+R	Addition von Gleitpunktzahlen
-R	Subtraktion von Gleitpunktzahlen
***R**	Multiplikation von Gleitpunktzahlen
/R	Division von Gleitpunktzahlen
ABS	Absolutwert einer Gleitpunktzahl
SQRT	Quadratwurzel einer Gleitpunktzahl
SQR	Quadrat einer Gleitpunktzahl
LN	Natürlicher Logarithmus einer Gleitpunktzahl
EXP	Exponentialwert einer Gleitpunktzahl zur Basis e
SIN	Sinus einer Gleitpunktzahl
COS	Cosinus einer Gleitpunktzahl
TAN	Tangens einer Gleitpunktzahl
ASIN	Arcussinus einer Gleitpunktzahl
ACOS	Arcuscosinus einer Gleitpunktzahl
ATAN	Arcustangens einer Gleitpunktzahl

Neben den mathematischen Grundfunktionen stehen für Gleitpunktzahlen (Real) weitere Operationen zur Verfügung. Bei den Rechenoperationen werden auch die Nachkommastellen berücksichtigt.

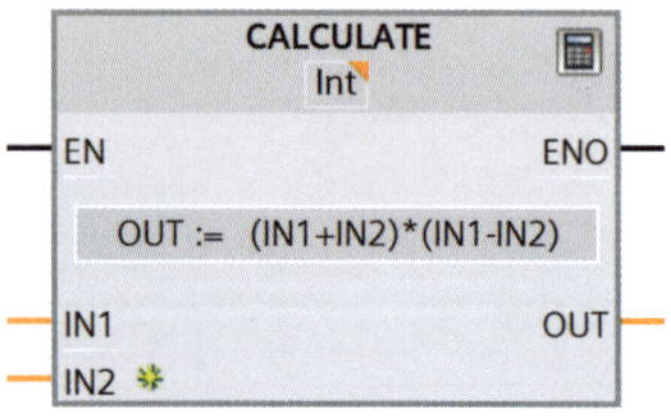

CALCULATE (Berechnen)

Für die CPU1200 und CPU 1500 steht die Funktion CALCULATE zur Verfügung. In ihr können beliebige mathematische Verknüpfungen definiert werden.

15.5 Übung: Umwandlungsfunktionen

Problemstellung:

Short-Link: **vel.plus/SPS20**

Mit einer SPS können auch mathematische Rechenfunktionen durchgeführt werden. Dafür muss das Eingabeformat, z. B. BCD-Code, oft umgewandelt werden, bevor eine Rechenoperation durchgeführt werden kann.

In der Übung sollen Eingaben im BCD-Format gelesen und dann als 16-Bit-Ganzzahl (Integer) und als 32-Bit-Gleitpunktzahl (Real) ausgegeben werden.

Beachten Sie bitte, dass BCD-Formate und 16-Bit-Ganzzahlen als Wort bearbeitet und gespeichert werden. Auf 32-Bit-Ganzzahlen und Gleitpunktzahlen wird als Doppelwort zugegriffen.

Technologieschema

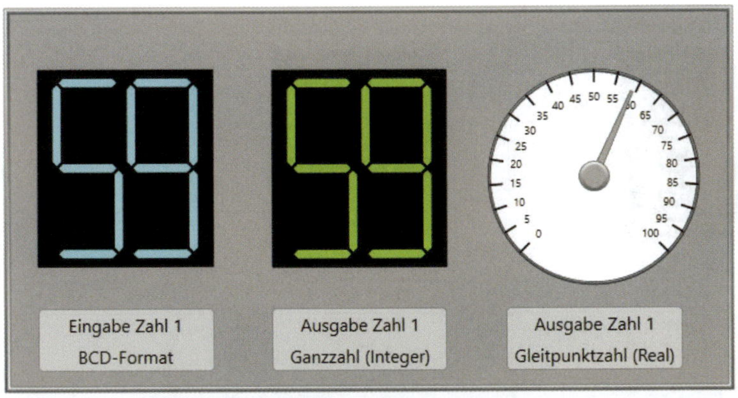

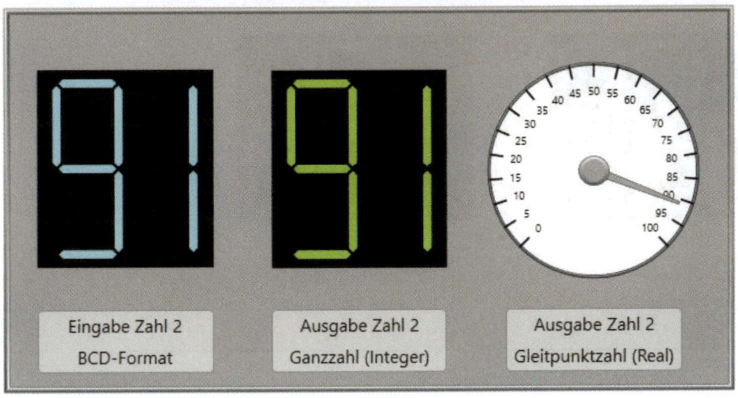

Visualisierungsdatei:
15_05_Umwandlungsfunktionen.plclab
im digitalen Zusatzmaterial

Zuordnungsliste:

Symbol	Operand	Kommentar
Eingabe 1	EW 20	Zahl 1 Eingabe (Word im BCD-Format)
Eingabe 2	EW 22	Zahl 2 Eingabe (Word im BCD-Format)
Anzeige 1	AW 0	Zahl 1 als 16-Bit-Ganzzahl (Integer)
Anzeige 2	AD 4	Zahl 1 als 32-Bit-Gleitpunktzahl (Real)
Anzeige 3	AW 8	Zahl 2 als 16-Bit-Ganzzahl (Integer)
Anzeige 4	AD 12	Zahl 2 als 32-Bit-Gleitpunktzahl (Real)

Aufgabe:

1. Legen Sie ein SPS-Projekt an und erstellen Sie das Steuerungsprogramm.
2. Testen Sie das Steuerungsprogramm.

15.6 Übung: Mathematische Operationen

Problemstellung:

Short-Link: **vel.plus/SPS21**

Mit einer SPS können auch mathematische Rechenfunktionen durchgeführt werden. Dafür muss das Eingabeformat, z. B. BCD-Code, oft umgewandelt werden, bevor eine Rechenoperation durchgeführt werden kann.

a) Addieren Sie den Wert von Eingabe 1 und Eingabe 2 und geben Sie das Ergebnis im BCD-Format aus.

b) Subtrahieren Sie den Wert von Eingabe 2 vom Wert der Eingabe 1. Geben Sie das Ergebnis im BCD-Format aus.

c) Quadrieren Sie den Wert von Eingabe 1 und geben Sie ihn als Ganzzahl (Integer) aus.

d) Geben Sie das Ergebnis der formel (2 · Zahl_1) + (3 · Zahl_2) als Ganzzahl (Integer) aus.

Technologieschema:

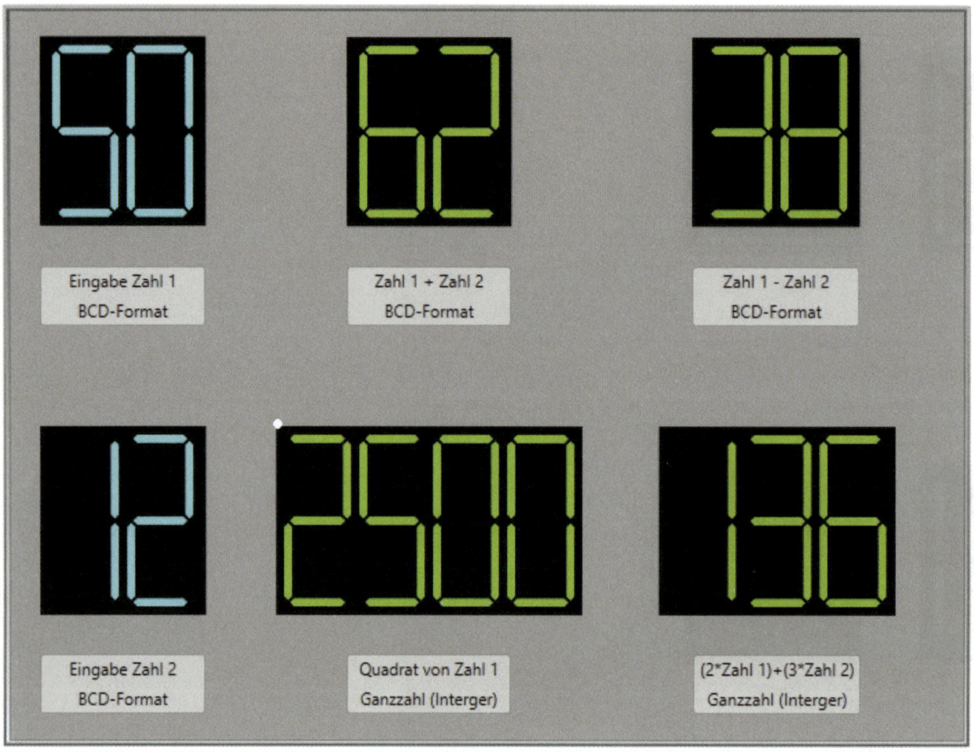

Visualisierungsdatei: ***15_06_Mathematische_Funktionen.plclab*** *im digitalen Zusatzmaterial*

Zuordnungsliste:

Symbol	Operand	Kommentar
Eingabe 1	EW 20	Eingabe 1 (BCD-Format)
Eingabe 2	EW 22	Eingabe 2 (BCD-Format)
Anzeige 1	AW 0	Addition von Eingabe 1 und Eingabe 2, Ausgabe im BCD-Format
Anzeige 2	AW 2	Subtraktion von Eingabe 1 mit Eingabe 2, Ausgabe im BCD-Format
Anzeige 3	AW 4	Quadrat von Eingabe 1, Ausgabe als Integer
Anzeige 4	AW 6	(2 · Zahl_1) + (3 · Zahl_2) als Integer

Aufgabe:

1. Legen Sie ein SPS-Projekt an und erstellen Sie das Steuerungsprogramm.
2. Testen Sie das Steuerungsprogramm.

16 Verarbeitung von Analogwerten

16.1 Analoge Signale

Neben den digitalen Signalen, die nur den Zustand „1“ oder „0“ haben können, werden in der Steuerungstechnik häufig analoge Signale verwendet. Sie können in einem bestimmten Bereich viele Werte annehmen. Typische Größen, die analog erfasst werden, sind Temperaturen, Drücke, Drehzahlen usw.

Mittels Sensoren werden diese physikalischen Größen in elektrische Signale umgewandelt. Für die Arbeit mit analogen Signalen müssen analoge Eingänge bzw. Ausgänge in der SPS verwendet werden. Standardmäßig werden die analogen Größen als Signale von 0 bis 10 V, 0 bis 20 mA oder 4 – 20 mA dargestellt.

Eine Temperatur, die in dem Bereich 0 – 100 °C von einem Sensor erfasst wird, kann als ein Signal von 0 bis 10 V dargestellt werden. 0 V entspricht dann 0 °C, 6 V entsprechend 60 °C.

Die Analogwerte werden nur in binärer Form von der CPU verarbeitet. Analog-Eingabebaugruppen wandeln das analoge in ein digitales Signal um. Analog-Ausgabebaugruppen wandeln den digitalen Wert in ein Analogsignal um.

Darstellung eines Analogwertes in 16-Bit-Auflösung																
Bit	15	14	13	12	11	10	9	8	7	6	5	4	3	2	1	0
Wert des Bits	Vorzeichen	2^{14}	2^{13}	2^{12}	2^{11}	2^{10}	2^{9}	2^{8}	2^{7}	2^{6}	2^{5}	2^{4}	2^{3}	2^{2}	2^{1}	2^{0}

Im Bit 15 wird immer das Vorzeichen angegeben: „0“ ⇒ positives Vorzeichen
„1“ ⇒ negatives Vorzeichen

Wenn die Auflösung weniger als 16 Bit beträgt, wird der Analogwert in dem Wort hinterlegt. In die nicht verwendeten Bits wird ein 0-Signal geschrieben.

Analogwertdarstellung im Spannungsmessbereich 1 bis 5 V und 0 bis 10 V					
System			**Spannungsmessbereich**		
	dez.	**hex.**	**1 bis 5 V**	**0 bis 10 V**	
118,515 % 117,593 %	32767 32512	7FFF 7F00	5,741 V	11,852 V	Überlauf
117,589 %	32511 27649	7EFF 6C01	5,704 V	11,759 V	Übersteuerungsbereich
100,000 % 75 % 0,003617 % 0 %	27648 20736 1 0	6C00 5100 1 0	5 V 3,75 V 1 V + 144,7 µV 1 V	10 V 7,5 V 0 V + 361,7 µV 0 V	Nennbereich
–17,593 %	–1 –4864	FFFF ED00	0,296 V	negative Werte nicht möglich	Untersteuerungsbereich
≤–17,596 %	–4865 –32768	ECFF 8000		negative Werte nicht möglich	Unterlauf

Auszug aus: *SIMATIC Automatisierungssystem S7-300 Baugruppendaten Referenzhandbuch, Siemens*

Aus dem Referenzhandbuch des Herstellers ist ersichtlich, dass ein analoges Signal mit dem Messbereich 0 – 10 V im Nennbereich dezimal von 0 bis 27648 dargestellt wird. Dadurch ergibt sich eine Auflösung von 10 V/27648 = 361,7 µV pro Digit.

Ein analoges Signal von 7,5 V entspricht der dezimalen Zahl 20736. Außerhalb des Nennbereichs werden bei analogen Werten auch Werte im Über- und Untersteuerungsbereich, sowie im Über- und Unterlauf erfasst.

Analogwertdarstellung im Strommessbereich 0 bis 20 mA und 4 bis 20 mA					
System			Spannungsmessbereich		
	dez.	hex.	0 bis 20 mA	4 bis 20 mA	
118,515 %	32767	7FFF	23,70 mA	22,96 mA	Überlauf
117,593 %	32512	7F00			
117,589 %	32511	7EFF	23,52 mA	22,81 mA	Übersteuerungsbereich
	27649	6C01			
100,000 %	27648	6C00	20 mA	20 mA	Nennbereich
75 %	20736	5100	15 mA	16 mA	
0,003617 %	1	1	723,4 nA	4 mA + 578,7 nA	
0 %	0	0	0 mA	4 mA	
	−1	FFFF			Untersteuerungsbereich
−17,593 %	−4864	ED00	−3,52 mA	1,185 mA	
	−4865	ECFF			Unterlauf
≤−17,596 %	−32768	8000			

Auszug aus: *Simatic Automatisierungssystem S7-300 Baugruppendaten Referenzhandbuch, Siemens*

16.2 Analogwerte einlesen und ausgeben

Analogwerte werden als Wort im Format Integer (INT) verarbeitet. Analogwerte sind dem Peripheriebereich zugeordnet. Die Adressen der Ein- und Ausgänge können der Hardwarekonfiguration entnommen werden.

Die Bearbeitung der Peripherie-Eingangs- und Peripherie-Ausgangswörter erfolgt über die Lade- und Transferbefehle:

```
L   EW 752: P    //Lade das analoge Peripherieeingangswort 752
T   MW10         //Transferiere zum Merkerwort 10
...
L   MW12         //Lade das Merkerwort 12
T   AW 752: P    //Transferiere zum analogen Peripherieausgangswort 752
```

Im Funktionsplan kann die Bearbeitung mit dem Befehl MOVE erfolgen:

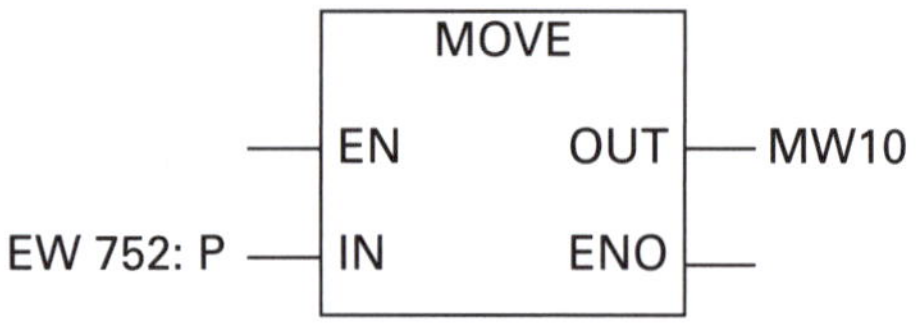

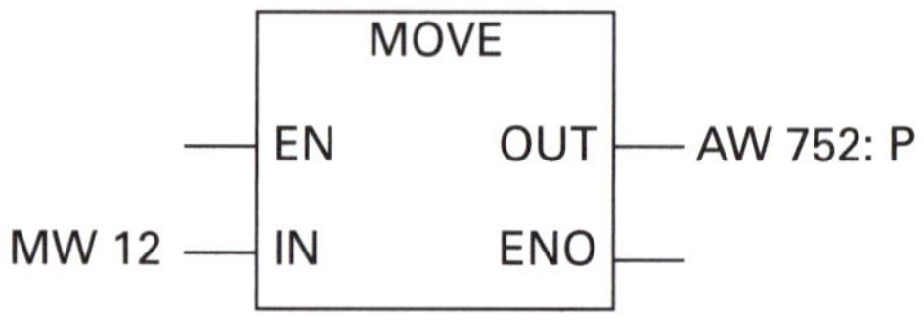

Die eingelesenen Werte können weiterverarbeitet werden. Es können die mathematischen Funktionen (Kap. 15) angewendet werden.

16.3 Analogwerte einlesen, normieren und skalieren

Wenn ein Analogwert eingelesen wurde, wird er in der Regel vor der Weiterverarbeitung normiert, d.h. er wird in eine Realzahl umgewandelt, um Rechenoperationen durchführen zu können. Außerdem wird er dem Nennbereich des Messsignals angepasst.

Die Normierung erfolgt mit folgender Gleichung:

$$NW = \frac{AEW}{27\,648} \times (HI\_LIM - LO\_LIM) + LO\_LIM$$

mit:
- NW = Normierter Wert
- AEW = Analoger Eingangswert
- HI_LIM = Oberer Grenzwert
- LO_LIM = Unterer Grenzwert
- 27648 = Auflösung des Nennbereichs

Beispiel: Eine Temperatur wird durch einen Sensor erfasst. Der Sensor liefert einen analogen Wert von 0 bis 10 V. 0 V entspricht 100 °C. 10 V entspricht 400 °C. Gesucht wird der normierte Wert des Eingangswertes 20736 (entspricht 7,5 V).

$$NW = \frac{20736}{27648} \cdot (400\,°C - 100\,°C) + 100\,°C = \mathbf{325\,°C}$$

Beispiel: Analogwert (Temperatur) einlesen, normieren und skalieren

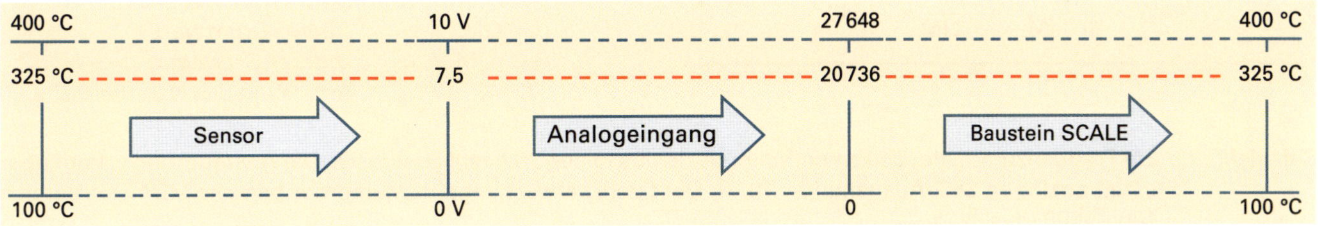

SCALE – Analogwert einlesen

Zum Einlesen und Normieren von Analogwerten kann auch die Bibliotheks-Funktion SCALE benutzt werden. Diese Funktion normiert und skaliert den Analogwert.

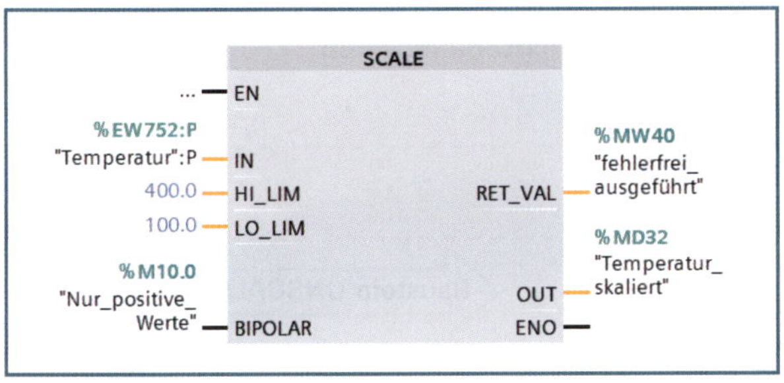

Peripheriebereich *:P*

Die Angabe *:P* bei einem Eingang oder Ausgang bedeutet, dass direkt auf den jeweiligen Eingang bzw. Ausgang zugegriffen wird. Dabei wird nicht auf das Prozessabbild der Eingänge gewartet. Ausgangsbefehle werden direkt an die Hardware gegeben (und zusätzlich an das Prozessabbild der Ausgänge).

Die Alternative: Norm_X und SCALE_X

Bei einigen Steuerungen, z. B. S7-1200, steht der Baustein *SCALE* nicht zur Verfügung.
Alternativ zu *SCALE* kann die Kombination von *NORM_X* und *SCALE_X* wie im Bild verwendet werden, um das gleiche Resultat zu erreichen.

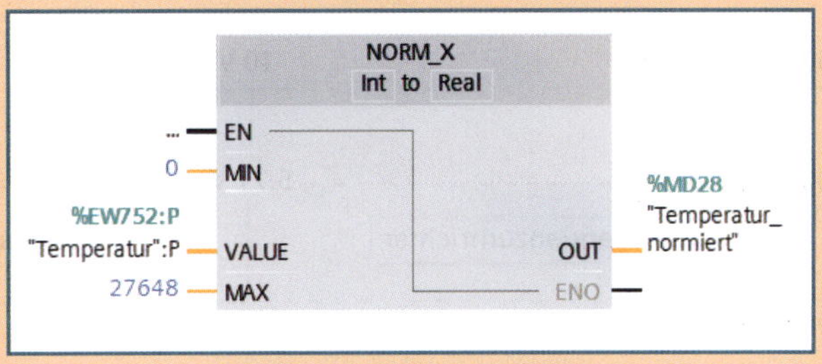

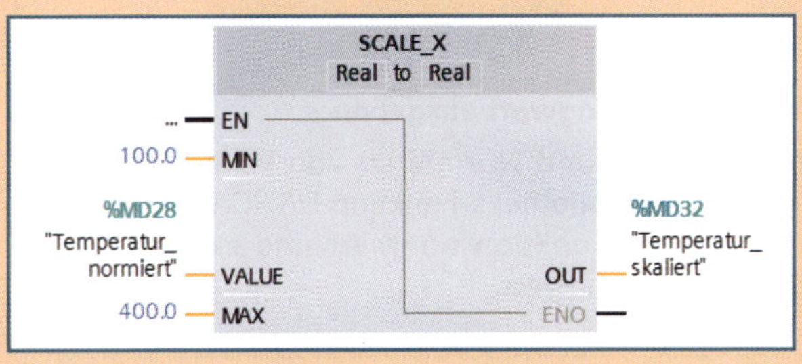

Parameter	Datentyp	Beschreibung
EN	BOOL	Aktivierung des FC 105
IN	INT	Eingabewert, der skaliert werden soll
HI_LIM	REAL	oberer Grenzwert
LO_LIM	REAL	unterer Grenzwert
BIPOLAR	BOOL	1 ⇒ Eingabewert mit positiven und negativen Werten 0 ⇒ Eingabewert nur mit positiven Werten
RET_VAL	WORD	Gibt den Wert W#16#0000 aus, wenn die Operation fehlerfrei ausgeführt wird.
OUT	REAL	Ergebnis der Skalierung
ENO	BOOL	1-Signal bei fehlerfreier Ausführung der Funktion

16.4 Analogwerte normieren, skalieren und ausgeben

Wenn ein normierter Wert an einer Ausgabebaugruppe als Wort ausgegeben werden soll, so muss dieser zuvor entsprechend normiert werden. Um Rundungsfehler zu vermeiden, wird dieses noch im Datentyp REAL durchgeführt. Dann wird dieser Wert auf eine Ganzzahl gerundet.

Die Normierung erfolgt mit folgender Gleichung:

$$AAW = \frac{NW - LO\_LIM}{HI\_LIM - LO\_LIM} \times 27648$$

mit:

AAW	=	Analoger Ausgangswert
NW	=	Normierter Wert
HI_LIM	=	Oberer Grenzwert
LO_LIM	=	Unterer Grenzwert
27648	=	Auflösung des Nennbereichs

Beispiel: Ein Frequenzumrichter soll einen Motor stufenlos in der Drehzahl ansteuern. Die Ansteuerung erfolgt über einen analogen SPS-Ausgang (0 – 10 V). Der Drehzahlwert liegt im Merkerdoppelwort MD40 im Bereich 100 – 1500 (min^{-1}) vor.

Bei einer Drehzahl von 900 min^{-1} ergibt sich ein Ausgangswert von:

$$AAW = \frac{900 - 100}{1500 - 100} \times 27648 = \mathbf{15799}$$

Das entspricht einer Ausgangsspannung von $\frac{10\ V}{27648} \times 15798 = \mathbf{5{,}71\ V}$

Beispiel: Analogwert (Drehzahl) normieren, skalieren und an einem Frequenzumrichter ausgeben

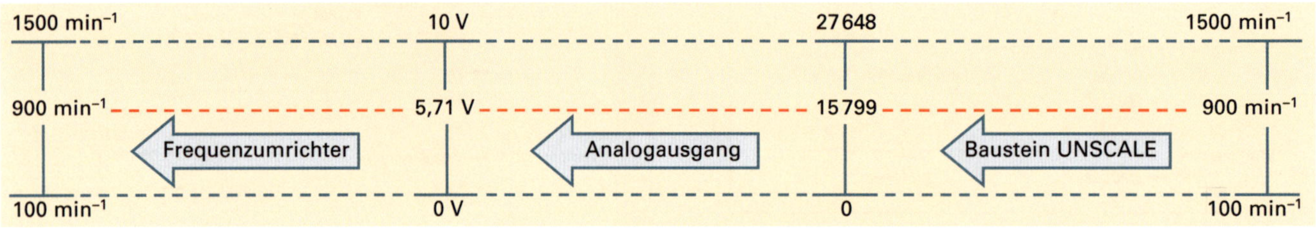

UNSCALE – Analogwert ausgeben

Zum Ausgeben und Normieren von Analogwerten kann auch die Bibliotheks-Funktion *UNSCALE* benutzt werden. Diese Funktion normiert und skaliert den analogen Ausgabewert.

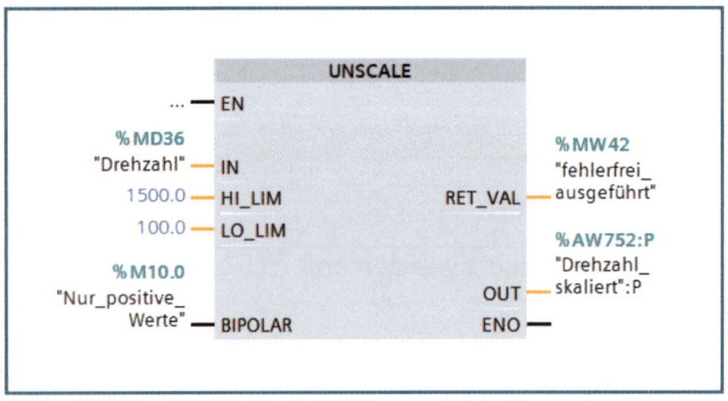

Die Alternative: Norm_X und SCALE_X

Bei einigen Steuerungen, z. B. S7-1200, steht der Baustein *UNSCALE* nicht zur Verfügung. Alternativ zu *UNSCALE* kann die Kombination von *NORM_X* und *SCALE_X* wie im Bild verwendet werden, um das gleiche Resultat zu erreichen.

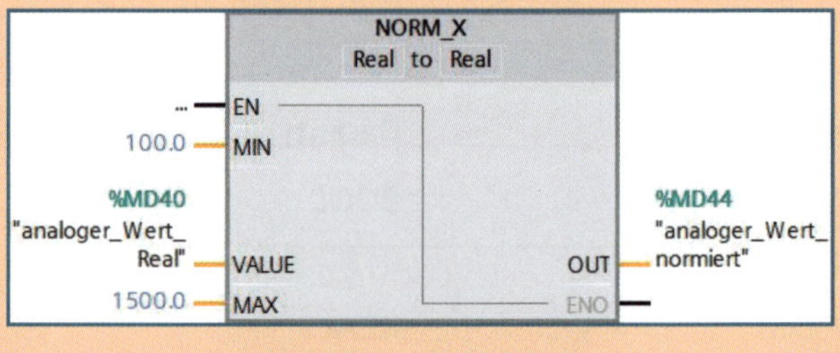

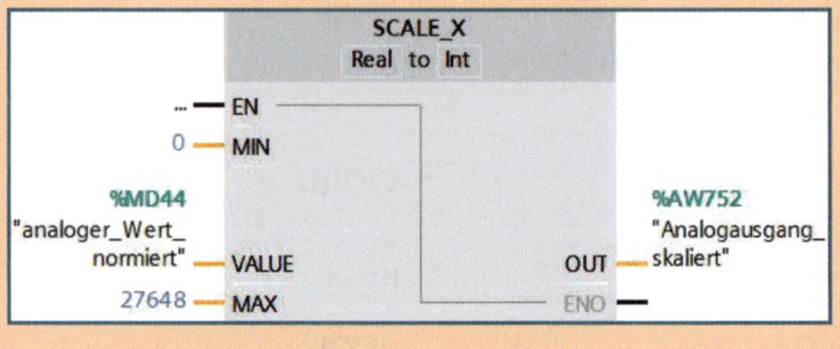

Parameter	Datentyp	Beschreibung
EN	BOOL	Aktivierung des FC 106
IN	REAL	Eingabewert, der skaliert werden soll
HI_LIM	REAL	oberer Grenzwert
LO_LIM	REAL	unterer Grenzwert
BIPOLAR	BOOL	1 ⇒ Eingabewert mit positiven und negativen Werten 0 ⇒ Eingabewert nur mit positiven Werten
RET_VAL	WORD	Gibt den Wert W#16#0000 aus, wenn die Operation fehlerfrei ausgeführt wird.
OUT	INT	Ergebnis der Skalierung
ENO	BOOL	1-Signal bei fehlerfreier Ausführung der Funktion

16.5 Wiederholungsfragen

1. In welchem Bit des Analogwertes des Peripherieeingangswortes 256 wird das Vorzeichen definiert?

2. Was versteht man unter Normierung eines analogen Eingangswertes?

3. Ein analoger Eingang mit dem Strommessbereich 0 – 20 mA weist einen dezimalen Wert von 14222 auf. Welcher Strom fließt im analogen Eingang?

4. Am Spannungsmessbereich eines analogen Einganges wird der hexadezimale Wert 7FFF angegeben. Was bedeutet dieser Wert?

5. Welche Funktion haben die Befehle SCALE und UNSCALE?

16.6 Übung: Temperaturanzeige

Short-Link: **vel.plus/SPS22**

Problemstellung:

In einem Behälter wird die Temperatur über einen Sensor gemessen.

Der Temperatursensor hat einen Messbereich von 0 °C bis 100 °C. Die Temperatur soll auf einer BCD-Anzeige dargestellt werden.

Technologieschema:

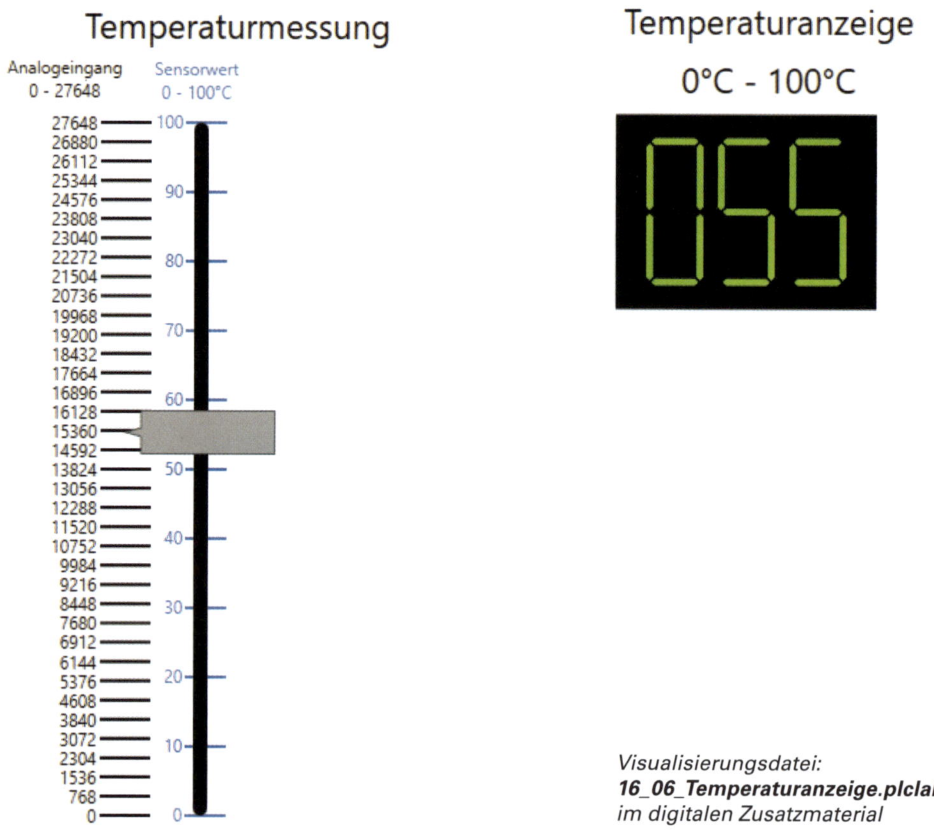

Visualisierungsdatei:
16_06_Temperaturanzeige.plclab
im digitalen Zusatzmaterial

Zuordnungsliste:

Symbol	Operand	Kommentar
B1	EW 0	Temperatursensor (0 – 20 mA)
P1	AW 0	Temperaturanzeige im BCD-Format

Aufgabe:

1. Legen Sie ein SPS-Projekt an und erstellen Sie das Steuerungsprogramm.
2. Testen Sie das Steuerungsprogramm.

16.7 Übung: Temperaturüberwachung

Problemstellung: Short-Link: **vel.plus/SPS23**

In einem Behälter wird die Temperatur über einen Sensor gemessen.
Die Temperatur soll auf einer BCD-Anzeige dargestellt werden.
Über einen BCD-Vorwahlschalter kann eine maximal zulässige Temperatur eingestellt werden.
Wenn die Ist-Temperatur die eingestellte maximale Temperatur übersteigt, soll eine Meldeleuchte im Sekundentakt blinken.

Technologieschema:

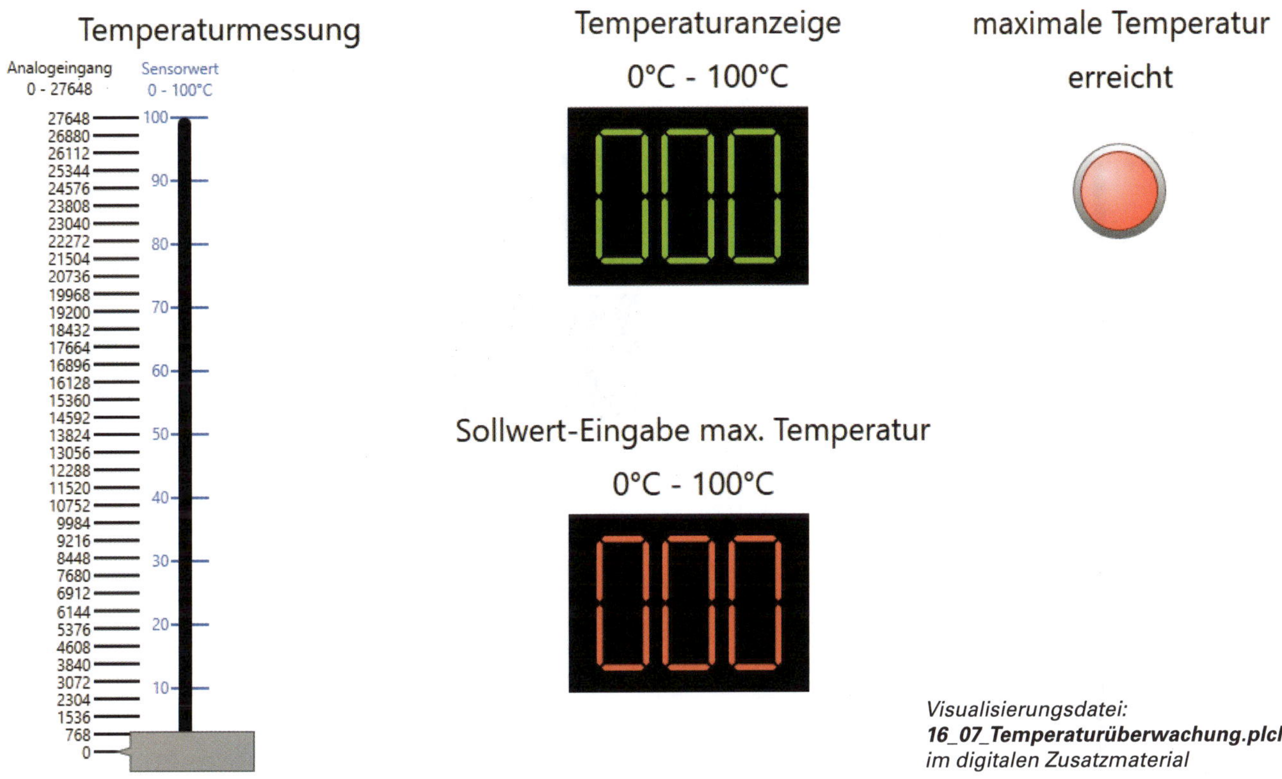

Visualisierungsdatei:
16_07_Temperaturüberwachung.plclab
im digitalen Zusatzmaterial

Zuordnungsliste:

Symbol	Operand	Kommentar
B1	EW 0	Temperatursensor (INT)
P1	AW 2	Temperaturanzeige im BCD-Format
S1	EW 2	Vorwahlschalter „Maximale Temperatur“ (BCD-Format)
P2	A0.0	Warnleuchte (blinkt im Sekundentakt)

Aufgabe:

1. Legen Sie ein SPS-Projekt an und erstellen Sie das Steuerungsprogramm.
2. Testen Sie das Steuerungsprogramm.

Hinweis: Wenn der Taktmerker in PLCLAB genutzt werden soll, muss auch die Hardwarekonfiguration des SPS-Projekts in PLCSIM geladen werden.

16.8 Pegelmessung an einem Wasserkraftwerk 1

Problemstellung:

Short-Link: **vel.plus/SPS24**

Am Wasserkraftwerk in Oldenburg misst ein Ultraschallsensor den Wasserstand der Hunte. Der Fluss ist bis zum Wasserkraftwerk noch abhängig von Ebbe und Flut. Ein Anzeigenpanel zeigt alle relevanten Daten an.

Die Messung des Wasserstandes soll alle 20 min (zum Test alle fünf Sekunden) erfolgen. Nach zehn Messungen werden die alten Werte wieder überschrieben.

Die Messwerte sollen in einem Datenbaustein gespeichert werden.

Technologieschema:

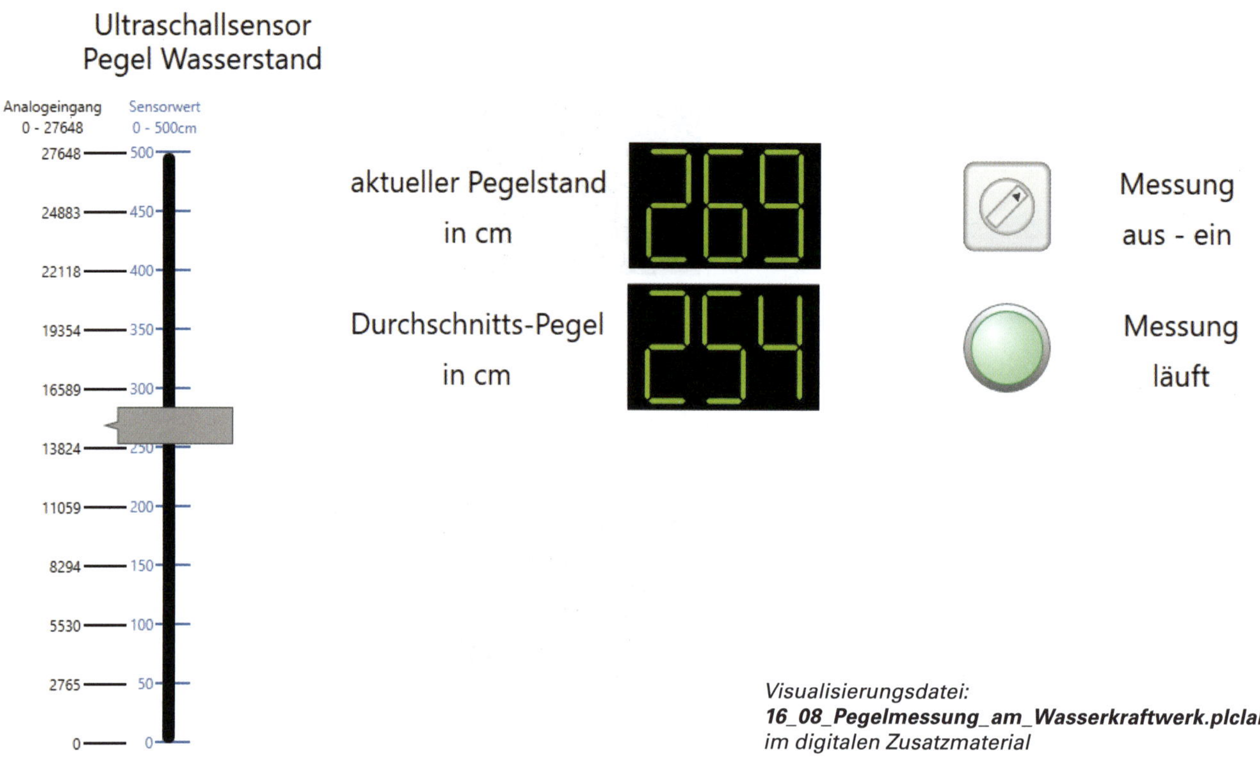

Visualisierungsdatei:
16_08_Pegelmessung_am_Wasserkraftwerk.plclab
im digitalen Zusatzmaterial

Zuordnungsliste:

Symbol	Operand	Kommentar
B1	EW256	Ultraschallsensor 0 cm bis 500 cm
S1	E0.0	Messung ein / aus
P1	A0.0	Meldeleuchte Messung läuft
P2	AW128	aktueller Pegelstand
P3	AW130	Durchschnittspegel

Aufgabe:

1. Legen Sie ein Projekt an und erstellen Sie das Steuerungsprogramm.
2. Testen Sie das Steuerungsprogramm.

16.9 Pegelmessung an einem Wasserkraftwerk 2

Problemstellung:

Short-Link: **vel.plus/SPS25**

Am Wasserkraftwerk in Oldenburg wird das Anzeigenpanel erweitert.

Ein Ultraschallsensor misst den Wasserstand der Hunte. Der Fluss ist bis zum Wasserkraftwerk noch abhängig von Ebbe und Flut. Ein Anzeigenpanel zeigt alle relevanten Daten an.

Die Messung des Wasserstandes soll alle 20 min (zum Test alle fünf Sekunden) erfolgen. Nach zehn Messungen werden die alten Werte wieder überschrieben. Die Min-/Max-Werte bleiben erhalten.

Die Messwerte sollen in einem Datenbaustein gespeichert werden.

Technologieschema:

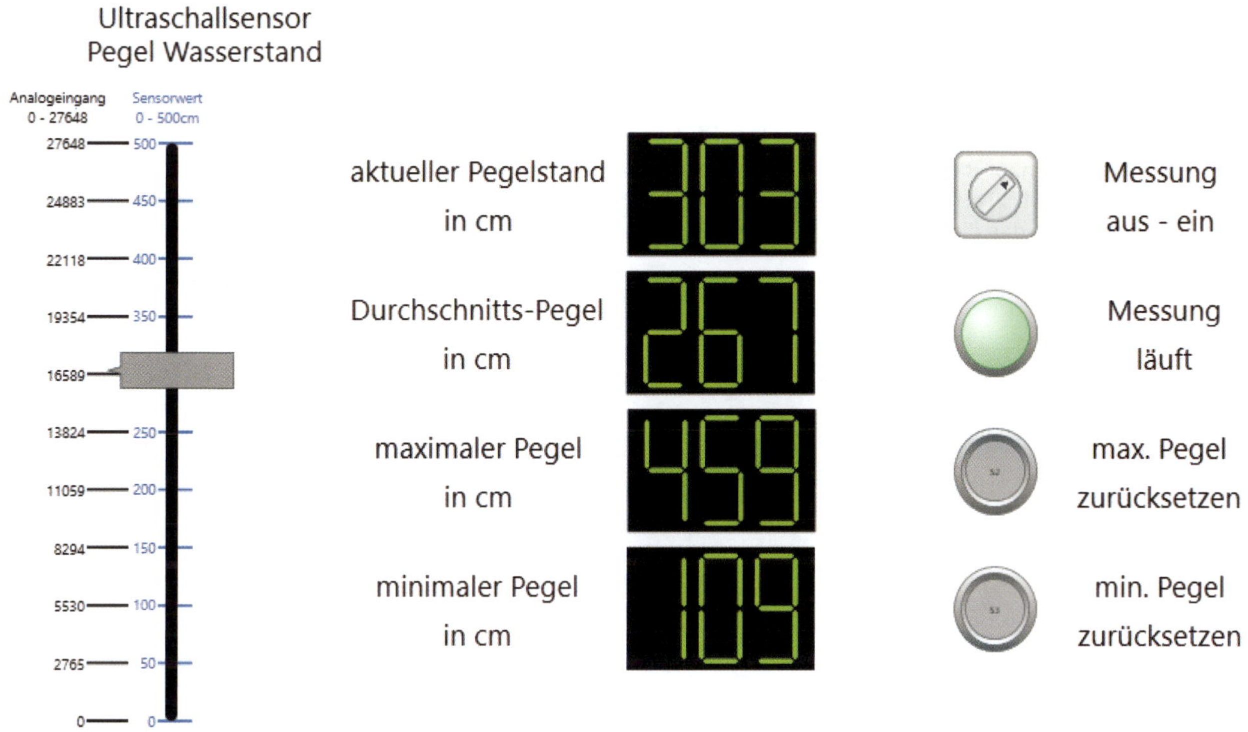

Visualisierungsdatei: ***16_09_Pegelmessung_Wasserkraftwerk_2.plclab*** *im digitalen Zusatzmaterial*

Zuordnungsliste:

Symbol	Operand	Kommentar
B1	EW256	Ultraschallsensor 0-500 cm (0-10V)
S1	E0.0	Messung ein / aus
S2	E0.1	Taster maximalen Pegel zurücksetzen
S3	E0.2	Taster minimalen Pegel zurücksetzen
P1	A0.0	Meldeleuchte Messung läuft
P2	AW128	aktueller Pegelstand
P3	AW130	Durchschnittspegel
P4	AW132	Maximaler Pegel
P5	AW134	Minimaler Pegel

Aufgabe:

1. Legen Sie ein Projekt an und erstellen Sie das Steuerungsprogramm.
2. Testen Sie das Steuerungsprogramm.

17 Cause-Effect-Matrix (CEM) und Structured Control Language (SCL)

17.1 Cause-Effect-Matrix

Die Programmiersprache Cause-Effect-Matrix (CEM) bietet eine grafische Programmierumgebung. Sie ist geeignet, wenn Verriegelungs-, Freigabe- und Überwachungsaufgaben realisiert werden sollen. In einer Matrix werden Ursachen **(Causes)** und Wirkungen **(Effects)** dargestellt. Die einzelnen Felder der Matrix werden **Intersectiones** genannt. Darin wird festgelegt, ob und wie ein Effect auf ein Cause erfolgt.

Die Cause-Effect-Matrix steht ab TIA-Portal V17 für S7-1500-Steuerungen ab Firmware V2.6 und in S7-1200-Steuerungen ab Firmware V4.2 zur Verfügung.

Beispiel 1:
Anhand der Beispielaufgabe 5.13 Rauchmeldeanlage auf Seite 36 wird eine Cause-Effect-Matrix erklärt.

Problemstellung:

Eine Lagerhalle soll durch vier Rauchsensoren (B1 – B4) überwacht werden. Bei Rauch geben sie ein 0-Signal, sonst ein 1-Signal. Wenn ein Sensor Rauch erkennt, soll eine Warnleuchte (P1) leuchten. Bei mindestens zwei gleichzeitigen Meldungen soll die Sirene (P2) ertönen. Geben mindestens drei Rauchmelder einen Alarm, soll ein automatisches Wählgerät eingeschaltet werden, das die Feuerwehr alarmiert. Das Wählgerät (P3) wird über einen Ausgang der SPS angesteuert (Ausgang auf „1“).

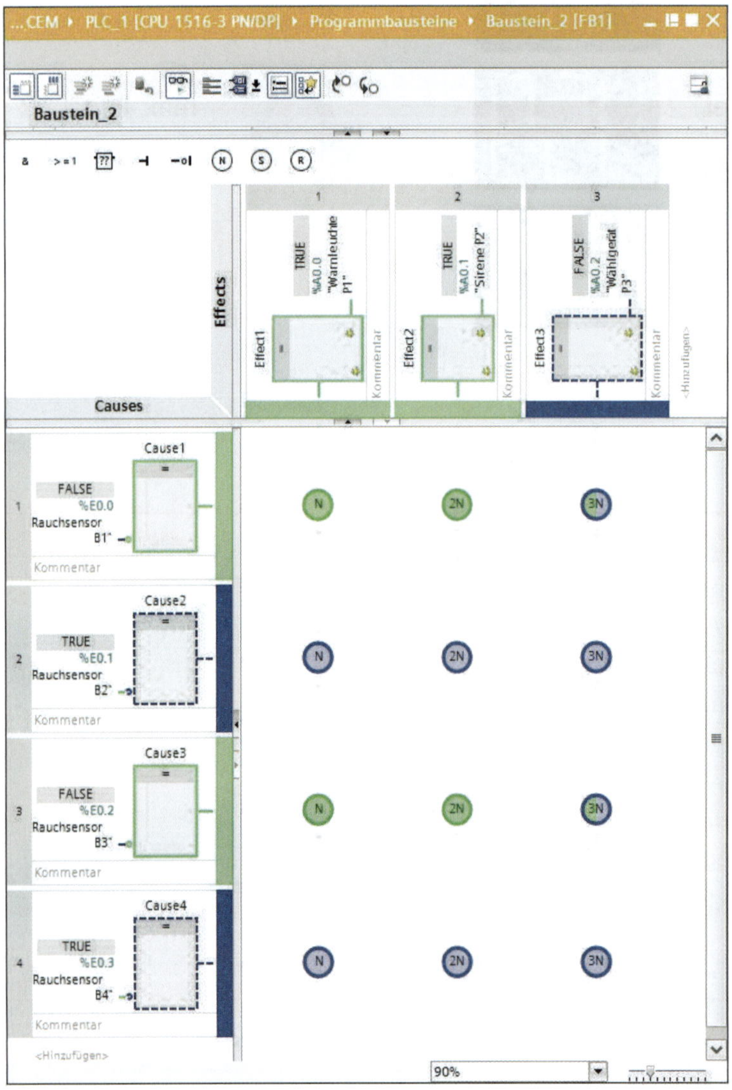

Causes (Ursachen):

Causes sind Ursachen für ein Ereignis. Das können einzelne Eingänge oder aber auch Verknüpfungen von mehreren Bedingungen sein. Zudem sind auch Vergleicher und Timer möglich. Causes werden von oben nach unten abgearbeitet.

Effects (Wirkungen):

Als Wirkungen können Ausgänge, Merker oder Variablen zugewiesen, gesetzt oder zurückgesetzt werden.

Intersections:

Die Abhängigkeit des Effects von den Causes wird in einer Intersection beschrieben. Darin kann festgelegt werden:

N: Setzen, solange Cause aktiv (nicht speichern)

S: Speichernd setzen auf 1

R: Speichernd rücksetzen auf 0

Aktionsgruppe : z.B. 2 aus 3 oder 2 aus 4

Intersections werden von links nach rechts abgearbeitet.

Im Beispiel wird die Meldeleuchte P1 (Effect1) über die Bedingungen N so lange angesteuert, wie mindestens einer der vier Causes ein 1-Signal hat. Die Sirene P2 wird über die Aktionsgruppe 2N nicht speichernd angesteuert. Hier gilt: 2 aus 4. Wenn mindestens zwei der vier Causes eine 1-Signale haben, wird der Effect 2 angesteuert. Beim Wählgerät gilt die Bedingung 3N (3 aus 4).

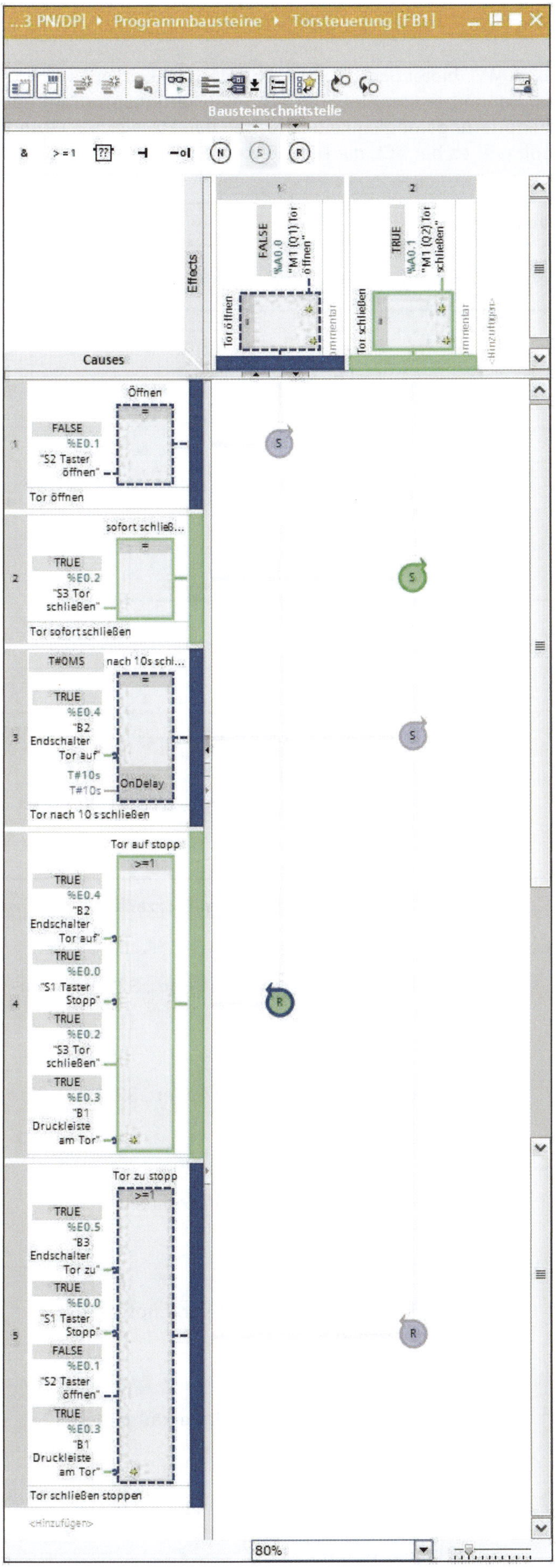

Beispiel 2:

Anhand der Beispielaufgabe 8.9 *Zeitgesteuerte Toranlage* auf *Seite 61* werden die Setz- und Rücksetzbefehle sowie die Zeitfunktionen bei der Cause-Effect-Matrix veranschaulicht.

Problemstellung:

Das Tor einer Hofeinfahrt wird über den Taster „Tor öffnen" geöffnet. Nach 10 s schließt das Tor automatisch. Über den Taster „Stopp" kann das Tor angehalten werden. Zudem kann das Tor jederzeit mit dem Taster „Schließen" geschlossen werden. Ein direktes Umschalten von *Öffnen* in *Schließen* soll möglich sein. Wird beim Öffnen oder Schließen die Druckleiste betätigt, bleibt das Tor stehen.

Bei der Beispielaufgabe werden die verschiedenen Möglichkeiten der Cause-Effect-Matrix verdeutlicht:

Causes:

Cause 1 und Cause 2: Abfrage eines Einganges

Cause 3: Eingang mit Negation und Einschaltverzögerung

Cause 4 und Cause 5: ODER-Verknüpfungen

Intersections:

Setz- und Rücksetzbefehle für die einzelnen Effects

Die Cause-Effect-Matrix bietet die Möglichkeit einfache Überwachungs-, Verriegelungs- und Steuerungsaufgaben zu realisieren. Bei komplexeren Aufgabenstellungen kommt die CEM aber sicherlich an ihre Grenzen.

Zudem müssen unter anderem folgende Einschränkungen (in TIA V17) hingenommen werden:

- der Aufruf anderer Bausteine ist aus dem Programm heraus nicht möglich
- CEM-Bausteine sind nicht multiinstanzfähig
- eine implizierte Datenkonvertierung ist nicht möglich
- in fehlersicheren Steuerungen können CEM-Bausteine nicht verwendet werden
- CEM-Bausteine können nicht ausgedruckt werden

17.2 Structured Control Language

Neben den klassischen Programmiersprachen wie FUP, KOP und AWL bietet das TIA-Portal die Möglichkeit, in der Hochsprache Structed Control Language (SCL) zu programmieren. Bei immer komplexeren Automatisierungsprogrammen bietet SCL eine größere Bandbreite an Programmier- und Strukturierungsmöglichkeiten. Neben den klassischen Grundfunktionen, Zeiten, Zählern bis hin zur Analogwertverarbeitung gibt es bei SCL die Möglichkeit, Schleifen (FOR ...) und Kontrollanweisungen (IF...; CASE...) uvm. zu verwenden.

Alle Anweisungen müssen in SCL mit einem Semikolon (;) abschließen.

Die Programme können über Beobachten auch kontrolliert werden. Kommentarzeilen werden mit // gekennzeichnet.

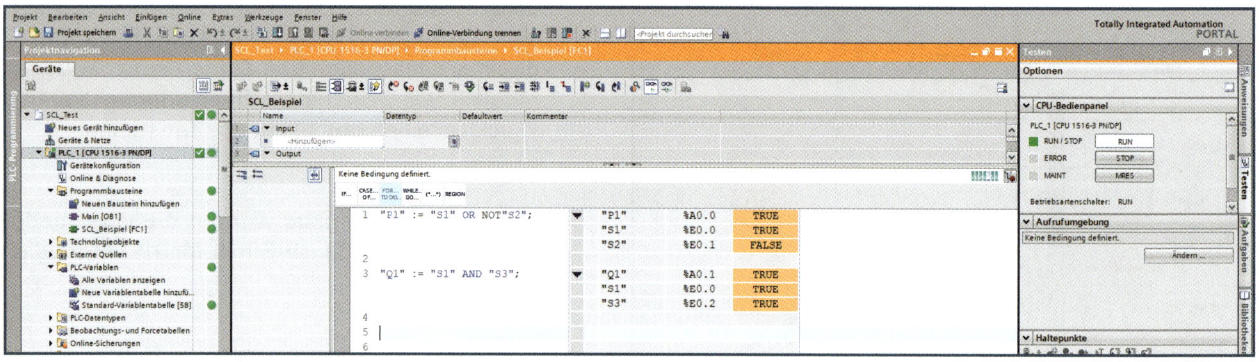

17.2.1 SCL-Befehle

Zuweisung

Programmanweisung	Erklärung der Programmierzeilen
`"P1" := "S1";` `"Q1" := false;` ("P1" %A0.0, "S1" %E0.0, "Q1" %A0.1)	„P1" hat ein 1-Signal, wenn „S1" ein 1-Signal hat. „Q1" wird der Zustand *false* (0-Signal) zugewiesen.

Grundverknüpfungen

Programmanweisung	Erklärung der Programmierzeilen
UND-Verknüpfung	
`"P1" := "S1" AND "S2";` ("P1" %A0.0, "S1" %E0.0, "S2" %E0.1)	„P1" hat ein 1-Signal, wenn „S1" und „S2" ein 1-Signal haben.
ODER-Verknüpfung	
`"P1" := "S1" OR "S2";` ("P1" %A0.0, "S1" %E0.0, "S2" %E0.1)	„P1" hat ein 1-Signal, wenn „S1" oder „S2" ein 1-Signal hat.
ODER-Verknüpfung mit negiertem Eingang	
`"P1" := "S1" OR NOT"S2";` ("P1" %A0.0, "S1" %E0.0, "S2" %E0.1)	„P1" hat ein 1-Signal, wenn „S1" und nicht „S2" ein 1-Signal hat.
NAND-Verknüpfung	
`"P1" := NOT ("S1" AND "S2");` ("P1" %A0.0, "S1" %E0.0, "S2" %E0.1)	„P1" verhält sich wie eine UND-Verknüpfung mit negiertem Ausgang.
NOR-Verknüpfung	
`"P1" := NOT ("S1" OR "S2");` ("P1" %A0.0, "S1" %E0.0, "S2" %E0.1)	„P1" verhält sich wie eine ODER-Verknüpfung mit negiertem Ausgang.
Exklusiv-ODER-Verknüpfung (XOR)	
`"P1" := "S1" XOR "S2";` ("P1" %A0.0, "S1" %E0.0, "S2" %E0.1)	P1 hat ein 1-Signal, wenn nur einer der beiden Eingänge ein 1-Signal führt.

Speicherfunktion (Flipflops)

Programmanweisung | **Erklärung der Programmierzeilen**

SR-Flipflop - dominant rücksetzend

```
IF "S1" THEN
    "P1" := TRUE;
END_IF;
IF "S2" THEN
    "P1" := FALSE;
END_IF;
```

"S1"	%E0.0
"P1"	%A0.0
"S2"	%E0.1
"P1"	%A0.0

Mit S1 wird P1 auf „1“ gesetzt.

Mit S2 wird P1 auf „0“ zurückgesetzt.

Bei gleichzeitigem Setz- und Rücksetzbefehl, wird zurückgesetzt.

RS-Flipflop - dominant setzend

```
IF "S2" THEN
    "P1" := FALSE;
END_IF;
IF "S1" THEN
    "P1" := TRUE;
END_IF;
```

"S2"	%E0.1
"P1"	%A0.0
"S1"	%E0.0
"P1"	%A0.0

Mit S1 wird P1 auf „1“ gesetzt.

Mit S2 wird P1 auf „0“ zurückgesetzt.

Bei gleichzeitigem Setz- und Rücksetzbefehl, wird gesetzt.

Zeitfunktionen

Programmanweisung | **Erklärung der Programmierzeilen**

IEC-Einschaltverzögerung TON

```
1  //Einschaltverzögerung 10s
2  "IEC_Timer_0_DB".TON(IN:="S1",

3                       PT:=T#10s,
4                       Q=> "P1",
5                       ET=>"aktueller Zeitwert");
6
7  //Rücksetzen des Timers
8  IF "S2" THEN
9      RESET_TIMER("IEC_Timer_0_DB");
10 END_IF;
```

"IEC_Timer_0_DB"	%DB1
"S1"	%E0.0
"P1"	%A0.0
"aktueller Zeitwert"	%MD0
"S2"	%E0.1
"IEC_Timer_0_DB"	%DB1

Zeile 1 und 7 sind reine Kommentarzeilen. Solange S1 ein 1-Signal hat, ist die Einschaltverzögerung aktiv. Nach 10s wird der Ausgang eingeschaltet. Die aktuelle Zeit kann an ET abgefragt werden (Zeile 5).

Der Ausgang wird zurückgesetzt, wenn S1 keine 1-Signal mehr führt oder S2 den Timer zurücksetzt (Zeile 8).

IEC-Ausschaltverzögerung TOF

Die Ein-/Ausgänge der Ausschaltverzögerung werden genauso programmiert wie bei der Einschaltverzögerung.

IEC-Impuls erzeugen TP

Die Ein-/Ausgänge der Impulszeit werden genauso programmiert wie bei der Einschaltverzögerung.

Zähler

Programmanweisung | **Erklärung der Programmierzeilen**

```
//Zähler
"IEC_Counter_0_DB".CTUD(CU:="count_up",
                        CD:="count_down",
                        R:="reset",
                        LD:="load",
                        PV:=50,
                        QU=>"P1",
                        QD=>"Q1",
                        CV=>"count_value");
```

"IEC_Counter_0_DB"	%DB2
"count_down"	%E0.1
"reset"	%E0.2
"load"	%E0.3
"P1"	%A0.0
"Q1"	%A0.1
"count_value"	%MW50

An den Eingängen CU und CD wird hoch- beziehungsweise heruntergezählt. An R wird der Zähler zurückgesetzt. Wenn an LD ein 1-Signal anliegt, wird der Wert von PV geladen. QU und QV sind die Ausgänge für das Hoch- und Herunterzählen. CV gibt den aktuellen Zählwert aus.

Aufruf eines Funktionsbausteins

Programmanweisung | **Erklärung der Programmierzeilen**

```
"Lüftersteuerung_FB_DB"(Sensor_Temp_1:="B1",

                        Sensor_Temp_2:="B2",
                        Zeitvorgabe:=T#10s,
                        Lüftermotor=>"Q1");
```

"Lüftersteuerung_FB_DB"	%DB1
"B1"	%E0.0
"B2"	%E0.1
"Q1"	%A0.0

An den Eingängen CU und CD wird hoch- beziehungsweise heruntergezählt. An R wird der Zähler zurückgesetzt. Wenn an LD ein 1-Signal anliegt, wird der Wert von PV geladen. QU und QV sind die Ausgänge für das Hoch- und Herunterzählen. CV gibt den aktuellen Zählwert aus.

Umwandlungsfunktion

Programmanweisung | **Erklärung der Programmierzeilen**

```
1 //Umwandlungfunktion DINT => INT
2 "input_dint" := DINT_TO_INT("output_int");

3 //Umwandlungsfunktion REAL => DINT (Runden)
4 "input real" := ROUND("output_dint");
```

"input_dint"	%MD20
"output_int"	%MW24
"input real"	%MD32
"output_dint"	%MD36

In Zeile 2 wird eine Double-Integerzahl in eine Integerzahl umgewandelt. Die Anweisung in Zeile 4 rundet eine Gleitpunktzahl in eine Double-Integerzahl.

Mathematische Funktion

Programmanweisung	Erklärung der Programmierzeilen

`//Berechnung der Drei-Phasen-Wirkleistung`
`"Wirkleistung":=SQRT(3)*"Spannung"*"Strom"*"cos_phi";`
`"Wirkleistung" %MD12`
`"Spannung" %MD16`
`"Strom" %MD20`
`"cos_phi" %MD24`
	Die Drei-Phasen-Wirkleistung wird nach der Formel: $P = \sqrt{3} \cdot U \cdot I \cdot \cos\varphi$ berechnet.

Beispielprogramm: Skalier-Baustein für Analogeingänge:

Aufgabenstellung: Es soll ein einfacher bibliotheksfähiger Baustein zum Normieren und Skalieren von Analogeingängen in der Programmiersprache SCL erstellt werden.

Input-Variablen: input_analog_int (Int), max_limit (Real), min_limit (Real)

Output_Variablen: output_skalierter Wert (Real)

Temp_Variablen: input_analog_real (Real)

Berechnung: Siehe auch Kapital *16. Verarbeitung von Analogwerten*
*#output_skalierter Wert := #input_analog_real / 27648 * (#max_limit - #min_limit) + #min_limit;*

Lösung: Es wird ein Baustein my_scale (FC110) erstellt. In diesem kann die Formel eingegeben werden.

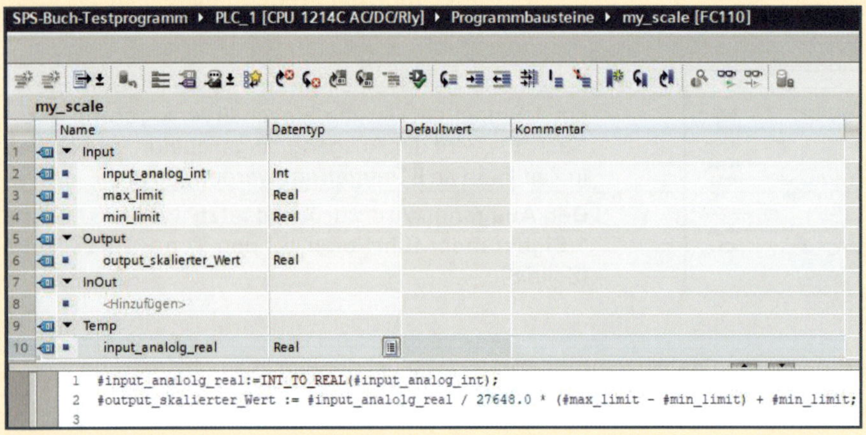

Bild 1: Baustein my_scale

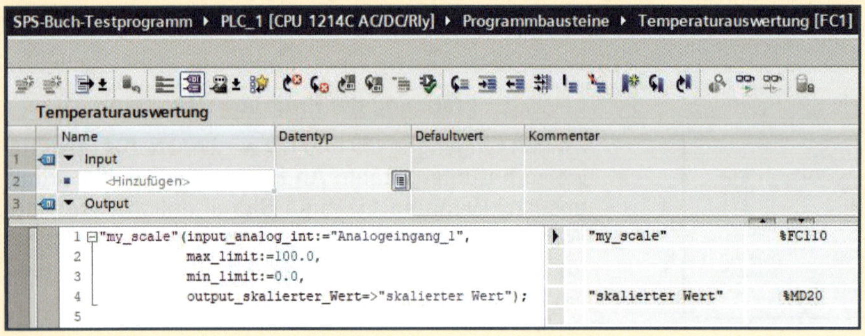

Bild 2: Aufruf von my_scale im FC1

IF-Anweisungen (Bedingt ausführen)

Ist die IF-Bedingung erfüllt (TRUE), dann wird die THEN-Anweisung ausgeführt. Ansonsten wird die ELSE-Anweisung abgearbeitet.

Programmanweisung	Erklärung der Programmierzeilen

`//Umschaltung Hand-Auto`
`IF "Schalter_Auto" THEN`
`    "Automatik"();`
`ELSE`
`    "Handbetrieb"();`
`END_IF;`
`"Schalter_Auto" %E0.0`
`"Automatik" %FC2`
`"Handbetrieb" %FC3`
	Wenn *Schalter_Auto* ein 1-Signal hat, wird die Funktion *Automatik (FC2)* ausgeführt, sonst wird die Funktion *Handbetrieb (FC3)* aufgerufen.

`//Meldeleuchte Steuerung_EIN`
`IF "Taster_EIN" THEN`
`    "Meldel_Steuerung" := TRUE;`
`ELSIF`
`    "Taster_Aus" THEN`
`    "Meldel_Steuerung":= FALSE;`
`END_IF;`
`"Taster_EIN" %E0.0`
`"Meldel_Steu..." %A0.0`
`"Taster_Aus" %E0.1`
`"Meldel_Steu..." %A0.0`
	Wenn *Taster_EIN* betätigt ist, wird die Meldeleuchte eingeschaltet.
	Wenn *Taster_AUS* betätigt ist, wird sie wieder ausgeschaltet.

CASE-Anweisungen (Mehrfach verzweigen)

In Abhängigkeit des Wertes einer Variablen werden die entsprechenden Anweisungen ausgeführt. Ansonsten wird die Anweisung unter ELSE ausgeführt. Die Variable muss eine Ganzzahl sein.

Programmanweisung

```
CASE"Auswahl_Behälter(1)"OF
    1: // Anwahl FC Behälter 1
        "Steuerung_Behälter_1"();
    2: // Anwahl FC Behälter 2
        "Steuerung_Behälter_2"();
    3: // Anwahl FC Behälter 3
        "Steuerung_Behälter_3"();
    ELSE  // Fehlermeldung
        "Fehler_Behälterauswahl" := true;
END_CASE;
```

"Auswahl_Behälter(1)"	%EW10
"Steuerung_Behälter_1"	%FC2
"Steuerung_Behälter_2"	%FC3
"Steuerung_Behälter_3"	%FC4
"Fehler_Behälteraus...	%M40.0

Erklärung der Programmierzeilen

Über die Variable Auswahl_Behälter können die Behältersteuerungen 1 bis 3 angewählt werden.

Bei falscher Anwahl wird eine Fehlermeldung ausgegeben.

FOR-Anweisungen (In Zählschleife ausführen)

Die Programmanweisung wird als Schleife so lange wiederholt, wie die Laufvariable der Zählschleife im angegebenen Wertebereich liegt. Schleifen können auch ineinander verschachtelt werden.

Programmanweisung

```
FOR #i :=1 TO 5 BY 1 DO
    //Umrechnung Zoll in cm
    "ANL".Mess_Zoll[#i]:="ANL".Mess_cm[#i]*2.54;    "ANL"  %DB1
END_FOR;
```

Erklärung der Programmierzeilen

Solange die Laufvariable i zwischen 1 und 5 liegt, erfolgt die Umrechnung Zoll in Zentimeter.

While-Anweisung (Bei erfüllter Bedingung ausführen)

Die Programmanweisung wird ausgeführt, solange die WHILE-Bedingung erfüllt ist.

Programmanweisung

```
WHILE #i<6 DO
    // Umrechnung Zoll in cm
    "ANL".Mess_Zoll[#i] := "ANL".Mess_cm[#i] * 2.54;    "ANL"  %DB1
    #i := #i + 1;
END_WHILE;
```

Erklärung der Programmierzeilen

Solang die Variable i kleiner 6 ist, wird die Umrechnung Zoll in Zentimeter durchgeführt.

17.2.2 Wiederholungsfragen

1. Welche Vorteile hat die Programmiersprache Structed Control Language (SCL) gegenüber den anderen Programmiersprachen?

2. Eine Leuchte E1 soll immer dann leuchten, wenn der Schalter S1 (Schießer) betätigt ist und der Dämmerungsschalter B1 kein 1-Signal hat. Geben Sie das SCL-Programm an.

3. In einem Programm gibt es acht verschiedene Zustände, in denen jeweils bestimmte Aktionen ausgeführt werden sollen. Welche SCL-Anweisung ist dafür am besten geeignet?

17.2.3 Übung: Zeitgesteuerte Toranlage in SCL

Problemstellung: Short-Link: **vel.plus/SPS26**

Das Tor einer Hofeinfahrt wird über den Taster *Auf* geöffnet. Nach 10 s schließt das Tor automatisch.

Über den Taster Stopp kann das Tor angehalten werden. Zudem kann das Tor jederzeit mit dem Taster *Schließen* geschlossen werden. Ein direktes Umschalten von Öffnen in Schließen soll möglich sein.

Wird beim Öffnen oder Schließen die rote Druckleiste betätigt, bleibt das Tor stehen.

Eine Leuchte zeigt den Betrieb der Anlage an, sie soll im Sekundentakt blinken.

Technologieschema:

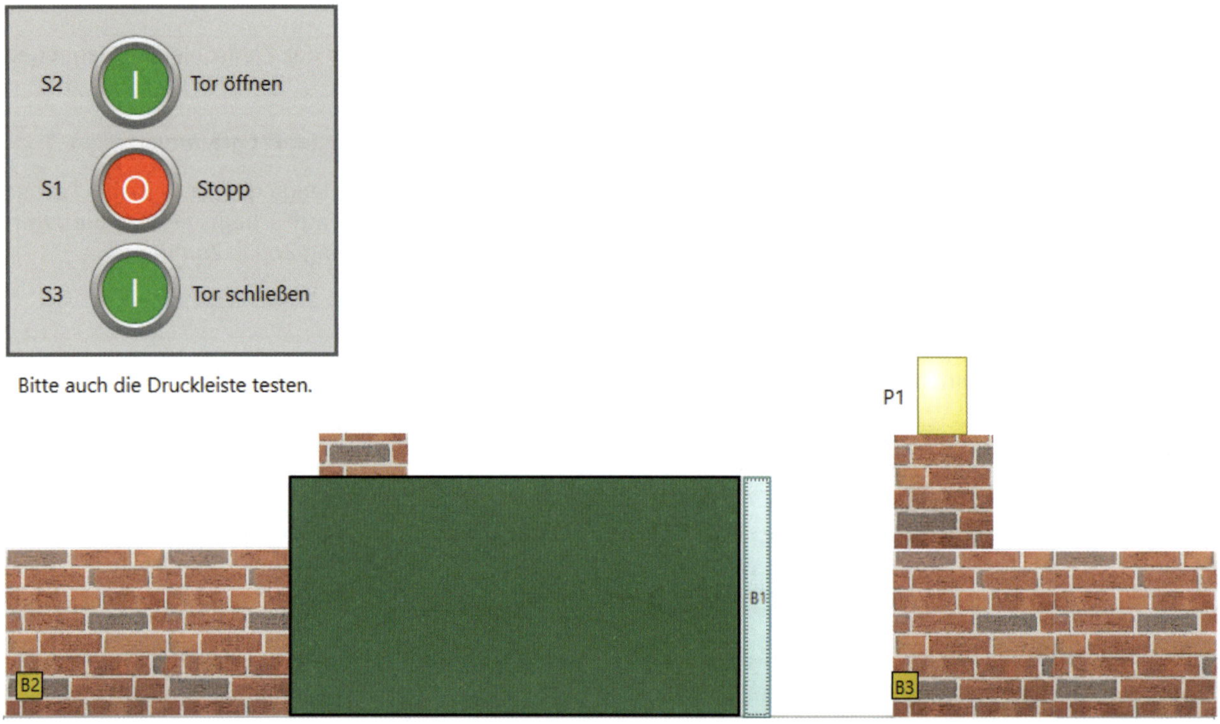

*Visualisierungsdatei: **17_03_Toranlage_SCL** im digitalen Zusatzmaterial*

Zuordnungsliste:

Symbol	Operand	Kommentar	Schaltverhalten
S1	E0.0	Taster Stopp	Öffner
S2	E0.1	Taster Tor öffnen	Schließer
S3	E0.2	Taster Tor schließen	Schließer
B1	E0.3	Druckleiste am Tor	Öffner
B2	E0.4	Endschalter Tor auf	Öffner
B3	E0.5	Endschalter Tor zu	Öffner
M1 (Q1)	A0.0	Motorschütz Tor öffnen	–
M1 (Q2)	A0.1	Motorschütz Tor schließen	–
P1	A0.2	Meldeleuchte Anlage in Betrieb	–

Aufgabe:

1. Legen Sie ein SPS-Projekt an und erstellen Sie das Steuerungsprogramm in SCL.
2. Testen Sie das Steuerungsprogramm.
   Zum Test ist auch die Hardwarekonfiguration in die SPS zu laden.

18 Vernetzte Automatisierungssysteme

In modernen Automatisierungssystemen werden Steuerungen häufig über Bussysteme miteinander verbunden. Im Vergleich zu autark arbeitenden Steuerungen bietet eine Vernetzung viele Vorteile:

- einfacher Datenaustausch zwischen einzelnen Geräten
- Anbindung an Visualisierungssysteme, Frequenzumrichter, ...
- Kommunikation mit übergelagerten Systemen, wie Warenwirtschaftssysteme (ERP) und Produktionsplanungssysteme (MES)
- Cloudanbindung
- Steuerungen können mit dezentralen Ein-/Ausgängen verbunden werden
- Kostensenkung durch weniger Verdrahtungsaufwand
- erhöhte Ausfallsicherheit durch weniger Leitungen
- Fernzugriff auf die Steuerungen ist möglich

18.1 Hierarchischer Aufbau von Automatisierungssystemen

Automatisierungssysteme sind heutzutage oft mit anderen Komponenten vernetzt. In der Automatisierungspyramide sind die einzelnen Ebenen aufgeführt.

In der Feldebene, auch Aktor-/Sensorebene genannt, werden die Aktoren und Sensoren entweder herkömmlich über Einzelverdrahtung an eine dezentrale Steuerung angeschlossen oder über ein Bussystem, z. B. AS-Interface, miteinander verbunden. Die verschiedenen Steuerungen, z. B. Speicherprogrammierbaren Steuerungen, finden sich in der Steuerungsebene wieder. In der Prozessleitebene (SCADA) wird das Automatisierungssystem bereichsübergreifend über einen Leitrechner bedient. Hier werden Sollwertvorgaben gemacht und Störmeldungen angezeigt. Über die zugehörigen Bedien- und Beobachtungssysteme kann der Prozess kontrolliert werden. Übergeordnet kann das Automatisierungssystem an ein Produktions- und Materialplanungssystem in der Betriebsebene (MES) angebunden werden. In der obersten Ebene, der Unternehmensebene, befindet sich das Warenwirtschaftssystem (ERP).

ERP- und MES-Systeme sind oft räumlich von den anderen Ebenen getrennt. Auch Cloud-Anbindungen werden immer häufiger einsetzt. Die abgebildete klassische Automatisierungspyramide wird durch Industrie 4.0-Anwendungen und den Einsatz von IOT-Geräten (Internet of Things) immer mehr verändert.

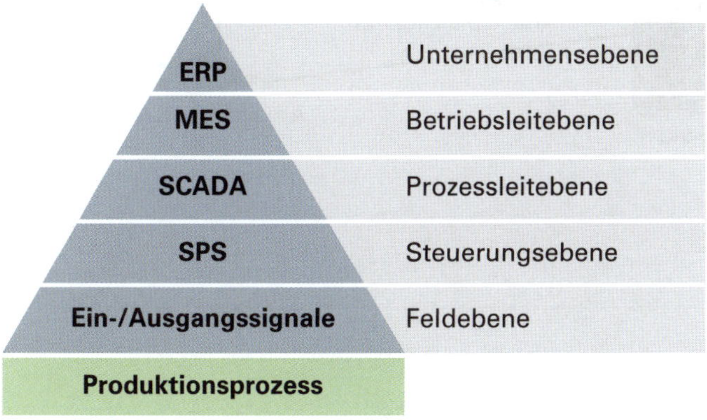

Bild 1: Automatisierungspyramide

Begriffe:

SCADA: *Supervisory Control and Data Acquisition,* Bedien- und Beobachtungssystem

MES: *Manufacturing Execution System,* Produktionsplanung

ERP: *Enterprice Resource-Planing,* Warenwirtschaftssysteme

Cloud: onlinebasierte Speicher- und Serverdienste

IOT: *Internet of Things* Internetbasierte intelligente Geräte

18.2 Grundlagen Netzwerktechnik

18.2.1 Aufbau eines kleinen Automatisierungsnetzwerk

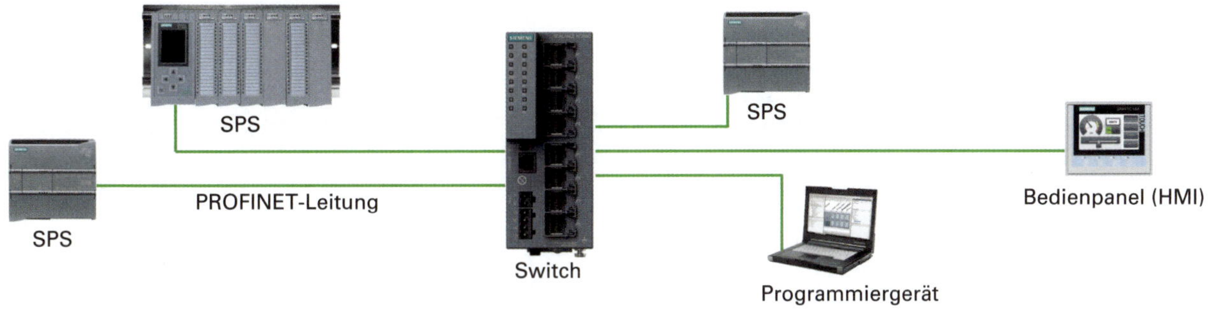

Bild 2: Automatisierungsnetzwerk

18.2.2 Netzwerkarchitekturen

In einem ***Peer-to-Peer-Netz (P2P)*** sind alle Teilnehmer gleichberechtigt. In diesem Netzwerk ist jeder Rechner sowohl Server als auch Client. Jeder Teilnehmer legt fest, welche Ressourcen er im Netz zur Verfügung stellt. Peer-to-Peer-Netze eignen sich nur für kleine Anlagen zum Datenaustausch und gemeinsamen Nutzen von Geräten.

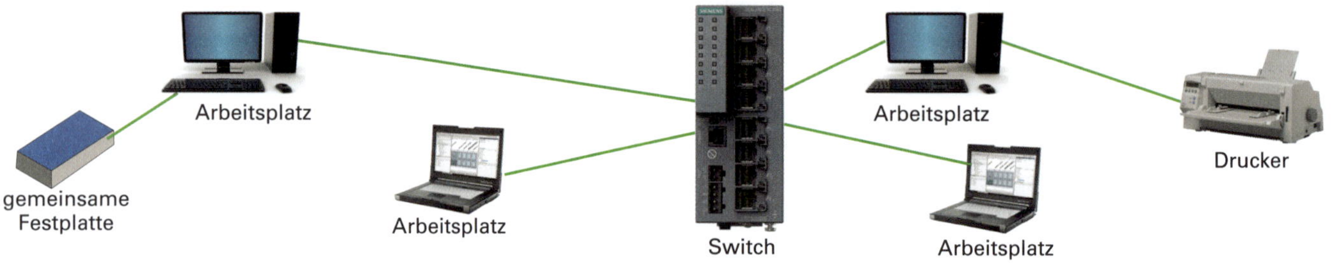

Bild 1: Peer-to-Peer-Netzwerk aus 4 Arbeitsplätzen

In einem ***Client-Server-Netz*** bieten Server Dienste und Ressourcen an, die von Clients angefordert werden können. Gängige Dienste sind Fileserver, Printserver und Verzeichnisdienste. In der Praxis werden die meisten Netze als Client-Server-Netzwerke aufgebaut. Serverbasierte Netzwerke werden genutzt, wenn viele Teilnehmer miteinander verbunden werden sollen. Diese können räumlich weit voneinander entfernt sein.

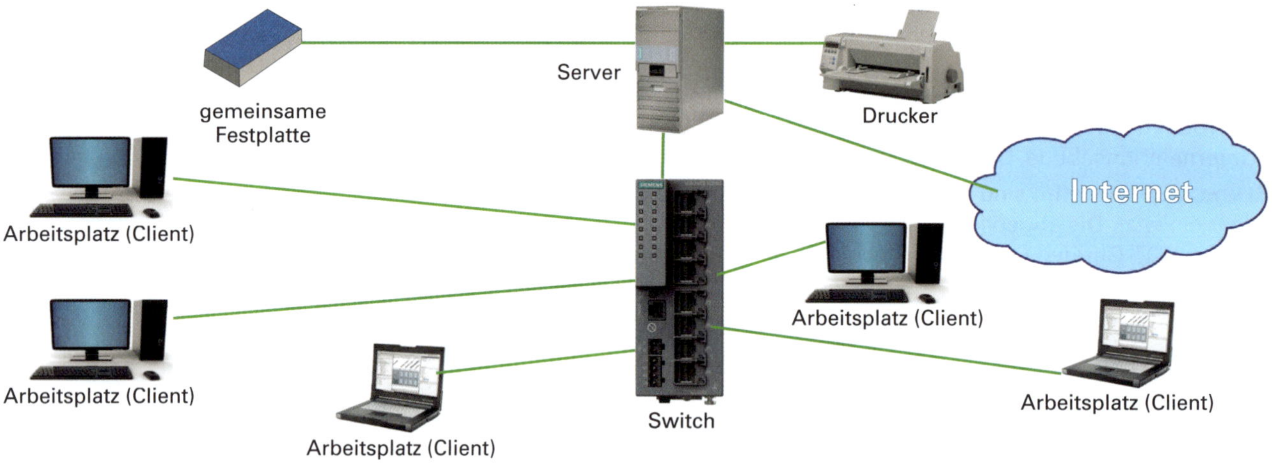

Bild 2: Client-Server-Netzwerk

18.2.3 Konfiguration eines Netzwerkes

18.2.3.1 IP-Adressen – DCHP – IP-V6

In einem Netzwerk muss jeder Teilnehmer eindeutig identifiziert werden können. Daher bekommt jeder Teilnehmer eine IP-Adresse. Man unterscheidet 32-Bit lange IPV4- und 128-Bit lange IPV6-Adressen.

IPV4-Adressen bestehen aus 4 Oktetten, die jeweils die Zahlen von 0-255 annehmen können, z. B.:192.168.178.20.

IP-Adressen können einem Teilnehmer fest zugeordnet oder dynamisch bei jedem Neustart über einen DHCP-Server neu vergeben werden. Im Automatisierungsbereich empfiehlt sich eine feste Vergabe der IP-Adressen.

18.2.3.2 Subnetzmaske

Um Netzwerke zu strukturieren, werden größere Netze in kleinere Einheiten (Subnetze) unterteilt. Dieses geschieht durch Subnetzmasken. Sie bestehen in IPV4-Netzen ebenfalls aus vier Acht-Bit-Gruppen. Eine Subnetzmaske unterteilt eine IP-Adresse in einen *Netzanteil* und einen *Hostanteil*. Durch die Angaben in der Subnetzmaske werden der Netzanteil und der Hostanteil gekennzeichnet. In einem Subnetz haben alle Teilnehmer den gleichen Netzanteil der IP-Adresse. Lediglich der Hostanteil ist bei jedem Teilnehmer verschieden. Eine Kommunikation zwischen Teilnehmern ist nur möglich,

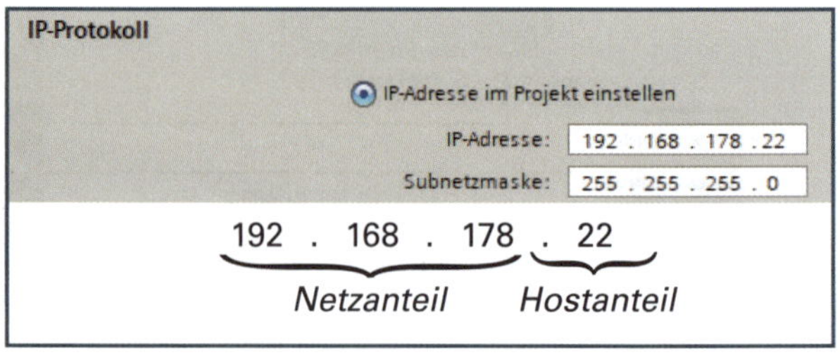

Bild 3: Netzwerkeinstellungen einere SPS:

wenn sie den gleichen Netzanteil der IP-Adresse besitzen. IP-Adressen und Subnetzmasken können in der Regel vom Benutzer frei eingetragen werden. Die erste Adresse einer IP-Adresse (xxx.xxx.xxx.0) heißt Netzadresse, die letzte (xxx.xxx.xxx.255) wird Broadcast-Adresse genannt. Beide dürfen nicht vom Benutzer vergeben werden. Die Subnetzmaske wird häufig als *Suffix* direkt mit der IP-Adresse angegeben. Die Angabe im Beispiel 255.255.255.0 wird . als /24 angegeben. Die IP-Adresse mit Suffix im Bild 3 (vorherige Seite) lautet 192.168.178.22/24.

18.2.3.3 IP-Adressklassen

IP-Adressen werden in drei Klassen unterteilt. Je nach Klasse ergibt sich eine verschieden große Anzahl an möglichen Hosts. Die Klassen ergeben dann auch die typischen Subnetzmasken. In jeder Klasse gibt es einen Privatbereich, der z. B. von Firmen genutzt werden kann.

Klasse	Erste IP-Adresse	Letzte IP-Adresse	Davon Privatbereich	Typische Subnetzmasken	Suffix	Anzahl der Hosts
Class A	0.0.0.0	127.0.0.0	10.X.X.X	255.0.0.0	/8	16.777.216
Class B	128.0.0.0	191.255.0.0.	172.16.X.X – 172.32.X.X	255.255.0.0	/16	65.534
Class C	192.0.0.0	223.255.255.0	192.168.X.X	255.255.255.0	/24	254

18.2.3.4 MAC-Adresse

Jeder Netzwerkteilnehmer, wie z.B. die Netzwerkkarte eines PC oder eine SPS mit Profinet-Schnittstelle, hat eine physikalische Adresse, die sogenannte MAC-Adresse. Diese ist weltweit einmalig und kann zur eindeutigen Identifikation von Geräten genutzt werden. Eine Mac-Adresse wird in der Regel in hexadezimaler Schreibweise angegeben. Im TIA-Portal können darüber die erreichbaren Teilnehmer ermittelt werden. Auch bei falschen Eingaben von IP-Adressen und Subnetzen kann über die Mac-Adresse ein Netzwerkteilnehmer eindeutig identifiziert werden.

Bei der Konfiguration von Netzwerkteilnehmern müssen vier Angaben gemacht werden:

IP-Adresse, Subnetzmaske, Gateway-Adresse (Weiterleitung von Daten zu anderen Netzwerken), DNS-Adresse (der DNS-Server weist einer URL die richtige IP-Adresse zu).

Bild 1: Mac-Adresse einer S7-1200

18.2.3.5 Beispiel eines Netzwerks im Automatisierungsbereich

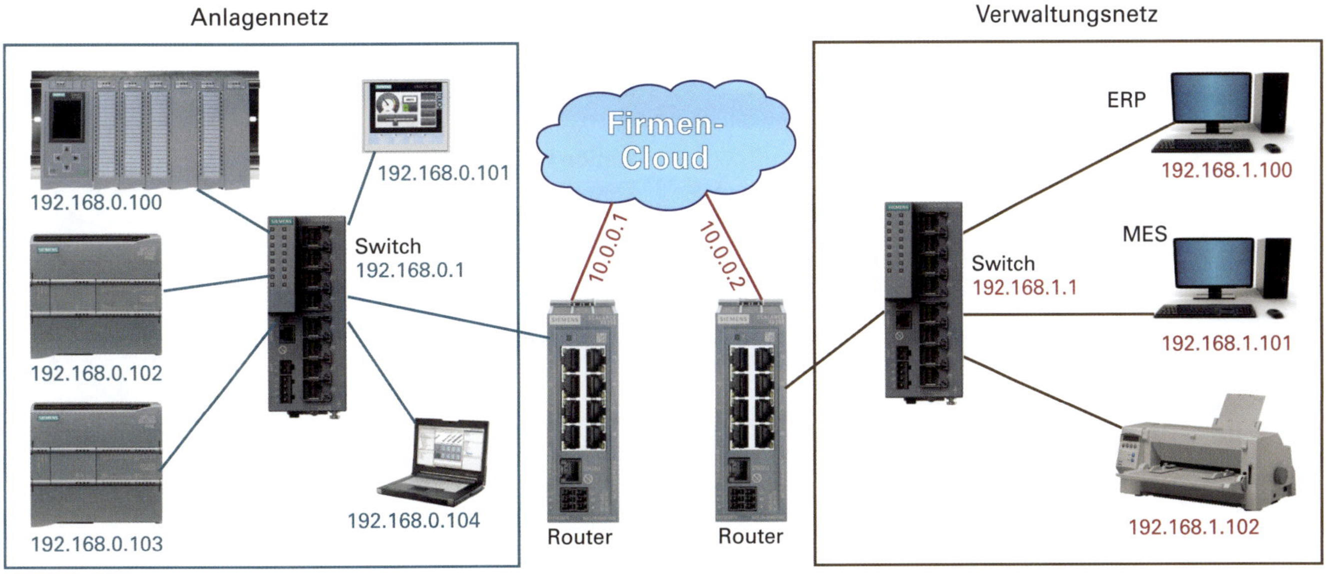

Bild 2: Beispiel eines räumlich verteilten Netzwerks mit zwei Subnetzen

Im Beispiel ist ein Netzwerk mit zwei Subsystemen dargestellt. Im Verwaltungsnetz sind die zum Anlagennetz zugehörigen ERP- und MES-Systeme. Die Kopplung verschiedener Netze erfolgt über Router, die auf der Eingangs- und Ausgangsseite jeweils eine IP-Adresse für das entsprechende Netz haben. Netze können auch cloudbasierte Systeme enthalten und räumlich getrennt sein. Bei einem Anschluss an öffentliche Netze ist auf die IT-Sicherheit zu achten. Entsprechende Einrichtungen wie Firewalls usw. sind unerlässlich.

18.3 Topologien

Die Topologie beschreibt die Vernetzungsstruktur des Computernetzes bzw. des Automatisierungssystems. Die Art der Topologie ist maßgebend für die Ausfallsicherheit und die Schnelligkeit eines Systems. Je nach Technologie sind eine oder mehrere Vernetzungstopologien möglich.

Topologie		Vorteile	Nachteile
Bus, Linie z. B. Profibus	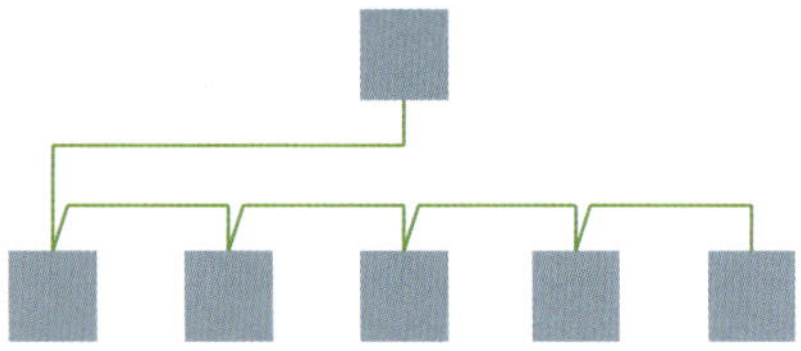	• geringe Kosten, wegen geringem Verdrahtungsaufwand • einfache Erweiterung möglich	• aufwendiger Datenaustausch • eine Unterbrechung der Busleitung blockiert den gesamten Strang
Stern z. B. Ethernet	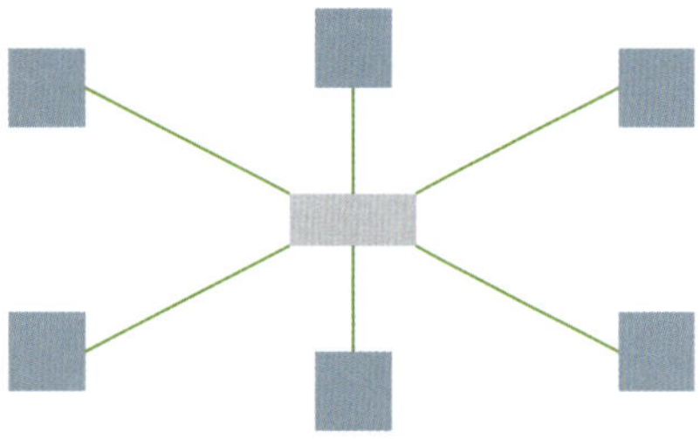	• kein Gesamtausfall bei Ausfall einer Einzelstation • leicht erweiterbar • einfache Fehlersuche • hohe Übertragungsraten möglich	• hohe Kosten, wegen hohem Installationsaufwand • ein Ausfall des Sternpunkts hat einen Totalausfall zur Folge
Ring z. B. Interbus	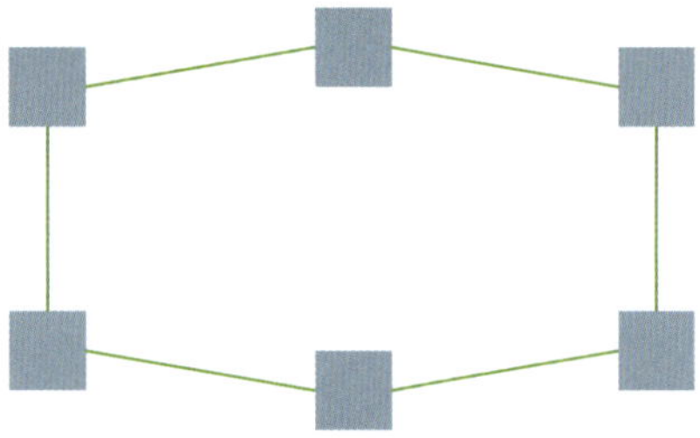	• geringe Kosten, wegen geringem Verdrahtungsaufwand • leicht erweiterbar	• höherer Verkabelungsaufwand als bei einer Bustopologie
Baum z. B. AS-I	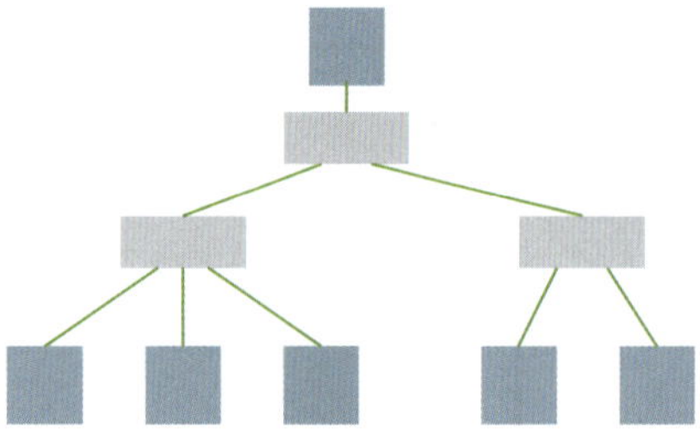	• einfache Erweiterung möglich • flexible Verdrahtung • Der Ausfall einer Endstation hat keine Folgen.	• bei Ausfall einer Station können weitere Stationen ausfallen
Freie Verdrahtung, gemischte Topologie z. B. LON	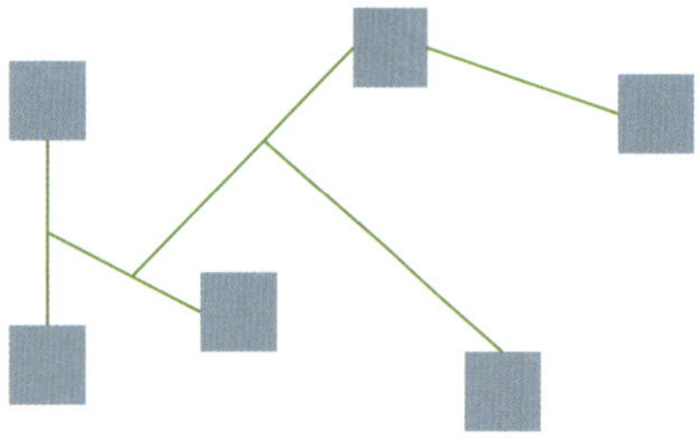	• flexible Verdrahtung • leicht erweiterbar	• unübersichtlich

18.4 Übertragungsmedien

Für die Übertragung stehen verschiedene Übertragungsmedien zur Verfügung. Abhängig vom Medium, können verschiedene Geschwindigkeiten der Datenübertragung realisiert werden.

Medium	Beispiel	Vorteile	Nachteile
Kupferleitung	Twisted Pair	• abgeschirmt gegen Störungen von außen • verdrillt, gegen Signaleinkopplung innerhalb	• wegen des Leiterwiderstandes ist die Reichweite begrenzt
	Koaxialleitung	• abgeschirmt gegen Störungen von außen	• wegen des Leiterwiderstandes ist die Reichweite begrenzt
	konventionelle Netzleitung	• günstig	• ohne Schirm, daher empfindlich gegenüber Störeinstrahlungen
Licht	Lichtwellenleitung	• große Entfernungen möglich • unempfindlich gegenüber Störeinstrahlungen • hohe Datenübertragungsgeschwindigkeit	• aufwendige Anschlusstechnik • teurer als Kupferleitungen • hoher Aufwand bei der Verlegung (Biegeradius, ...)
Funk	WLAN	• keine Leitungen notwendig • einfacher Aufbau	• teure Komponenten • elektromagnetische Strahlung

18.5 Störgrößen bei leitungsgebundener Datenübertragung

Bei der Datenübertragung können verschiedene Störgrößen auftreten. Grundsätzlich ist die Signalübertragung so zu realisieren, dass Störungen von außen keinen Einfluss auf die Übertragung haben.

Je nach Bussystem und Übertragungsmedium gibt es verschiedene Maßnahmen, um Störungen entgegenzuwirken.

Störung	Beschreibung	Gegenmaßnahme
Dämpfung	Signalschwächung durch den Widerstand der Leitung	Einbau von Repeater, Hub oder Switch
Übersprechen	Durch parallel liegende benachbarte Aderpaare kann es zu Signaleinkopplungen kommen.	Verdrillen der Aderpaare
Störeinstrahlung von außen	Durch externe Störsignale kann die Signalübertragung gestört werden.	abgeschirmte Leitungen
Reflexion	Signalreflexion am Leitungsende	Abschlusswiderstand am Leitungsende

18.6 Buszugriffsverfahren

Buszugriffsverfahren legen fest, wie der Datenzugriff einzelner Teilnehmer eines Bussystems koordiniert wird. Bei der Vielzahl der verschiedenen Bussysteme wird in der Regel eines der nachfolgenden Zugriffsverfahren verwendet.

18.6.1 Kollisionsverfahren – CSMA/CD

CSMA/CD *(Carrier Sense Multiple Access/Collision Detection)* ist ein Zugriffsverfahren, bei dem die teilnehmenden Stationen den Datenverkehr auf der Leitung abhören. Wenn keine Datenübertragung stattfindet, kann ein beliebiger Netzwerkteilnehmer senden. Versuchen zwei Teilnehmer gleichzeitig zu senden, kommt es zu einer Kollision, das heißt, die Datentelegramme werden zerstört. Die Kollision wird von allen beteiligten Stationen erkannt. Es wird ein „JAM", eine Signalfolge, die normalerweise nicht vorkommt, ausgesendet.

Nach einem zufälligen Zeitraum versuchen die kollidierten Teilnehmer erneut zu übertragen. Beim Kollisionsverfahren kann nicht vorhergesagt werden, wie lange ein Vorgang dauert. Ein Netzwerk mit vielen Teilnehmern kann aufgrund der häufigen Kollisionen sehr langsam werden. Das CSMA/CD-Verfahren wird z.B. beim Ethernet verwendet.

18.6.2 Kollisionsverfahren – CSMA/CA

CSMA/CA *(Carrier Sense Multiple Access/Collision Avoidence)* ist eine modifizierte Version des CSMA/CD-Zugriffsverfahrens. Jeder Teilnehmer hört den Datenverkehr ab. Wenn der Kanal frei ist, wartet jeder Teilnehmer eine unterschiedliche Zeit, bis er sendet. Die Wartezeit richtet sich nach einer Prioritätenliste. Durch die Prioritätensteuerung ist das System echtzeitfähig. Dieses Verfahren wird beim CAN-Bus angewendet.

18.6.3 Token-Passing

Zugriffsverfahren, das mit Hilfe eines Token (Staffelholz) die Sendeberechtigung vergibt. Nur die Station, die den Token besitzt, darf senden. Der Token ist ein Datentelegramm, das nur einmal im System vorhanden ist. Es wird von Station zu Station weitergegeben. Ist der Token als „frei" markiert, kann ein Teilnehmer eine Nachricht senden und den Token mit der Kennzeichnung „besetzt" anhängen.

Die Nachricht wird von einem Teilnehmer zum nächsten weitergegeben. Jede Station, für die diese bestimmt ist, quittiert im Token den Empfang. Ist die Nachricht wieder beim Sender angekommen, wird der Token wieder als „frei" markiert.

18.6.4 Polling

Beim Polling unterscheidet man im System zwei Arten von Netzteilnehmern, den Master und die Slaves. Der Master könnte z.B. eine SPS mit ihrer CPU sein. Die Slaves könnten dezentrale Peripheriebaugruppen mit Ein- und Ausgängen sein. Der Master fragt zyklisch die Slaves, ob sie Daten senden möchten. Der Slave sendet eine Nachricht mit Zieladresse an den Master oder teilt mit, dass er keine Nachricht senden möchte.

Die Reihenfolge und die Häufigkeit der Abfrage der einzelnen Slaves kann vom Master bestimmt werden. Wenn ein Slave eine Nachricht an einen anderen Slave senden möchte, muss die Kommunikation über den Master durchgeführt werden.

18.6.5 Summenrahmenverfahren (Interbus)

Der INTERBUS arbeitet als einziges Bussystem nach dem Summenrahmenverfahren. Dieses Master-Slave-Zugriffsverfahren ermöglicht das gleichzeitige Senden und Empfangen von Daten (Vollduplexbetrieb). Durch dieses Datenübertragungsverfahren ist eine konstante und berechenbare Zugriffszeit möglich.

18.7 Industrielle Bussysteme

18.7.1 Ethernet TCP/IP

Ethernet TCP/IP ist der Standard in der Vernetzung von Bürocomputern. Es ist für den Datenaustausch in einem LAN (Local Area Network), d.h. in einem Netzwerk ausgelegt, wobei oft ein Zugang zu anderen Netzwerken oder zum Internet realisiert wird. Der Zugriff beim Ethernet wird über das CSMA/CD-Zugriffsverfahren geregelt. Jeder Teilnehmer ist dabei gleichberechtigt. Zur Unterscheidung der einzelnen Netzwerkteilnehmer erhält jede Station eine eindeutige IP-Adresse sowie eine weltweit einmalige MAC-Adresse. TCP/IP ist ein Protokoll für den Datenaustausch über Netzwerkgrenzen hinaus. In einem Ethernet können durch Switches und Hubs Unternetze (Subnet) erstellt werden.

Ethernet	
Topologie	Stern
Buszugriff	CSMA/CD
Hierarchischer Aufbau	Multimaster/Master-Slave
Medium	Twisted Pair, Lichtwellenleiter, WLAN
Geschwindigkeit	bis zu 10 GBit/s
Busteilnehmer	unbegrenzt
Netzausdehnung	100 m (bei Twisted Pair)

18.7.2 Industrial Ethernet

Da die Ethernet-Komponenten, die im Bürobereich verwendet werden, nicht den Anforderungen der Industrieumgebung standhalten, wurde das Industrial Ethernet entwickelt. Die Netzwerkkomponenten werden bezüglich Temperaturbereich, EMV-Festigkeit, Spritzwasser- und Staubbelastung für den Einsatz in rauer Umgebung ausgelegt. Industrielle Hubs und Switches sind speziell für die Montage im Schaltschrank konzipiert. Die Kopplung von Industrial Ethernet mit Ethernet TCP/IP ist problemlos möglich.

18.7.3 PROFINET

Die Weiterführung des Ethernet TCP/IP bis hin zur Feldebene war wegen der fehlenden Echtzeitfähigkeit umstritten. Durch die Öffnung der Profibustechnologie für den Ethernet-Standard ist diese Lücke geschlossen worden. Für das PROFINET (Process Field Ethernet) wurde das klassische Ethernet um ein Industrieprotokoll erweitert. Über das herkömmliche TCP-Protokoll werden nicht zeitkritische Daten übertragen. Eingangs- und Ausgangsdaten können wegen des Zusatzprotokolls mit vorhersagbaren Antwortzeiten (deterministisch) übertragen werden.

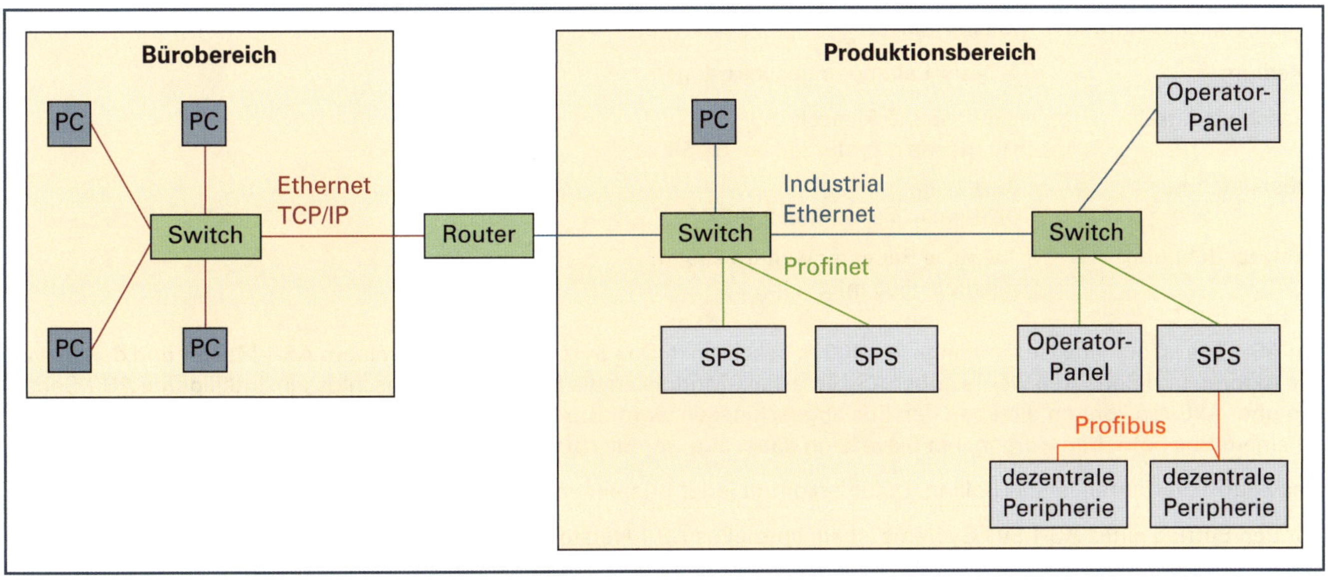

Bild 1: Beispiel für eine Verkabelung mit Ethernet TCP/IP, Industrial Ethernet, Profinet und Profibus

18.7.4 Profibus DP

Der Profibus DP (DP = Dezentrale Peripherie) verbindet den SPS-Master mit den dezentralen Slaves. Die Slaves können Ein-/Ausgabeeinheiten aber auch Frequenzumrichter oder Touchpanels sein. Über den Profibus DP ist ein schneller Datenaustausch zwischen den Stationen möglich. Jeder Teilnehmer erhält eine eigene Profibus-Adresse. Die Leitungsenden müssen mit einem Abschlusswiderstand versehen werden. Dieser kann am Busanschlussstecker eingeschaltet werden. Die zulässige Übertragungsgeschwindigkeit hängt von der Leitungslänge ab.

Als Buszugriffsverfahren wird ein Token Passing mit unterlagertem Polling angewendet. Dadurch sind beim Profibus kurze Reaktionszeiten möglich. Neben dem Profibus DP gibt es den Profibus PA für eigensichere Stromkreise in explosionsgefährdeten Bereichen.

Profibus DP	
Topologie	Bus
Buszugriff	Token Passing mit Polling
Hierarchischer Aufbau	Multimaster/Master-Slave
Medium	2-Draht-Leitung, geschirmt, verdrillt Lichtwellenleiter
Geschwindigkeit	bis zu 12 MBit/s
Busteilnehmer	32 ohne Repeater, 126 mit Repeater
Netzausdehnung	max. 9,6 km elektrisch max. 90 km optisch

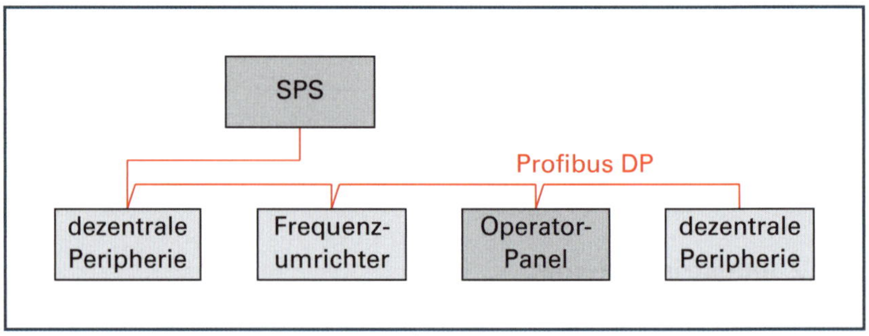

Bild 1: Profibus DP -System

18.7.5 Aktor-Sensor-Interface (AS-I)

Das Aktor-Sensor-Interface-System (AS-I) ist ein Feldbus für die unterste Ebene eines Automatisierungssystems. Im Gegensatz zur Einzelverdrahtung, bei der zu jedem Aktor und Sensor eine eigene Leitung verlegt werden muss, benötigt das AS-I-System nur eine Busleitung. Dadurch reduziert sich der Verkabelungsaufwand. Zudem kann auf die Ein- und Ausgangskarten und Klemmen verzichtet werden.

AS-Interface	
Topologie	Bus
Buszugriff	Polling
Hierarchischer Aufbau	Master-Slave
Medium	2-Draht-Leitung ungeschirmt, gelb
Geschwindigkeit	5 ms max. Zykluszeit (10 ms max. Zykluszeit bei 62 Slaves)
Busteilnehmer	31 Slaves (62 Slaves, ab Version 2.1)
Netzausdehnung	100 m, je Repeater weitere 100 m, maximal (500 m)

Ein AS-I-Bus ist auf eine Gesamtlänge von 100 m beschränkt. Das System besteht aus einem AS-I-Master und den Slaves. Die Aktoren und Sensoren werden über AS-I-Interface-Module an die Busleitung angeschlossen. Intelligente AS-I-Sensoren und -Aktoren können direkt an den Bus angeschlossen werden. 31 Slaves, bei neueren Systemen 62 Slaves, können an einem Bus betrieben werden. Ein Slave kann dabei aus vier Ein- bzw. Ausgängen bestehen.

Das Zugriffsverfahren ist das Polling. Dafür bekommt jeder Busteilnehmer eine eindeutige Adresse.

Für den Betrieb eines AS-I-Bus-Systems ist ein spezielles AS-I-Netzteil (30 V/DC) erforderlich. Die gelbe AS-I-Leitung ist Daten- und Energieleitung zugleich. Wenn viele Slaves mit hohem Energiebedarf angeschlossen werden, muss zusätzlich eine schwarze Energieleitung (24 V/DC) an die Slaves angeschlossen werden.

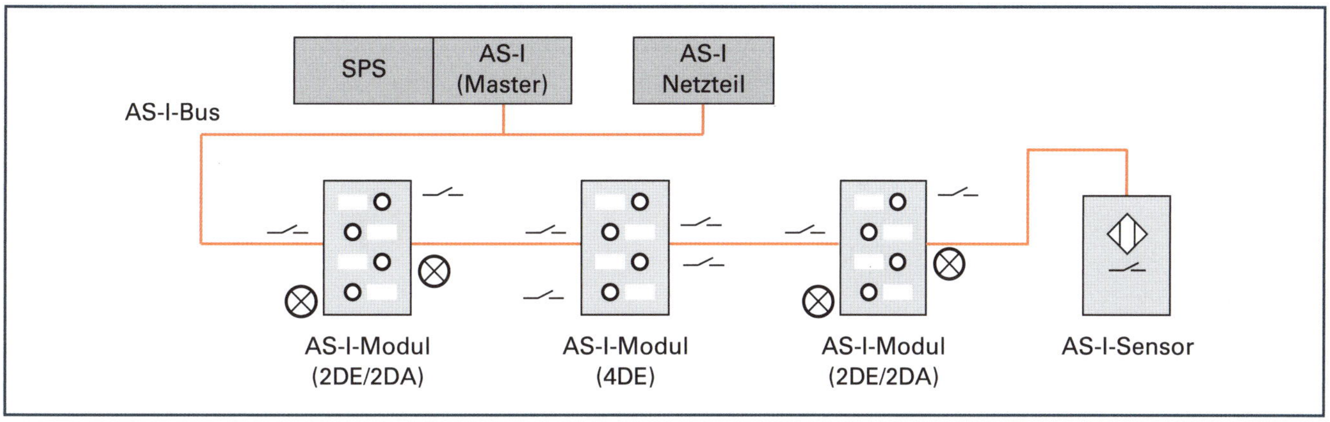

Bild 1: AS-Interface-System

18.8 Industrie 4.0

18.8.1 Was ist Industrie 4.0

Es gibt viele verschiedene Beschreibungen des Begriffs Industrie 4.0. Im Folgenden soll ein Überblick über das Thema und seine Bedeutung gegeben werden.

1. Industrielle Revolution	Ende 18. Jahrhundert	Einführung Dampf- und Wasserkraft als Antrieb für mechanische Produktionsanlagen	Erste mechanische Webstühle
2. Industrielle Revolution	Beginn des 20. Jahrhundert	Elektrische Energie als Antrieb Beginn der Massenproduktion von Gütern	Erste Fließband-produktionen
3. Industrielle Revolution	Ende der 1970er Jahre	Einführung von Speicherprogrammier-baren Steuerungen	Automatisierung von Produktionsanlagen
4. Industrielle Revolution	Heute	Komplexe vernetzte Steuerung von cyber-physikalischen Systemen	Cloudbasierte vernetzte Steuerungen, Internet of Thinks (IOT)

Merkmale von Industrie 4.0-Anlagen:

- Intelligente vernetzte Fabriken (Smart Factory)
- Cyber-physikalische Systeme (CPS)
- Digitalisierung der Produktion
- Flexibel und wandlungsfähig
- Jedes Produkt ist individuell (Losgröße 1)
- Vertikale Vernetzung der Prozessteuerung
- Anbindung an ein MES- System (Produktionsplanung) und ein ERP-System (Warenwirtschaftssystem)
- Sich selbst steuernde Produktion und Logistik
- Alle Teilnehmer sind vernetzt und tauschen selbstständig Informationen aus
- Integration von Zulieferern und Kunden in die Wertschöpfungskette
- IT-Sicherheit
- Digitaler Zwilling
- Verzahnung von Automatisierungstechnik mit IT und kaufmännischen Prozessen

Ein gutes Beispiel für eine Industrie 4.0-Produktion ist die Automobilindustrie. Zu Beginn der industriellen Autoproduktion wurden gleiche Autos am Fließband produziert, die der Kunde dann kaufen konnte.

Heute bestellt der Kunde bei seinem Autohändler ein individuelles nach seinen Wünschen ausgestattetes Auto. Die Bestellung wird online an das ERP-System des Autoherstellers weitergegeben. Das System ordert dann bei den Zulieferern die entsprechenden Teile, die just-in-time vom MES-System gesteuert an das Produktionsband geliefert werden. Dort werden nacheinander Autos von verschiedenen Modellen und komplett unterschiedlicher Ausstattung produziert (Losgröße 1). Die Produktion ist durch SPSen und Robotertechnik stark automatisiert. Die IT-Infrastruktur sorgt für eine Verzahnung und Dokumentation der Prozesse. Durch IOT-Gateways können Prozessdaten an übergeordnete Systeme weitergeleitet und in einem digitalen Zwilling angezeigt werden.

Bei den cloudbasierten global verteilten Prozessteilnehmern ist ein Höchstmaß an IT-Sicherheit zu gewährleisten.

18.8.2 Aufbau einer Industrie 4.0-Anlage

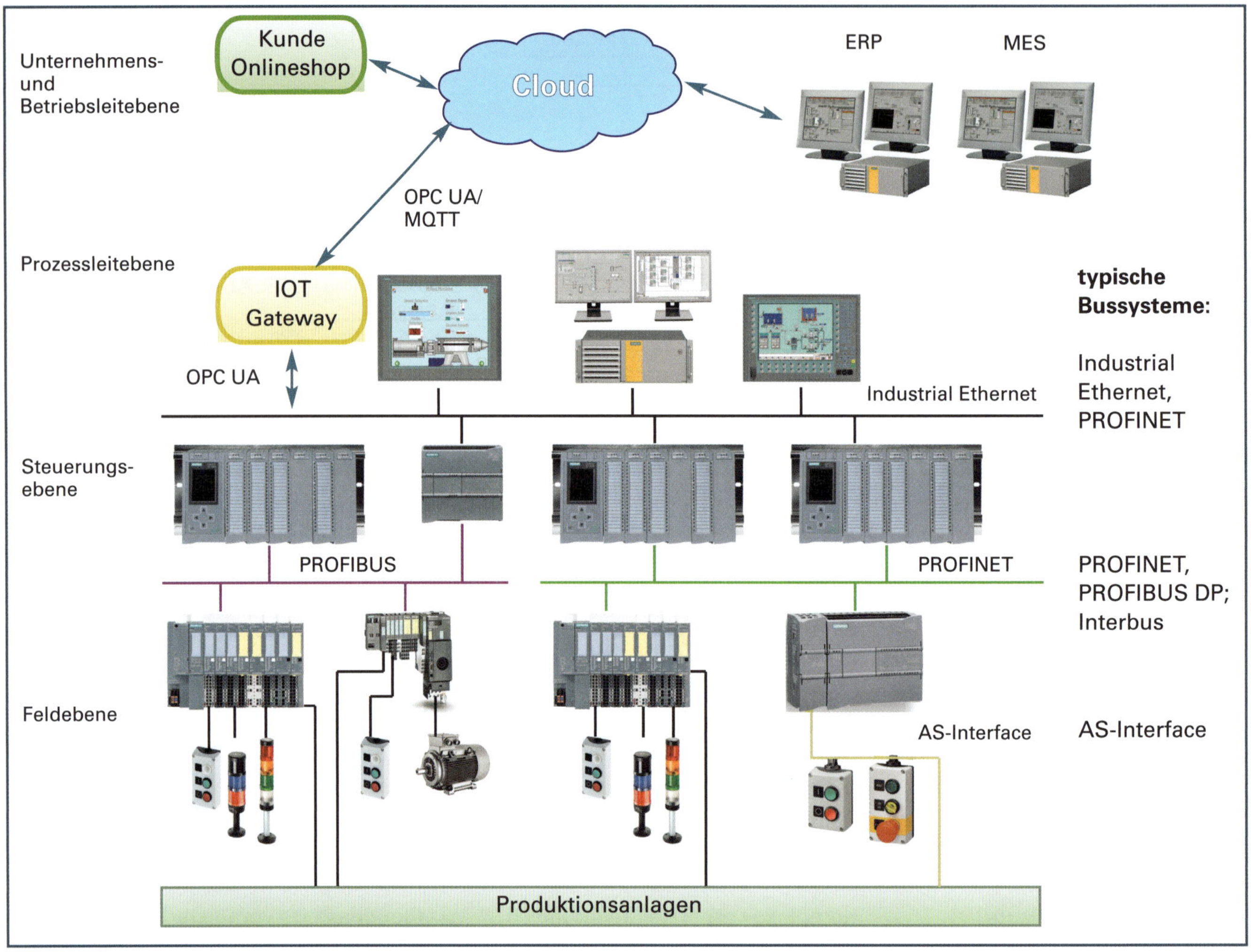

Bild 1: Möglicher Aufbau einer Industrie 4.0-Anlage

Der Aufbau von Industrieanlagen mit einer Industrie 4.0-Ausrichtung kann sehr unterschiedlich sein. Je nach Anlagentyp ist der Grad der Digitalisierung und Vernetzung anders. Die Anbindung an das ERP- und MES-System kann ebenfalls sehr verschieden sein. Die Systeme können direkt über ein Bussystem angeschlossen sein. Sie können aber auch räumlich getrennt von der Produktionsanlage und über internet-/cloudbasierte Zugänge verbunden sein. Je nach Unternehmenstyp ist auch eine entsprechende Anbindung eines Onlineshops denkbar. Beim Datenaustausch von Automatisierungssystemen zur Cloud ist OPC UA (Open Platform Communications Unified Architecture) ein verbreitetes Übertragungsprotokoll.

Begriffe aus dem Bereichen Netzwerktechnik / vernetze Automatisierungssysteme:

Switch:	intelligenter Netzwerkverteiler
Router:	Netzwerkmodul, das Daten zwischen zwei Netzen weiterleiten kann
Client:	Netzwerkteilnehmer, z. B. ein PC, der vom Server Dienste anfordert
Server:	Netzwerkteilnehmer, der Dienste zu Verfügung stellt, z. B. Printserver, Mailserver, Webserver oder Fileserver
Master:	dominanter Teilnehmer in einem Automatisierungssystem, z. B. Profibus-Master, AS-I-Master
Slave:	untergeordneter Teilnehmer in einem Automatisierungssystem, z. B. Profibus-Slave, AS-I-Slave
IP-Adresse:	Adresse eines Netzwerkteilnehmers, z. B. 192.168.0.1
Subnetzmaske:	Unterteilt die IP-Adresse in einen Netz- und einen Hostanteil. Dient zur Strukturierung von Netzwerken; Beispiel: 255.255.255.0
Cloud:	IT-Anwendungen, die online, z. B. über das Internet, zur Verfügung stehen. Sie können Speicherplatz oder auch Anwendungssoftware beinhalten.
OPC UA:	Kommunikationsprotokoll für Industrie 4.0-Anwendungen

18.9 Wiederholungsfragen

1. Warum werden PCs bzw. Komponenten in der Automatisierungstechnik miteinander vernetzt?

2. Bei vielen Netzwerken ist die Bustopologie durch eine Sterntopologie ersetzt worden. Nennen Sie je zwei Vorteile und Nachteile der Sterntopologie gegenüber der Bustopologie.

3. Nennen Sie die Übertragungsmedien, mit denen eine Netzwerkverbindung aufgebaut werden kann.

4. Welches Netzzugriffsverfahren wird beim Ethernet angewendet?
Was passiert, wenn zwei Teilnehmer gleichzeitig eine Nachricht senden wollen?

5. Ordnen Sie die Leitungen den jeweiligen Bussystemen zu. Verbinden Sie die jeweiligen Elemente.

Ethernet	2-Drahtleitung, gelb, flach, ungeschirmt
AS-I	Twisted Pair, geschirmt
Profibus-DP	2-adrige Leitung, geschirmt, rund, violett

6. Wie lang darf eine AS-I-Leitung maximal sein (ohne Repeater)?

7. Auf den Anschlusssteckern eines Profibuses ist ein Schalter (ON-OFF) zu finden. Welche Bedeutung hat er?

8. In der Automatisierungstechnik spricht man von einem hierarchischen System mit mehreren Ebenen.
a) Geben Sie die Namen der Ebenen an.
b) Geben Sie für die unteren drei Ebenen typische Bussysteme an

a) Name der Ebene: b) typisches Bussystem:

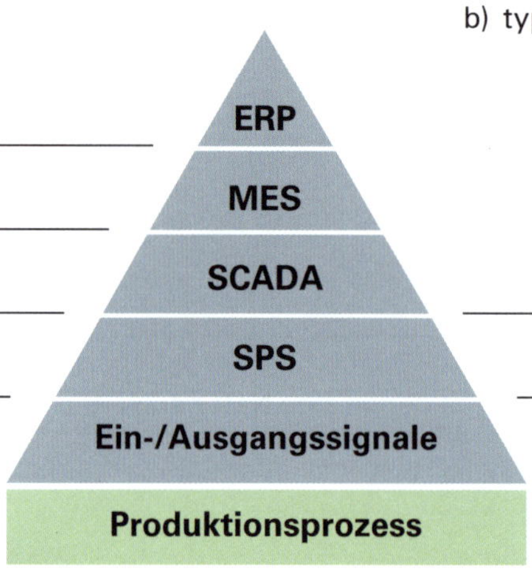

9. Welche Aufgabe hat eine Subnetzmaske?

10. Welche vier Aufgaben müssen bei der Grundkonfiguration eines Netzwerkteilnehmers gemacht werden?

11. Nennen Sie 5 Merkmale einer Industrie 4.0-Anlage.

19 Projektaufgaben

19.1 Übung: Motorsteuerung mit bibliotheksfähigen Bausteinen

Problemstellung: Short-Link: **vel.plus/SPS27**

In einem Unternehmen werden vier Motoren verwendet. Zwei Motoren werden über eine manuelle Stern-Dreieck-schaltung betrieben. Die Motoren laufen in Sternschaltung an (Netzschütz und Sternschütz), um den Anlaufstrom zu begrenzen. Danach können sie in Dreieckschaltung umgeschaltet werden (Netzschütz und Dreieckschütz).

Die anderen zwei Motoren werden direkt eingeschaltet.

Es sollen bibliotheksfähige Bausteine erstellt und im Steuerungsprogramm verwendet werden.

Technologieschema:

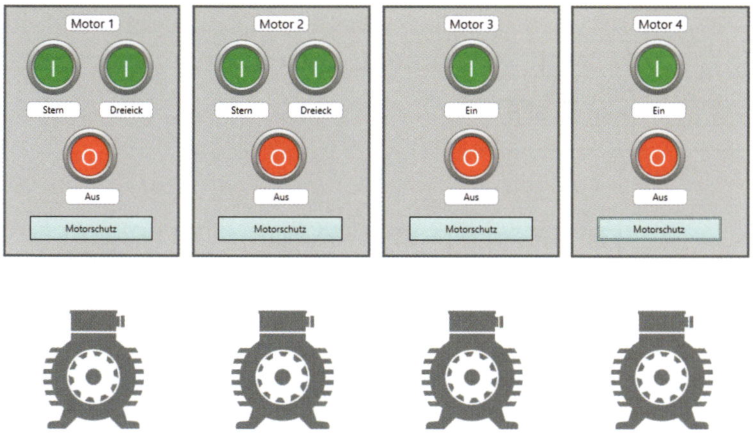

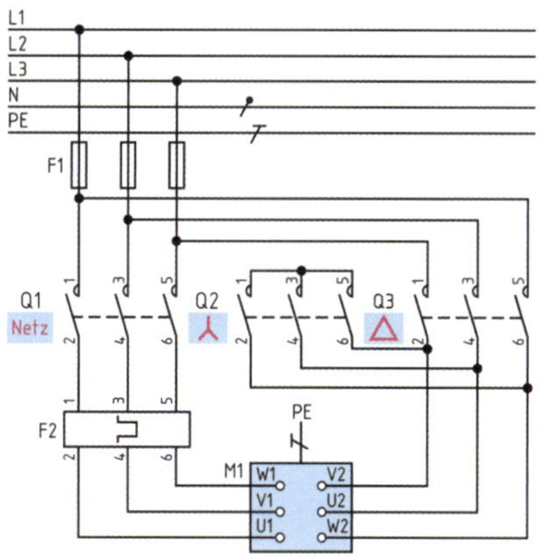

Visualisierungsdatei: ***19_01_Motorsteuerungen.plclab*** *im digitalen Zusatzmaterial*

Zuordnungsliste:

Symbol	Operand	Kommentar	Schaltverhalten
S1	E0.0	Taster Motor 1 Stern ein	Schließer
S2	E0.1	Taster Motor 1 Dreieck ein	Schließer
S3	E0.2	Taster Motor 1 ausschalten	Öffner
F4	E0.3	Motor 1 Motorschutzrelais	Öffner
S5	E0.4	Taster Motor 2 Stern ein	Schließer
S6	E0.5	Taster Motor 2 Dreieck ein	Schließer
S7	E0.6	Taster Motor 2 ausschalten	Öffner
F8	E0.7	Motor 2 Motorschutzrelais	Öffner
S9	E1.0	Taster Motor 3 ein	Schließer
S10	E1.1	Taster Motor 3 aus	Öffner
F11	E1.2	Motor 3 Motorschutzrelais	Öffner
S12	E1.3	Taster Motor 4 ein	Schließer
S13	E1.4	Taster Motor 4 aus	Öffner
F14	E1.5	Motor 4 Motorschutzrelais	Öffner
M1 (Q1)	A0.0	Motor 1 Netzschütz	–
M1 (Q2)	A0.1	Motor 1 Sternschütz	–
M1 (Q3)	A0.2	Motor 1 Dreieckschütz	–
M2 (Q4)	A0.3	Motor 2 Netzschütz	–
M2 (Q5)	A0.4	Motor 2 Sternschütz	–
M2 (Q6)	A0.5	Motor 2 Dreieckschütz	–
M3 (Q7)	A0.6	Motor 3	–
M4 (Q8)	A0.7	Motor 4	–

Aufgaben:

1. Ergänzen Sie die Anschlusspläne.
2. Legen Sie ein SPS-Projekt an und erstellen Sie das Steuerungsprogramm. Verwenden Sie dabei den selbst erstellten bibliotheksfähigen Baustein.
3. Testen Sie das Steuerungsprogramm.

Anschlussplan:

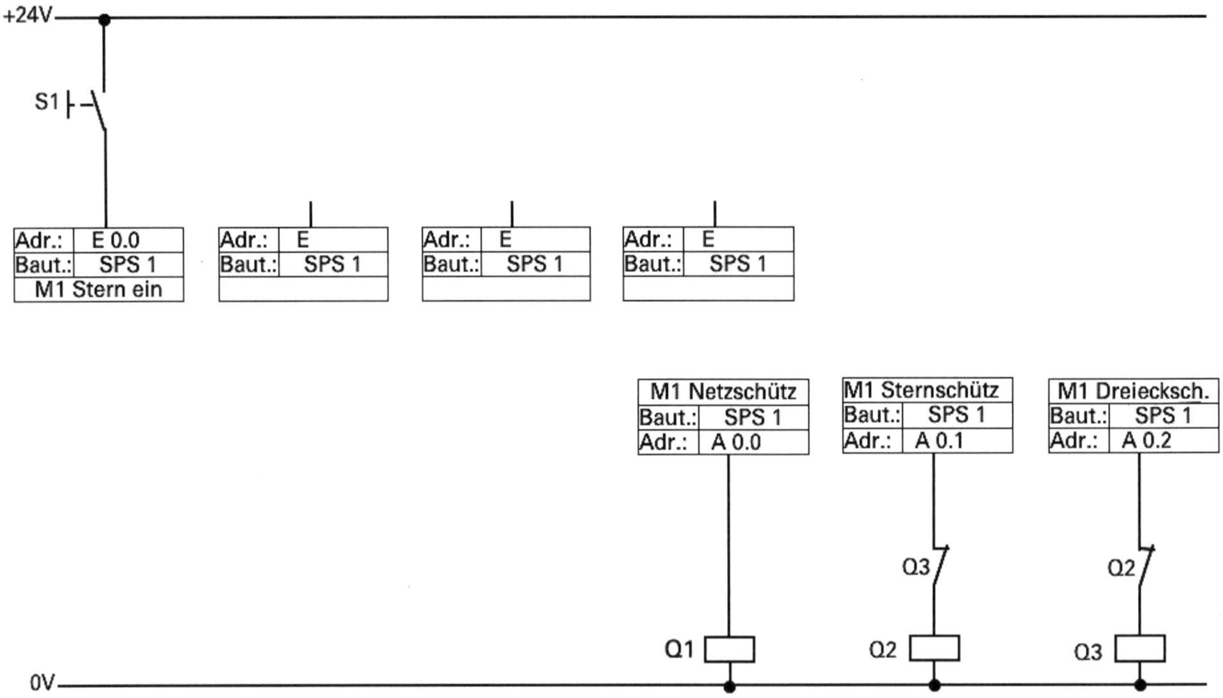

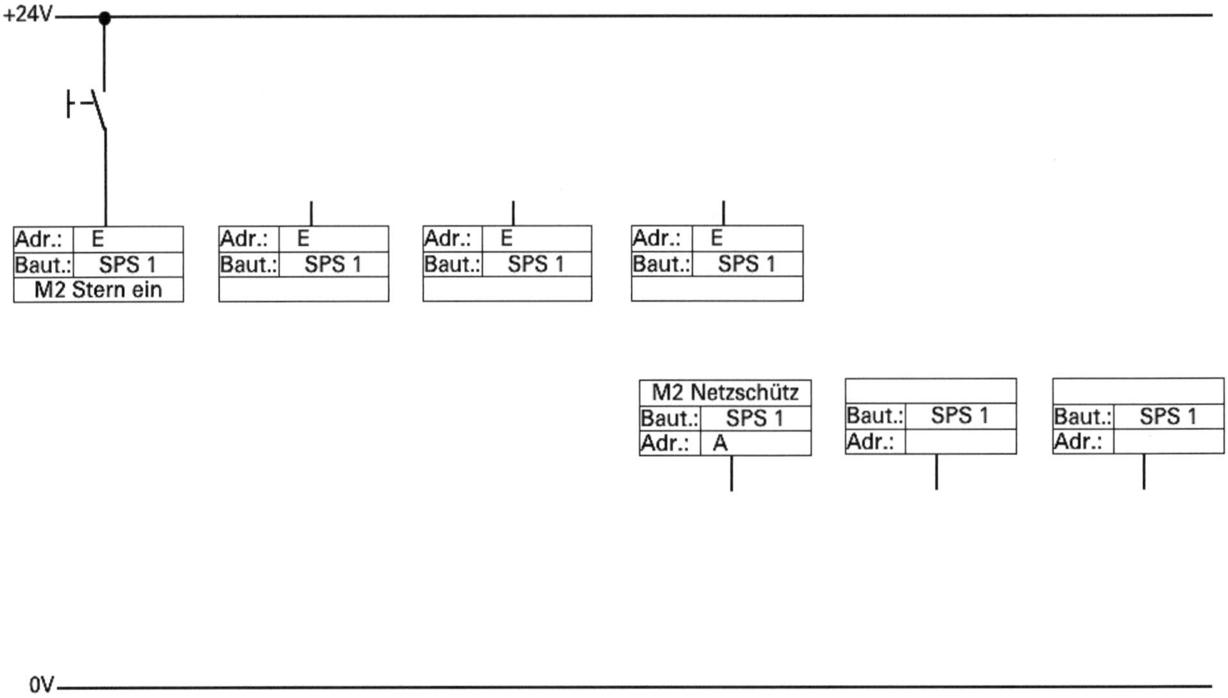

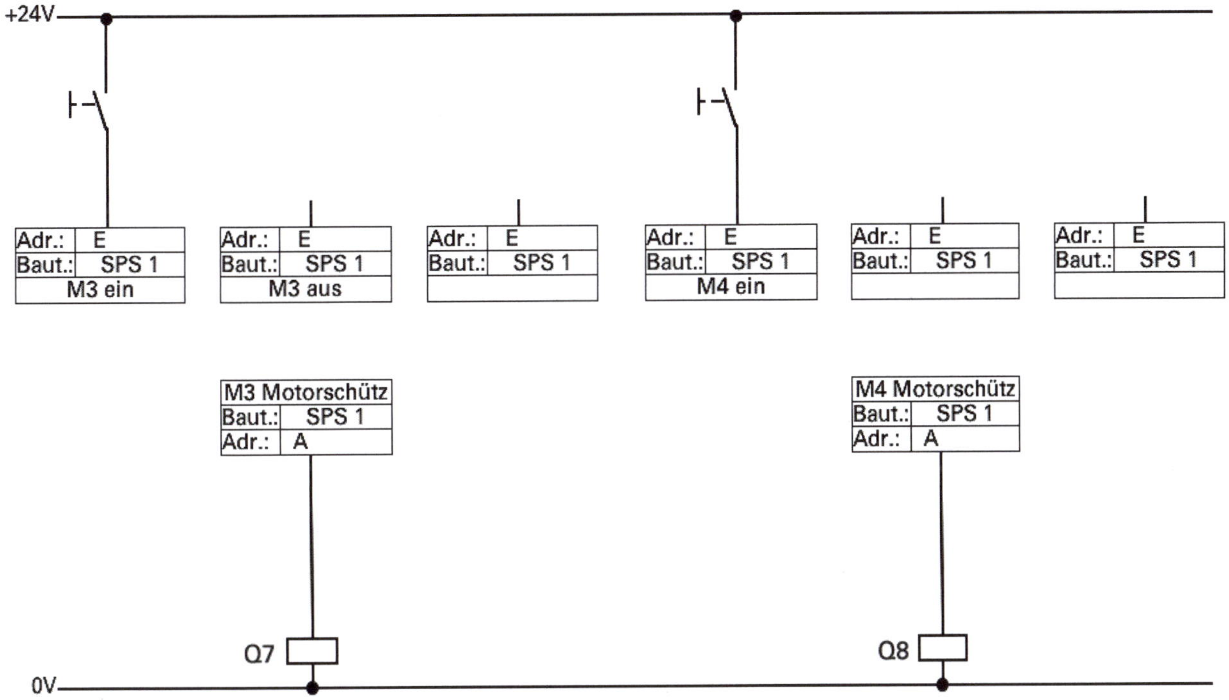

19.2 Übung: Ampelanlage

Problemstellung:

Es soll die Ampelschaltung einer realen Kreuzung in Ihrer Nähe nachprogrammiert werden. Suchen Sie sich eine Ampelanlage Ihrer Wahl aus.

Technologieschema:

***Aufgabe* 1** Erstellen Sie eine Zeichnung der Kreuzung mit allen Signalleuchten, Fußgängertastern, Induktionsschleifen usw.

Zuordnungsliste:

***Aufgabe* 2** Tragen Sie in die Zuordnungsliste alle Betriebsmittel der Ampelanlage ein und weisen Sie ihnen die Ein- und Ausgänge der SPS zu.

Symbol	Operand	Kommentar	Schaltverhalten

Anschlussplan:

***Aufgabe* 3** Erstellen Sie den Anschlussplan der Steuerung.

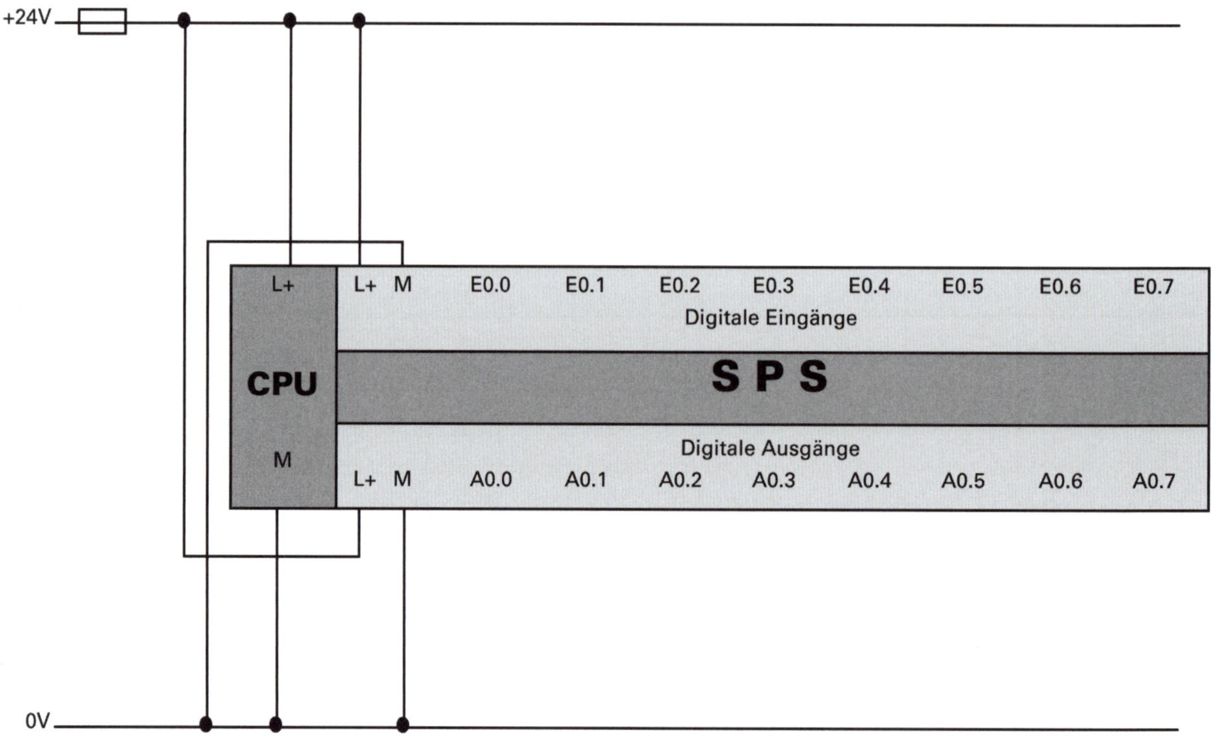

Anschlussplan:

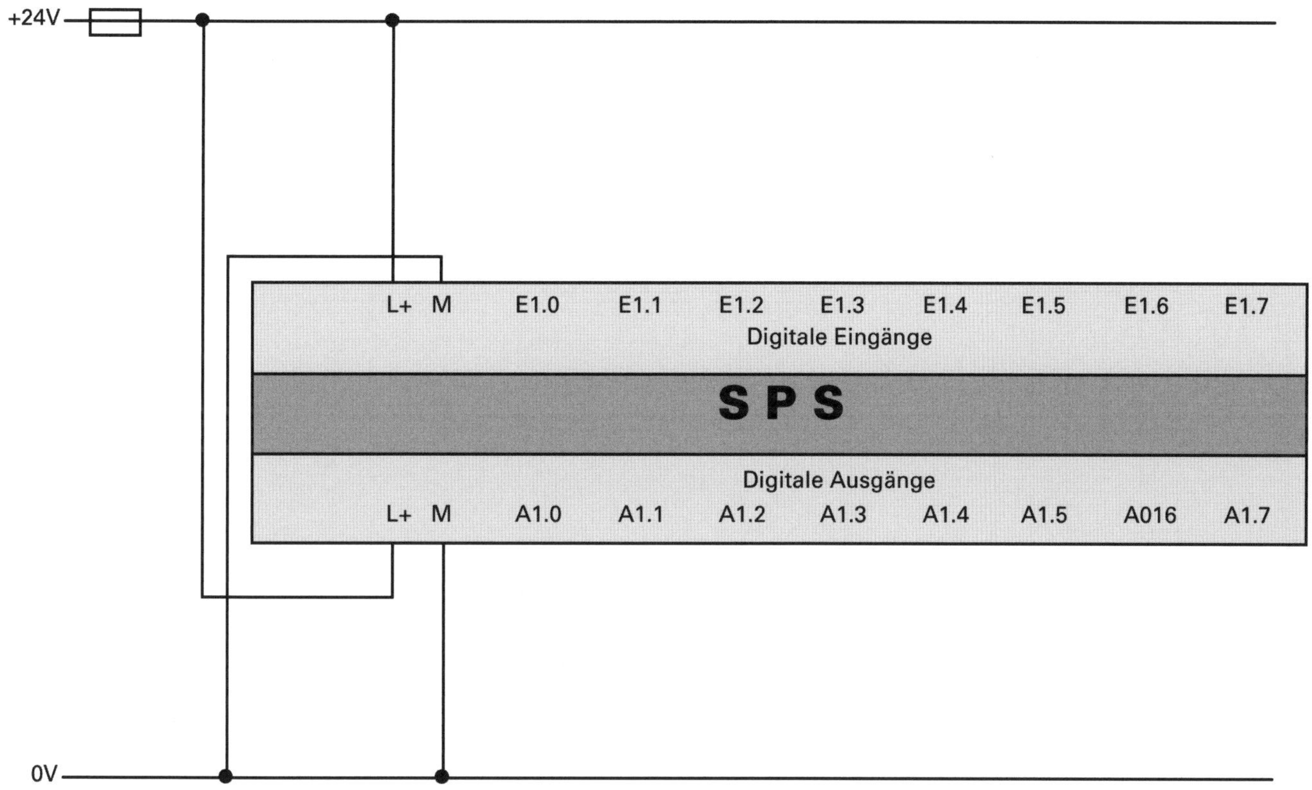

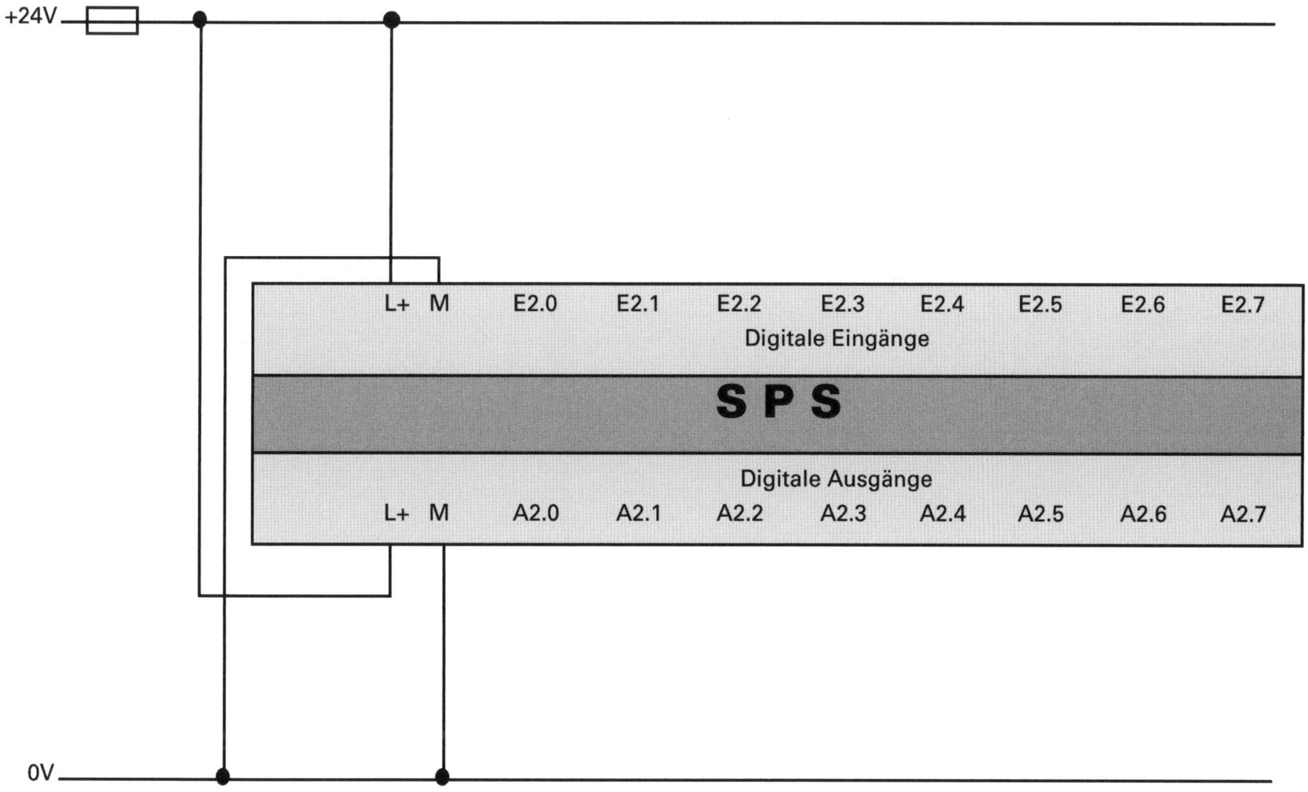

Ablaufkette:

***Aufgabe* 4** Skizzieren Sie die Ablaufkette nach GRAFCET.

Programmerstellung:

***Aufgabe* 5** Erstellung Sie das Steuerungsprogramm auf Grundlage der Ablaufkette.

Simulation:

***Aufgabe* 6** Erstellen Sie eine Simulation der Kreuzung mit SPS-VISU und testen Sie die Steuerung.
Alternativ können Sie das Steuerungsprogramm mit PLCSIM testen.

19.3 Übung: Lackierstraße

Short-Link: **vel.plus/SPS28**

Problemstellung:

In einer automatischen Lackierstraße werden Kisten lackiert und anschließend getrocknet. Die Anlage besteht aus vier Förderbändern für den Transport, zwei pneumatischen Schiebern für die Umsetzung von einem Förderband auf das nächste und aus sieben Lichtschranken (gelb). Die Anlage kann im Automatikbetrieb und im Handbetrieb gefahren werden.

Technologieschema:

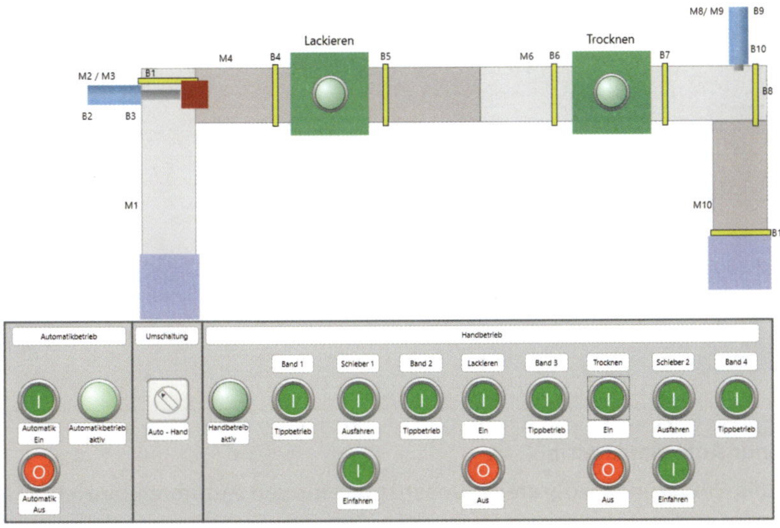

Visualisierungsdatei:
19_03_Lackieranlage.plclab
im digitalen Zusatzmaterial

Zuordnungsliste:

Symbol	Operand	Kommentar	Schaltverhalten
B1	E0.0	Lichtschranke bei Zylinder 1	Schließer
B2	E0.1	Endlage Zylinder 1 eingefahren	Schließer
B3	E0.2	Endlage Zylinder 1 ausgefahren	Schließer
B4	E0.3	Lichtschranke vor Lackierung	Schließer
B5	E0.4	Lichtschranke nach Lackierung	Schließer
B6	E0.5	Lichtschranke vor Trocknung	Schließer
B7	E0.6	Lichtschranke nach Trocknung	Schließer
B8	E0.7	Lichtschranke bei Zylinder 2	Schließer
B9	E1.0	Endlage Zylinder 2 eingefahren	Schließer
B10	E1.1	Endlage Zylinder 2 ausgefahren	Schließer
B11	E1.2	Lichtschranke Band 4 Ende	Schließer
S1	E1.3	Automatikbetrieb ein	Schließer
S2	E1.4	Automatikbetrieb aus	Öffner
S3	E1.5	Band 1 tippen	Schließer
S4	E1.6	Schieber 1 ausfahren	Schließer
S5	E1.7	Schieber 1 einfahren	Schließer
S6	E2.0	Band 2 tippen	Schließer
S7	E2.1	Lackierung ein	Schließer
S8	E2.2	Lackierung aus	Öffner
S9	E2.3	Band 3 tippen	Schließer
S10	E2.4	Trocknung ein	Schließer
S11	E2.5	Trocknung aus	Öffner

Zuordnungsliste (Fortsetzung):

Symbol	Operand	Kommentar	Schaltverhalten
S12	E2.6	Schieber 2 ausfahren	Schließer
S13	E2.7	Schieber 2 einfahren	Schließer
S14	E3.0	Band 4 tippen	Schließer
S15	E3.1	Wahlschalter Auto-Hand	0 = Auto, 1 = Hand
M1 (Q1)	A0.0	Band 1	–
M2	A0.1	Zylinder 1 ausfahren	–
M3	A0.2	Zylinder 1 einfahren	–
M4 (Q2)	A0.3	Band 2	–
M5 (Q3)	A0.4	Lackierautomat	–
M6 (Q4)	A0.5	Band 3	–
M7 (Q5)	A0.6	Trocknung	–
M8	A0.7	Zylinder 2 ausfahren	–
M9	A1.0	Zylinder 2 einfahren	–
M10 (Q6)	A1.1	Band 4	–
P1	A1.2	Meldeleuchte Anlage im Automatikbetrieb	–
P2	A1.3	Meldeleuchte Anlage im Handbetrieb	–

Aufgaben:

1. Skizzieren Sie die Ablaufkette zu der Steuerung (nur Automatikbetrieb).
2. Legen Sie ein SPS-Projekt an und erstellen Sie das Steuerungsprogramm zunächst nur für den Automatikbetrieb.
3. Erweitern Sie die Schaltung um den Handbetrieb.
4. Testen Sie das Steuerungsprogramm.

Ablaufkette (GRAFCET):

19.4 Übung: Autowaschanlage

Problemstellung:

Bei einer Autowaschanlage ist durch einen Brand der Schaltschrank zerstört worden. Die neue Steuerung der Anlage soll mit einer SPS realisiert werden. Sie bekommen die Aufgabe, die Steuerung zu planen und zu programmieren.

Technologieschema:

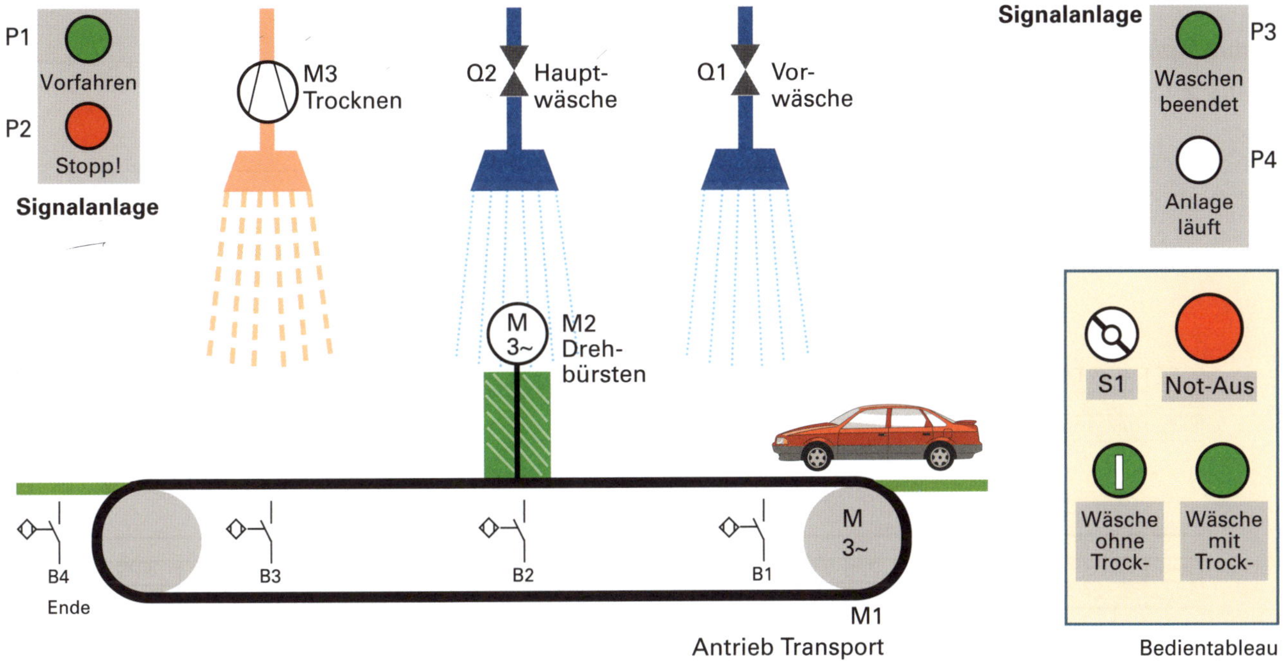

ohne Visualisierungsdatei

Funktionsbeschreibung:

Über den Schlüsselschalter S1 wird die Anlage betriebsbereit geschaltet. Die Lampe P1 „Vorfahren" signalisiert, dass das Auto weiter vorgefahren werden kann. Wird Sensor B1 erreicht, wird dem Fahrer durch P2 „Stopp" signalisiert, dass die Startposition erreicht ist. Durch die Taster S2 bzw. S3 wird der Waschvorgang mit oder ohne Trocknen gestartet.

Der Antrieb M1 zieht das Auto kontinuierlich durch die Waschanlage. Die Sensoren B1 bis B3 (Schließer) starten jeweils die Programmpunkte *Vorwäsche*, *Hauptwäsche* und ggf. *Trocknen*. Während des gesamten Waschvorgangs leuchtet P4 „Anlage läuft" im Sekundentakt. P2 leuchtet ebenfalls während des gesamten Waschvorgangs.

Wird Sensor B4 erreicht, signalisiert P3, dass der Waschvorgang beendet ist. P1 leuchtet wieder auf, um den nächsten Waschvorgang beginnen zu können.

Löst einer der Motorschutzschalter (Öffner) der Motoren M1 bis M3 aus, so wird die Anlage gestoppt und die Lampen P2 und P3 blinken im Sekundentakt.

Wird der NOT-AUS-Schalter S0 betätigt, muss die Anlage sofort stoppen.

Zuordnungsliste:

***Aufgabe* 1** Ergänzen Sie Zuordnungsliste.

Symbol	Operand	Kommentar	Schaltverhalten
S0, Q6-Q8	E 124.0	Sicherheitskette (Not-Aus, 3 x Motorschutzschalter)	jeweils Öffner
S1	E 124.1	Schlüsselschalter	Schließer

Zuordnungsliste (Fortsetzung):

Symbol	Operand	Kommentar	Schaltverhalten

Anschlussplan:

***Aufgabe* 2** Ergänzen Sie den Anschlussplan.

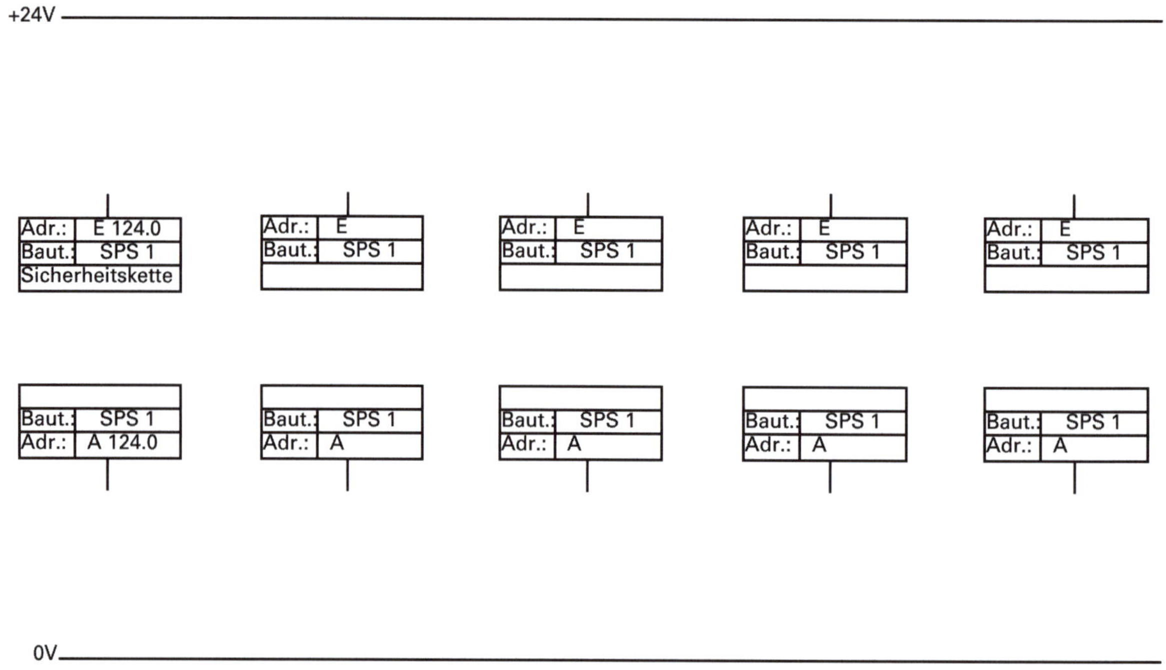

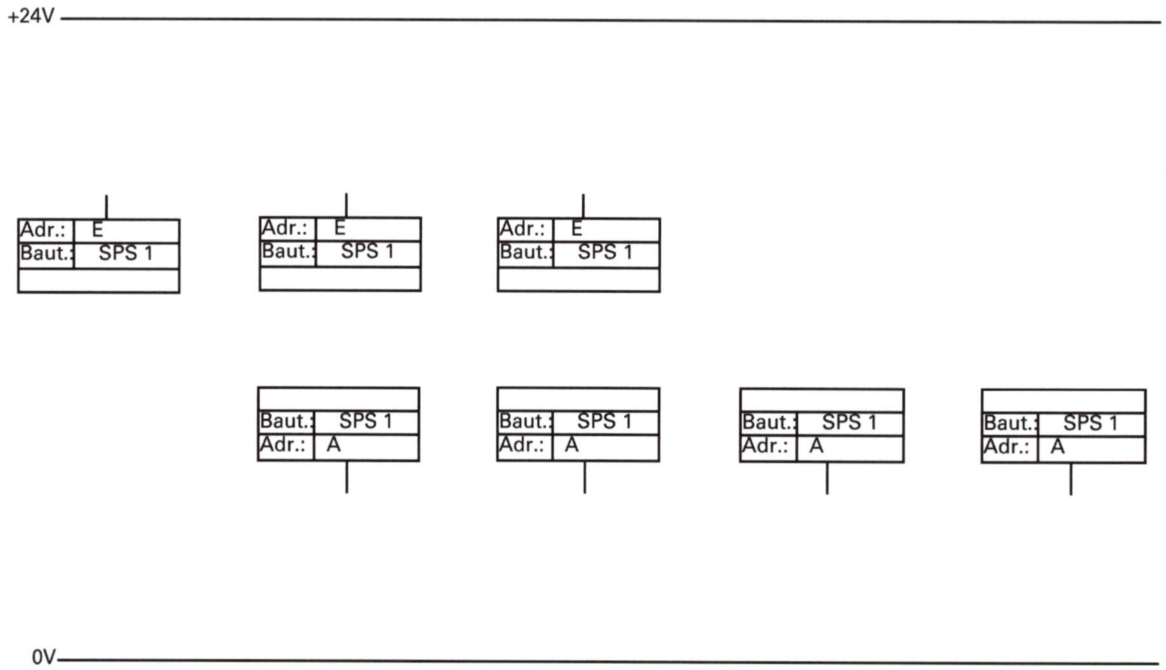

Ablaufkette:

Aufgabe 3 Skizzieren Sie die Ablaufkette nach GRAFCET.

Programmerstellung:

Aufgabe 4 Legen Sie ein Step7-Projekt an und erstellen Sie das Steuerungsprogramm.

Simulation:

Aufgabe 5 Testen Sie das Steuerungsprogramm mit PLCSIM.

20 Visualisierungen von HMI-Geräten

20.1 Prinzipieller Aufbau einer SPS-HMI-Kommunikation

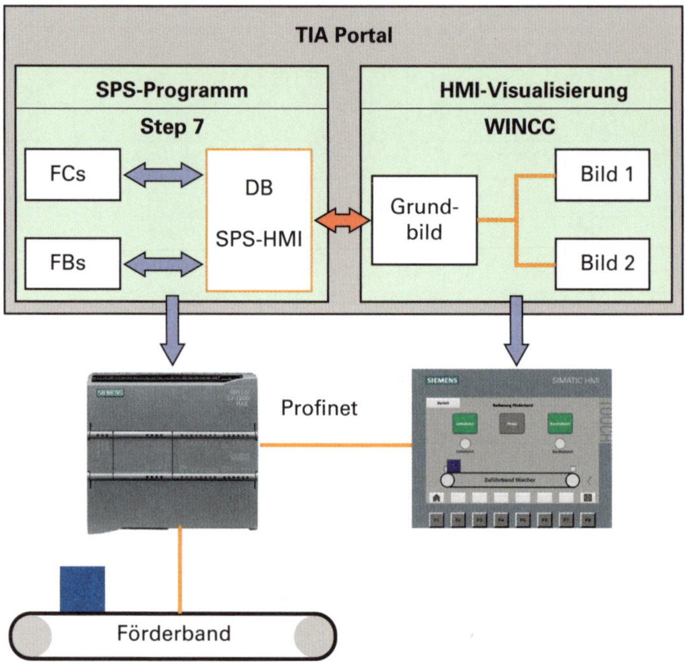

Anhand eines Beispiels soll die Erstellung einer Visualisierung mit dem TIA-Portal gezeigt werden. Im TIA-Portal ist neben der **SPS-Software Step7** auch die **Software WinCC Basic** zur Erstellung von Visualisierungen für **HMI (Human Machine Interface)** vorhanden. Diese ist für alle Basic-Panels von Siemens ausreichend. Für andere Panels gibt es die Softwarepakete von WinCC Comfort, WinCC Advanced und WinCC Professional.

In dem folgenden Beispiel wird ein Förderband von einer S7-1214C gesteuert. Die Bedienung findet über ein HMI-Panel (KPT 700) statt. Die Kopplung der beiden Geräte geschieht über eine Profinet-Verbindung.

Es gibt verschiedene Möglichkeiten, die Kommunikation zwischen der SPS und dem HMI zu realisieren. Am elegantesten ist die Verwendung eines Datenbausteines, auf den sowohl das SPS-Programm als auch die Visualisierung zugreift.

Das finale Visualisierungsbild soll wie in dem nebenstehenden Bild aussehen.

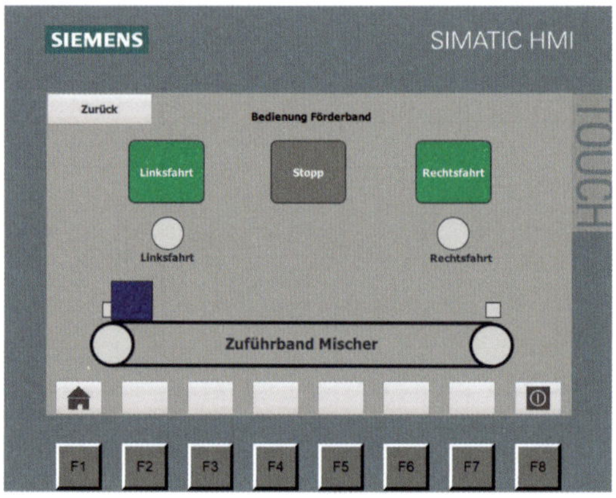

20.2 Projekt anlegen und SPS-Gerätekonfiguration erstellen

Zunächst wird im TIA-Portal ein neues Projekt erstellt und die Gerätekonfiguration für die SPS durchgeführt (siehe Kapitel 3).

20.3 HMI einfügen und konfigurieren

Über ***Neues Gerät hinzufügen*** ⇒ ***HMI*** kann das entsprechende Panel ausgewählt werden. Wenn der Geräteassistent im unteren Bereich des Fensters ausgewählt ist, öffnet sich der Bediengeräte-Assistent. Es ist aber auch möglich, eine Visualisierung ohne Assistenten zu erstellen.

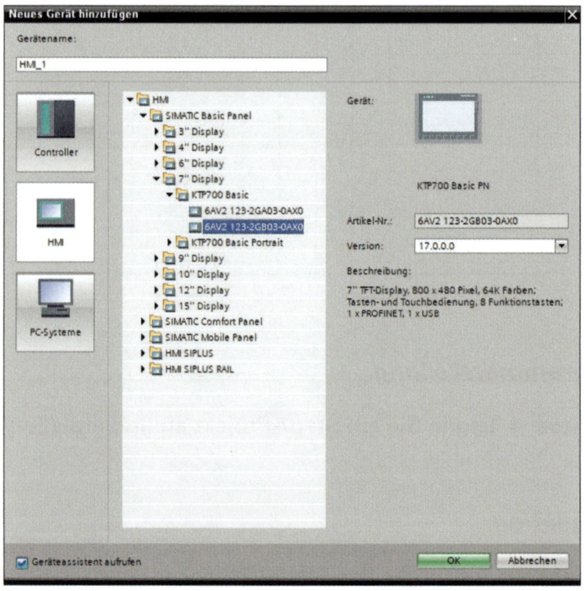

Im Menü ***PLC-Verbindungen*** wählt man über ***Durchsuchen*** die zugehörige CPU aus. Die Kommunikationsverbindung Profinet wird automatisch festgelegt. Mit ***Weiter*** gelangt man ins nächste Menü.

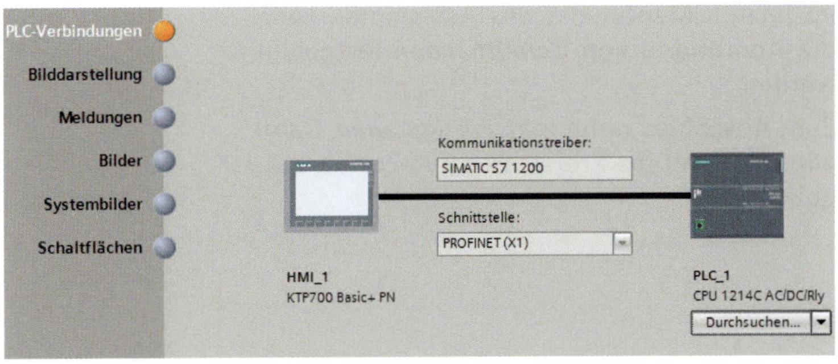

Bei der ***Bilddarstellung*** kann, neben der Hintergrundfarbe der Visualisierung, auch festgelegt werden, ob eine Kopfzeile mit ***Datum/Uhrzeit*** und ggf. ein Logo eingebunden werden soll.

Unter ***Meldungen*** kann gewählt werden, ob und welche Meldungen auf dem Panel zugänglich sein sollen.

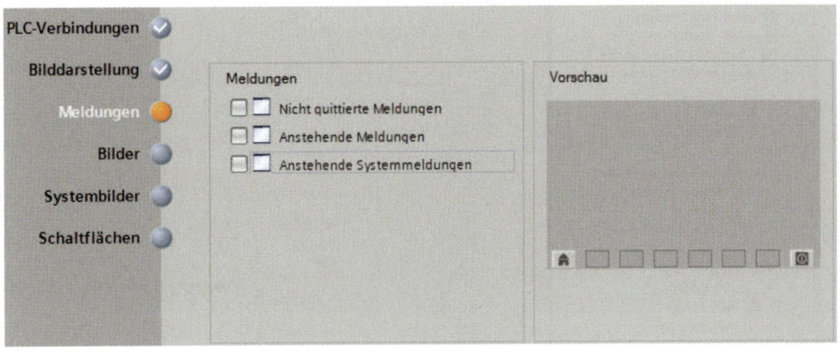

Bei WinCC können mehrere Bilder für die Visualisierung festgelegt werden. Unter dem Menü ***Bilder*** wird die Bildstruktur der Visualisierung festgelegt. Diese kann später aber auch noch verändert werden. Bei dem hier beschriebenen Beispielprojekt kann, aus dem Grundbild (Startbild) heraus, das Bild ***Bedienung Förderband*** aufgerufen werden.

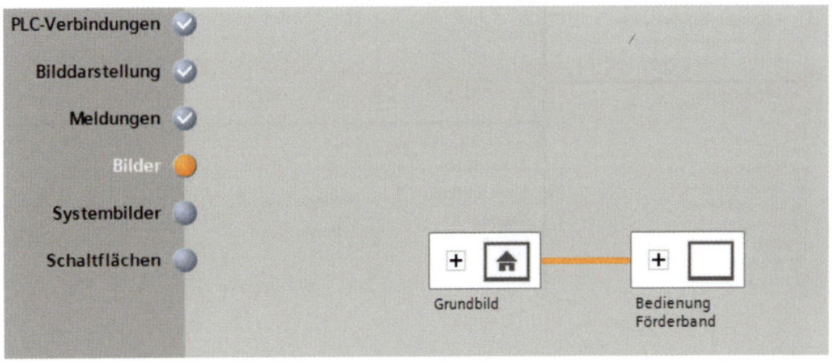

Unter ***Systembilder*** kann unter verschiedenen Bildern gewählt werden. Bei dieser Visualisierung wird neben den ***Systeminformationen*** nur die Schaltfläche ***Runtime beenden*** ausgewählt. Damit kann aus der Visualisierung heraus zurück zum Hauptmenü des Panels gesprungen werden, z.B. um Einstellungen zu ändern. Dieses ist für die Testphase bzw. für den Schulbetrieb sehr vorteilhaft. Beim industriellen Einsatz sollte man auf diese Funktion allerdings verzichten oder die Rechte dafür einschränken.

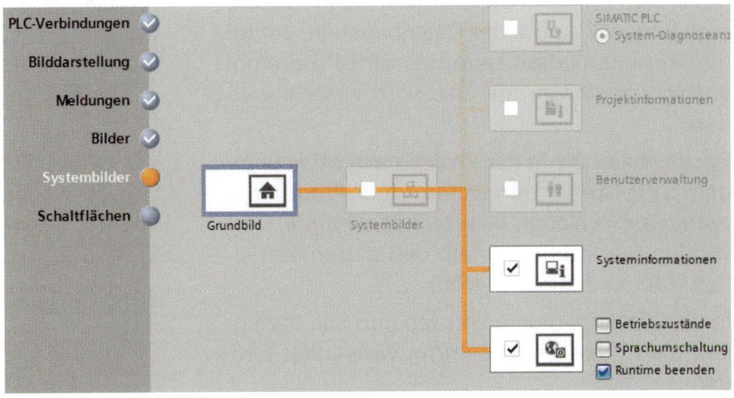

Im letzten Menüpunkt des Assistenten kann die Anordnung von ***Schaltflächen*** festgelegt werden.

Zum Abschluss wählt man ***Fertigstellen***. Dann wird das HMI ins Projekt des TIA-Portals eingebunden.

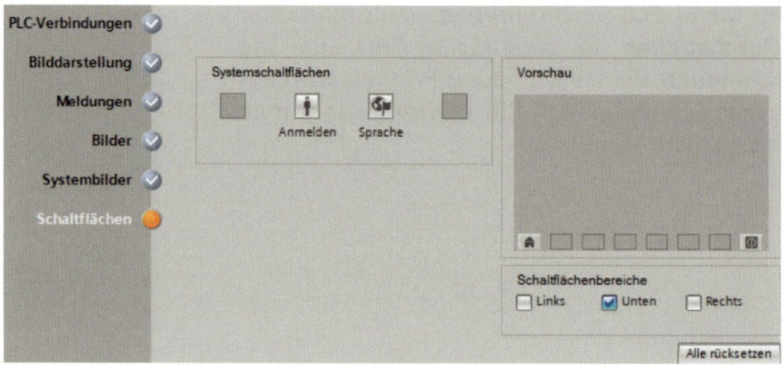

Das TIA-Portal hat nun in der Projektnavigation neben der SPS das HMI mit entsprechenden Unterordnern angelegt. Dort ist, neben der Gerätekonfiguration für das HMI, auch ein Ordner ***Bilder*** mit den vorkonfigurierten Bildern vorhanden. Das Bild mit dem grünen Dreieck ist immer das Startbild, wenn das Panel eingeschaltet wird. In der Mitte ist das aktuelle Bild zu sehen, dass gerade bearbeitet wird. Darunter ist das Eigenschaftenfenster, in dem das jeweils markierte Objekt konfiguriert werden kann. Im rechten Fenster ***Werkzeuge*** sind die verschiedenen Objekte, die in die Bilder eingefügt werden können, zu finden. Unter dem Reiter ***Bibliotheken*** kann auf weitere Objekte zugegriffen werden.

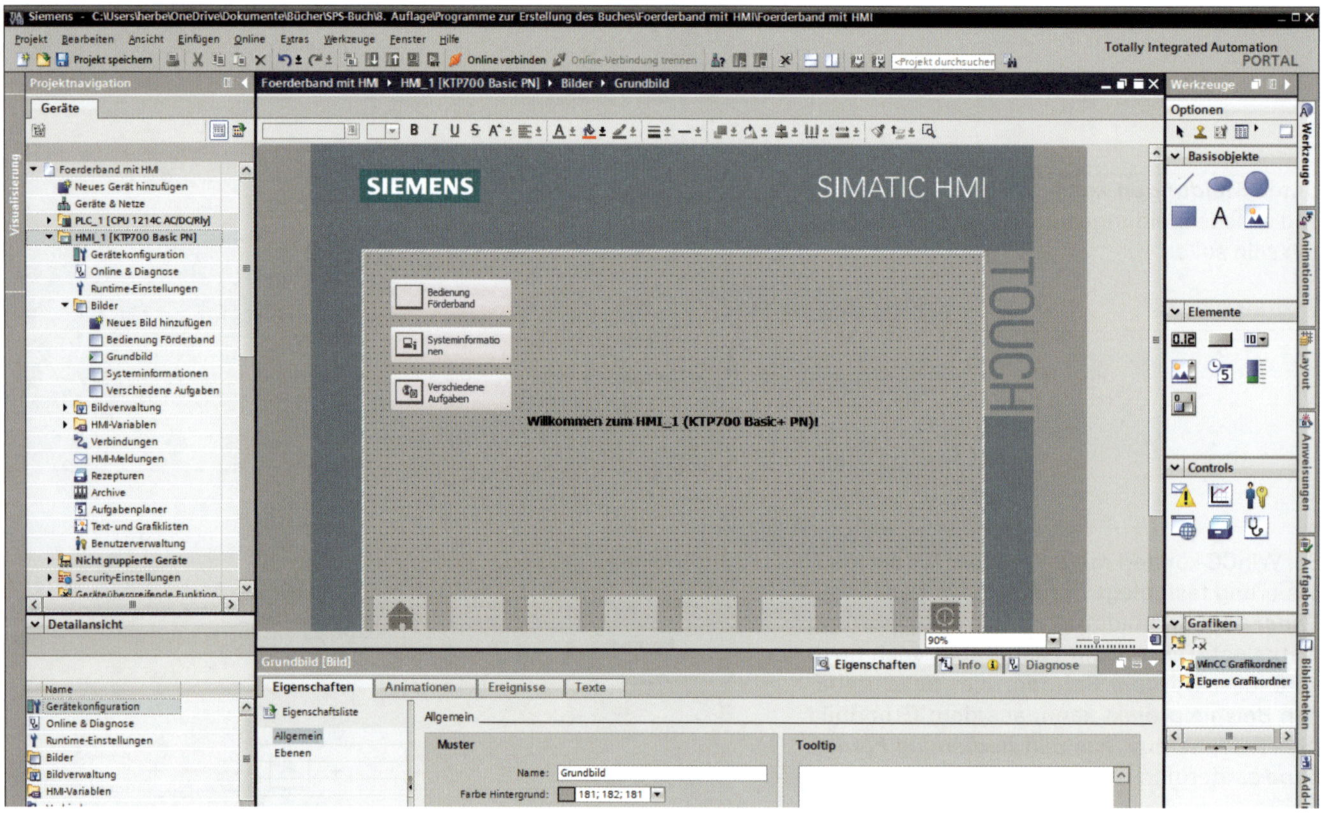

20.4 Datenbaustein anlegen

Bevor nun mit dem Erstellen der Bilder begonnen wird, soll zuerst der Datenbaustein, der für die Kommunikation zwischen SPS-Programm und Visualisierung genutzt wird, erstellt werden.

Dazu wählen Sie in der ***Projektnavigation*** unter dem SPS-Ordner den Unterordner ***Programmbausteine*** ⇒ ***Neuen Baustein hinzufügen***. Dort wählen Sie Datenbaustein und geben ihm einen Namen (hier: ***SPS-HMI***).

In den Datenbaustein werden nun alle Variablen, die in der Visualisierung verwendet werden, angelegt.

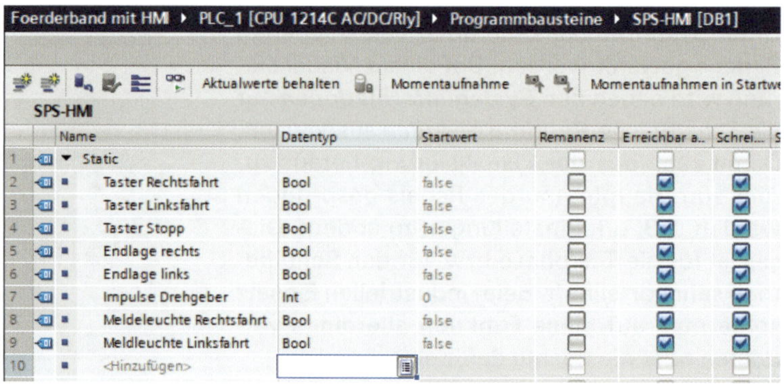

20.5 Basisobjekt und Texte einfügen

Wechseln Sie nun in der ***Projektnavigation*** in den HMI-Ordner unter ***Bilder*** zu dem Bild ***Bedienung Förderband***. Zunächst soll dort eine einfache Zeichnung eines Förderbandes erstellt werden. Über das rechte Fenster ***Werkzeuge*** ⇒ ***Basisobjekte*** kann mit Hilfe von Kreisen und Strichen ein einfaches Förderband gezeichnet werden. Über das Eigenschaftenfenster bearbeitet man die Objekte. Hier kann z. B. die Farbe oder die Rahmendicke eingestellt werden. Zusätzlich zum Förderband soll der Text ***Zuführband Mischer*** eingefügt werden. Dafür steht unter ***Basisobjekte*** ein Textmodul zur Verfügung. Unter Eigenschaften kann der Text konfiguriert werden.

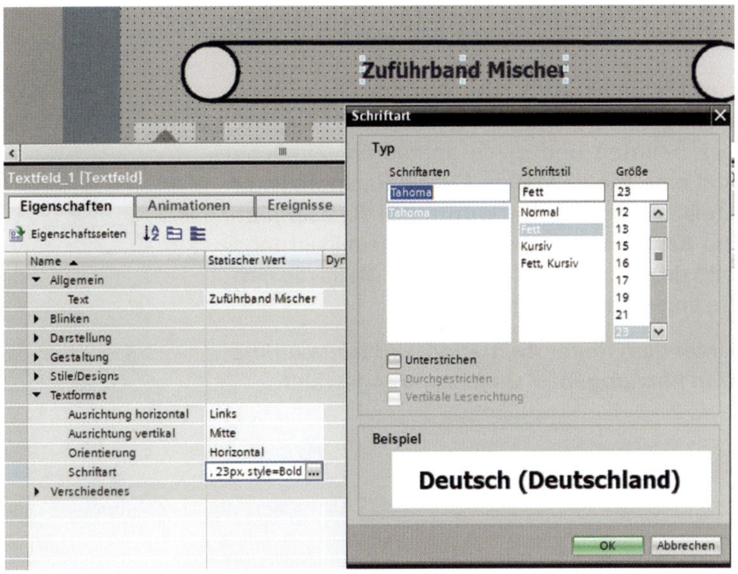

20.6 Schaltfläche konfigurieren

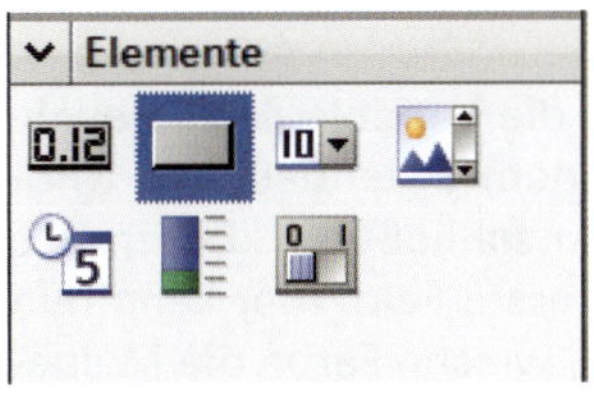

Nun werden die Schaltflächen konfiguriert. Zuerst wird ein Taster für den Rechtslauf erstellt. Dafür wird unter ***Elemente*** eine ***Schaltfläche*** angewählt und ins Visualisierungsbild gezogen. Mit der Maus kann die Größe der Schaltfläche angepasst werden.

Die Schaltfläche wird markiert und dann im Eigenschaftenfenster konfiguriert. Hier wird der Text in der Schaltfläche, die ***Hintergrundfarbe (Massiv + Grün)*** sowie der ***Eckradius*** eingestellt.

Der Schaltfläche muss nun eine Variable aus dem erstellten ***Datenbaustein SPS-HMI*** zugordnet werden, damit das SPS-Programm auf die Betätigung des Tasters reagieren kann.

Dafür wird im ***Eigenschaftenfenster*** unter ***Ereignisse*** ⇒ ***Drücken*** der Befehl ***Bitverknüpfungen*** ⇒ ***SetzeBitWährendTasteGedrückt*** ausgewählt. Beim Punkt ***Variable*** navigiert man zum Datenbaustein und wählt die gewünscht Variable aus (hier: Taster ***Rechtsfahrt***). So wie mit der Schaltfläche Rechtsfahrt wird mit den Schaltflächen ***Linksfahrt*** und ***Stopp*** verfahren.

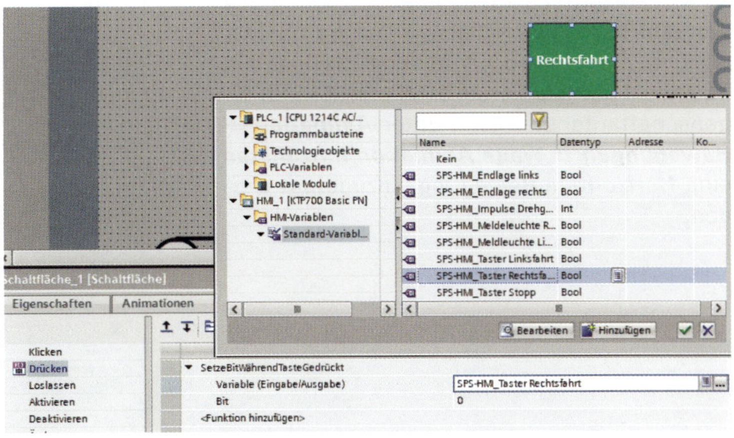

Tasterfunktion: SetzeBitWährendTasteGedrück
Schalterfunktion: InvertiereBit

20.7 Meldeleuchte konfigurieren

Um Meldeleuchten bzw. Anzeigeelemente zu erzeugen, kann man einen Kreis oder ein Viereck nehmen und diese animieren. Zunächst soll eine Meldeleuchte für die Rechtsfahrt erstellt werden. Dafür wird unter ***Basisobjekte*** ein ***Kreis*** ausgewählt und ins Visualisierungsbild gezogen. Dort kann mit der Maus die Größe angepasst werden.

Unter dem Reiter ***Animation*** wird ***Neue Animation hinzufügen*** ⇒ ***Gestaltung*** angewählt.

Unter ***Variable*** wird die Variable ***Meldeleuchte Rechtsfahrt*** aus dem Datenbaustein ***SPS-HMI*** ausgewählt. Anschließend klicken Sie bei ***Bereich*** auf das erste Feld. Hier kann nun eingetragen werden, welche Farbe die Meldeleuchte beim Zustand 0 haben soll. Bei Anwahl des ersten Feldes der zweiten Zeile wird die Farbauswahl für ein 1-Signal eingetragen. Mit der Meldeleuchte für die Linksfahrt sowie den beiden Anzeigen für die Endlagen wird ebenso verfahren. Die Meldeleuchten können anschließend noch mit einem Text versehen werden (***Basisobjekte*** ⇒ ***Text***).

20.8 Bewegung konfigurieren

Im Visualisierungsbild soll die Bewegung des Werkstücks auf dem Förderband dargestellt werden. Dafür wird ein Werkstück (hier ein Rechteck) auf das Förderband platziert. Im Eigenschaftenfenster kann unter ***Animation*** ⇒ ***Bewegungen*** ⇒ ***Neue Animation hinzufügen*** eine ***Horizontale Bewegung*** hinzugefügt werden.

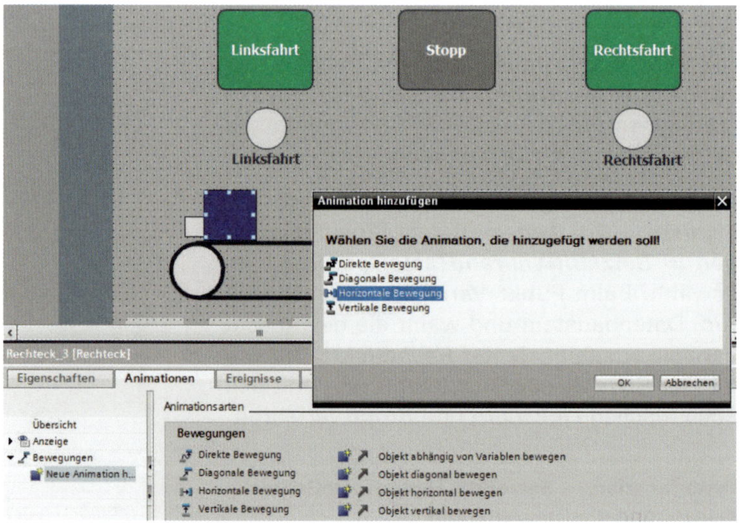

Unter ***Variable*** wird dann aus dem Datenbaustein SPS-HMI die Variable für die Bewegung des Objektes eingefügt. Das Förderband verfügt über einen Drehgeber, der Impulse pro Umdrehung ausgibt. Über einen Zähler im SPS-Programm werden die Impulse während der Fahrt hochgezählt. Der Zählwert wird als Variable für die Bewegung angegeben. Für die Bewegung muss, neben einer Start- und einer Zielposition, auch der Bereich der Variablen angegeben werden. Bei dem Beispiel liefert der Drehgeber bei einer Fahrt vom Anfang bis zum Ende 40 Impulse.

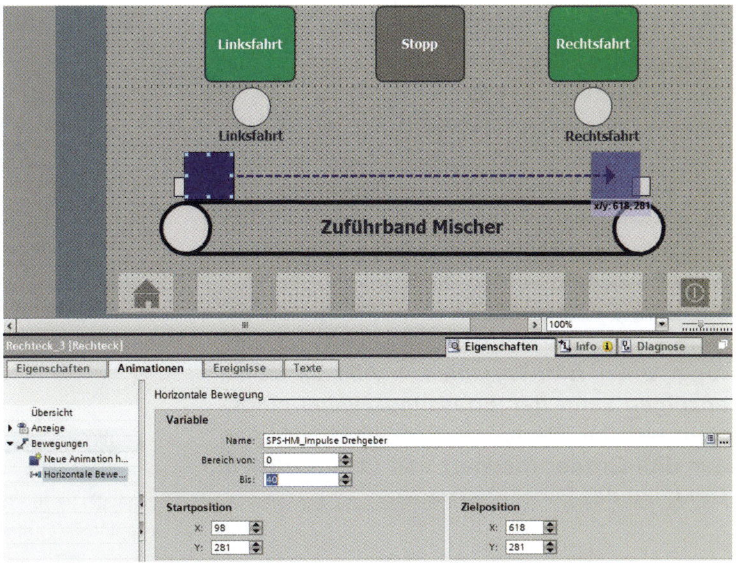

20.9 Sonstige Funktionen

Folgende Funktionen stehen zur Verfügung:

Basisobjekte: Linie
Ellipse
Kreis
Rechteck
Textfeld
Grafikanzeige

Elemente: E/A-Feld
Schaltfläche
Symbolisches E/A-Feld
Grafisches E/A-Feld
Datum/Uhrzeit-Feld
Balken
Schalter

Controls: Meldeanzeige
Kurvenanzeige
Benutzeranzeige
HTML-Browser
Rezepturanzeige
System-Diagnoseanzeige

Grafiken: diverse Grafiken

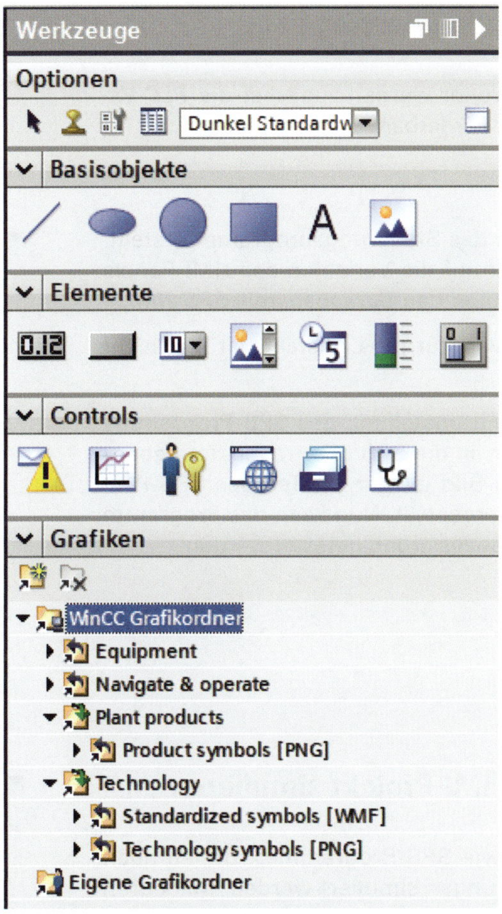

20.10 Startseite

Auf der Startseite können die selbst erstellte Seite ***Bedienung Förderband*** sowie die automatisch erstellten Seiten ***Systeminformationen*** und ***Verschiedene Aufgaben*** (Runtime beenden) angewählt werden.

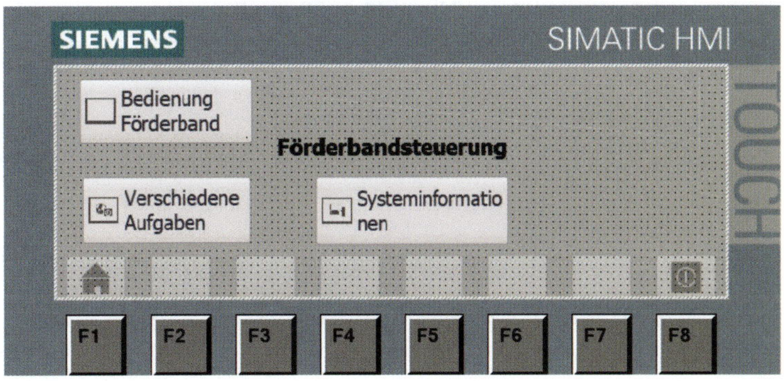

20.11 HMI-Projekt auf das Panel übertragen

Bevor das Projekt in das HMI-Panel und die SPS übertragen wird, sollten IP-Adressen kontrolliert werden. Unter ***Gerätekonfiguration*** kann die IP-Adresse sowie die Subnetzmaske der SPS bzw. des HMI angezeigt und ggf. geändert werden. Zudem sollten die Erfassungszyklen auf 100ms eingestellt werden, ansonsten besteht eine große Reaktionszeit der Visualisierung. Unter ***HMI-Variablen*** ⇒ ***Alle Variablen anzeigen*** kann der ***Erfassungszyklus*** eingestellt werden. Nach dem Speichern wird nun der HMI-Ordner markiert und über ***Laden in Gerät*** auf das Panel übertragen.

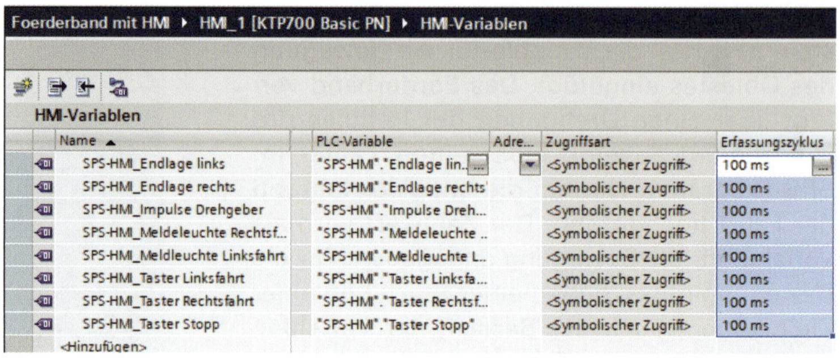
Foerderband mit HMI ▸ HMI_1 [KTP700 Basic PN] ▸ HMI-Variablen

HMI-Variablen

Name	PLC-Variable	Adre...	Zugriffsart	Erfassungszyklus
SPS-HMI_Endlage links	"SPS-HMI"."Endlage lin...		<Symbolischer Zugriff>	100 ms
SPS-HMI_Endlage rechts	"SPS-HMI"."Endlage rechts'		<Symbolischer Zugriff>	100 ms
SPS-HMI_Impulse Drehgeber	"SPS-HMI"."Impulse Dreh...		<Symbolischer Zugriff>	100 ms
SPS-HMI_Meldeleuchte Rechtsf...	"SPS-HMI"."Meldeleuchte ..		<Symbolischer Zugriff>	100 ms
SPS-HMI_Meldleuchte Linksfahrt	"SPS-HMI"."Meldleuchte L...		<Symbolischer Zugriff>	100 ms
SPS-HMI_Taster Linksfahrt	"SPS-HMI"."Taster Linksfa...		<Symbolischer Zugriff>	100 ms
SPS-HMI_Taster Rechtsfahrt	"SPS-HMI"."Taster Rechtsf...		<Symbolischer Zugriff>	100 ms
SPS-HMI_Taster Stopp	"SPS-HMI"."Taster Stopp"		<Symbolischer Zugriff>	100 ms
<Hinzufügen>				

20.12 SPS-Programm erstellen und übertragen

Im SPS-Ordner werden zunächst die ***PLC-Variablen*** der Förderbandanlage festgelegt.

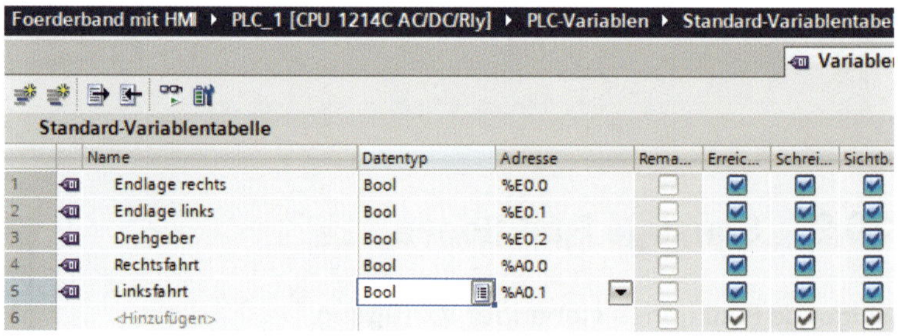
Foerderband mit HMI ▸ PLC_1 [CPU 1214C AC/DC/Rly] ▸ PLC-Variablen ▸ Standard-Variablentabel

Standard-Variablentabelle

	Name	Datentyp	Adresse	Rema...	Erreic...	Schrei...	Sichtb...
1	Endlage rechts	Bool	%E0.0	☐	☑	☑	☑
2	Endlage links	Bool	%E0.1	☐	☑	☑	☑
3	Drehgeber	Bool	%E0.2	☐	☑	☑	☑
4	Rechtsfahrt	Bool	%A0.0	☐	☑	☑	☑
5	Linksfahrt	Bool	%A0.1	☐	☑	☑	☑
6	<Hinzufügen>			☐	☑	☑	☑

Dann wird das Steuerungsprogramm erstellt. Der Zugriff auf die Variablen des HMI-Panels geschieht über den ***Datenbaustein SPS-HMI***.

Das Netzwerk für die Linksfahrt ist hier nicht dargestellt.

Nach der Fertigstellung des SPS-Programms wird dieses in die SPS übertragen. Im nebenstehenden Bild ist nur ein Teil des SPS-Programms dargestellt. Nun kann das Programm und die Visualisierung getestet werden.

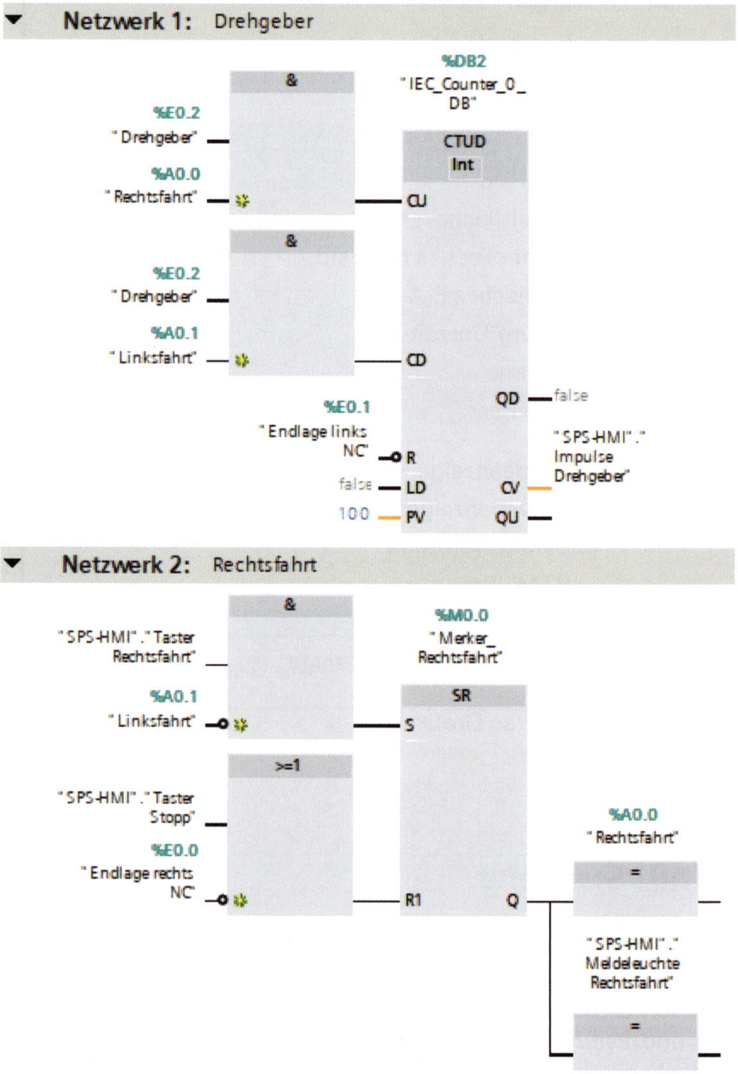

20.13 HMI-Projekt simulieren

Genauso wie SPS-Programme, können auch Visualisierungen simuliert werden. Markieren Sie den Ordner HMI und wählen Sie dann ***Online*** ⇒ ***Simulation*** aus. Gleichzeitig kann auch das SPS-Programm über ***PLCSim*** simuliert werden.

21 Sachwortverzeichnis

Bild- und Textquellen

Die nachfolgenden Firmen haben den Autor dieses Buches durch Druckschriften, Bilder und Software sowohl bei der textlichen als auch bei der bildlichen Ausgestaltung unterstützt.

Es wird Ihnen hierfür an dieser Stelle herzlich gedankt.

Beckhoff Automation GmbH	33415 Verl	Seite 14
MHJ-Software	75015 Bretten	Seite 24 ff.
Eaton Electric GmbH	53115 Bonn	Seite 14
Omron Electronics GmbH	40764 Langenfeld	Seite 14
Phoenix Contact GmbH & Co KG	32823 Blomberg	Seite 14
Siemens AG	90475 Nürnberg	Seite 12 ff.

Literatur und Downloads

1. Alles über AS-Interface, Siemens AG, Erlangen
2. AS-Interface – Das Aktor-Sensor-Interface für die Automation, R. Becker, AS-International Association, Gelnhausen
3. Ausbildungsunterlagen für die durchgängige Automatisierungslösung Totally Integrated Automation (TIA), Siemens AG, Erlangen
4. Automatisieren mit SIMATIC S7-300 im TIA-Portal, Hans Berger, Siemens Publics Publishing, Erlangen 2012
5. Automatisieren mit Speicherprogrammierbaren Steuerungen, M. Diernfelder, K. Machalek, P. Roersch, Moeller GmbH Bonn
6. Automatisieren mit Step7 in AWL, H. Berger, Siemens AG, Erlangen 2004
7. Automatisieren mit SPS – Theorie und Praxis, G. Wellenreuther, D. Zastrow, Vieweg Verlag, Wiesbaden 2011
8. Crashkurs GRAFCET, B. Plagemann, Dr. Ing. Paul Christiani GmbH Co. KG Konstanz
9. Fachkunde Elektrotechnik, Verlag Europa-Lehrmittel, Haan-Gruiten 2016
10. Step7 – Dokumentation – Referenzhandbücher, Siemens AG Nürnberg
11. GRAFCET, G. Schmidt, Festo Didactics Gmbh Co. KG Denkendorf 2007
12. http://support.automation.siemens.com
13. LOGO!, H. Tapken, Verlag Europa-Lehrmittel, Haan-Gruiten 2015
14. Profibus, Profibus Nutzerorganisation e.V. Karlsruhe
15. SPS-Aufbaukurs mit SIMATIC S7, J. Kaftan, Vogel Buchverlag, Würzburg 2006
16. Steuern und Regeln, Verlag Europa-Lehrmittel, Haan-Gruiten 2014
17. Tabellenbuch Elektrotechnik, Verlag Europa-Lehrmittel, Haan-Gruiten 2016
18. www.beckhoff.com
19. www.industrial.omron.eu
20. www.mhj-software.com
21. www.eaton.de
22. www.interbusclub.com
23. www.phoenixcontact.com
24. www.profibus.com
25. www.siemens.de:

SIEMENS
SCE LERNMODULE
Lehren und Lernen
leicht gemacht
So wird Digitalisierung erlebbar. Nutzen Sie die praxisnahen Lernmodule zur effizienten Vermittlung von Lerninhalten der Automatisierungstechnik oder zum Selbststudium.
Kostenlos downloaden:
siemens.de/sce
Global Industry Partner
worldskills
Projekte
Lernvideos
Theorie-unterlagen
interaktive Call-to-Action Lernvideos